高等职业教育汽车类专业系列教材

汽车电气设备与维修

主　编　王子晨　　陈昌建　　王忠良

副主编　马浩林　　王爱兵　　梁建伟

参　编　徐永飞　　郑亚男　　胡寐霞

西安电子科技大学出版社

内 容 简 介

本书从提高学生的汽车电气设备检测能力、汽车电路图识读能力的角度出发，介绍了汽车电气设备基础知识、汽车电气设备的组成和特点，说明了汽车电路的种类、组成元素，阐述了汽车电源系统、起动系统、点火系统、照明和信号系统、仪表和报警系统的作用、组成，讲解了各个电气系统中电气设备的结构、工作原理、检测和调整方法及故障诊断，分析了汽车辅助电气设备的组成、电路控制及故障诊断。书中共包括 7 个项目：汽车电气设备基础知识、电源系统的检修、起动系统的检修、点火系统的检修、照明和信号系统的检修、仪表和报警系统的检修、辅助电气设备的检修。本书还对一些汽车新技术作了简单介绍，以拓宽学生视野。

本书可作为职业本科汽车类专业的教材，也可作为高等职业院校、职工大学、成人教育等汽车类专业的教材，还可作为汽车服务行业人员的学习和培训用书。

图书在版编目(CIP)数据

汽车电气设备与维修 / 王子晨，陈昌建，王忠良主编. —西安：西安电子科技大学出版社，2022.07

ISBN 978–7–5606–6406–4

Ⅰ. ① 汽⋯ Ⅱ. ① 王⋯ ② 陈⋯ ③ 王⋯ Ⅲ. ① 汽车—电气设备—车辆修理 Ⅳ. ① U472.41

中国版本图书馆 CIP 数据核字(2022)第 054114 号

策划编辑 刘小莉
责任编辑 刘小莉
出版发行 西安电子科技大学出版社(西安市太白南路 2 号)
电 话 (029)88202421 88201467 邮 编 710071
网 址 www.xduph.com 电子邮箱 xdupfxb001@163.com
经 销 新华书店
印刷单位 陕西博文印务有限责任公司
版 次 2022 年 7 月第 1 版 2022 年 7 月第 1 次印刷
开 本 787 毫米×1092 毫米 1/16 印张 21.5
字 数 511 千字
印 数 1~3000 册
定 价 49.00 元

ISBN 978–7–5606–6406–4 / U

XDUP 6708001–1

*****如有印装问题可调换*****

前　言

　　"汽车电气设备与维修"是高等职业院校汽车类专业的一门核心课程，用于培养学生检测汽车电气设备、识读汽车电路图、对汽车电气系统进行故障诊断的能力。

　　本书以培养学生基础技能和基本能力为目标，采用基于工作过程的系统化的课程开发思路进行编写。本书在内容选取和编排时，将汽车上每个独立的电气系统作为一个项目(共7个项目)，将每个电气系统(项目)中主要电气设备的检修或使用维护作为一个工作任务，每个工作任务均按照"导引→计划与决策→相关知识→任务实施→检查与评估"5个阶段进行编排，层层递进，逐步展开，融教、学、做为一体，在完成工作任务的过程中学习理论知识和岗位技能，在任务实施中突出实践教学，强化学生职业能力的培养。

　　在任务的各阶段分别完成以下教学工作：导引——明确问题情境(工作目标、存在的困难)；计划和决策——根据任务设想出工作行动的内容、程序、阶段划分和所需条件，并从计划阶段列出的多种可能性中确定最佳解决途径；相关知识——给出了为完成学习任务需要掌握的具体学习内容；任务实施——按照已确定的最佳解决途径开展工作，采用适当的方式对工作过程进行质量控制，以保证得出所期望的结果；检查与评估——从技术、操作规范、团结协作、学习和工作态度、职业道德和思维发展、安全等方面对工作过程和工作成果进行全面客观的评价。

　　本书具有以下几个鲜明的特色：

● 以职业岗位和职业能力为根本，按照"课证融通"的原则确定内容

　　通过对维修企业岗位的调研，根据国家职业标准确定职业岗位和职业能力的要求，并对标汽车运用与维修专业1+X职业技能等级证书考核内容及标准的相关要求，在每个工作任务中增加了安全规范、6S管理、环保、节约、资料检索及应用、文字录入、表单制作和填写、评价等方面的考核内容。为使教学内容最大程度实现"课证融通"，汽车电路及故障诊断等教学内容均以先进车型迈腾(B8)汽车为例进行阐述。

● 内容充分反映汽车电气设备的最新发展

　　为充分反映新型汽车电气设备的发展方向，反映新知识、新技术、新设备、新工艺、新方法在汽车电气设备生产实际中的应用，本书增加了AGM蓄电池、发动机自动启停系统、微机控制电压调节器、汽车电源智能管理系统、无钥匙进入/起动系统、大灯自动点亮和延时关闭、LED大灯、激光大灯、数字仪表等内容。

● 配套建设了完整的数字化教学资源

　　以本书为基础，"智慧职教"MOOC学院配套建设了在线开放课程"汽车电气设备与维修"，"职教云"上也建设了该课程。配套的数字资源有课程标准、课件、习题答案、微课、实操视频、动画等。教师可在线及时开展测验、项目考试、阶段性考试、课程结业考试等考核，从而实现教学资源和教学内容的有效对接，便于开展"线上""线下"结合、基于翻转课堂的混合式教学实践。借助于在线课程提供的考核资源，可实现过程监督和结果性考核的有机结合，既可监督学生的学习过程，又可检验学生的学习效

果，从而全面掌握学生的学习情况。

"汽车电气设备与维修"在线开放课程在 MOOC 学院的网址为 https://mooc.icve.com.cn/course.html?cid=QCDHB752054。课程二维码如下：

- **开发互联网+新形态一体化教材，可扫码观看微视频**

本书配套有微视频、动画等数字化资源，通过扫描书中的二维码即可观看学习；学生还可以通过手机终端加入在线开放课程和"职教云"课程，实现移动化、碎片化以及终生学习。

- **行动导向，突出实践**

基于工作过程系统化的内容编写模式，使学生的学习更有计划性，并能对学习效果进行有效评估。教师可采用案例教学、任务驱动教学、过程化考核等手段，引导学生主动学习。本书基于典型工作任务训练学生的操作技能，培养学生分析问题、解决问题的能力。

本书由河北师范大学王子晨、河北工业职业技术大学陈昌建、河北师范大学王忠良任主编，河北工业职业技术大学马浩林、河北交通职业技术学院王爱兵、石家庄职业技术学院梁建伟任副主编，晋州市众睿汽车贸易有限公司徐永飞、河北师范大学汇华学院郑亚男、石家庄交通运输学校胡麻霞参与了编写工作。

由于编者水平有限，书中疏漏之处在所难免，敬请广大读者批评指正。

编　者

2022 年 3 月

目　录

项目一　汽车电气设备基础知识

100 多年前汽车诞生之初，还没有什么电气系统，更没有现在所必备的电子控制技术。从传统意义上讲，汽车由发动机、底盘、车身和电气系统 4 部分组成，但是在汽车发展之初相当长的一段时间内，除了点火系统外，几乎没有其他的电气设备，机械技术占据着汽车技术领域的主要份额，汽车电气设备的维修工作在售后服务中占比很小。随着汽车技术和电子技术的发展和人们对汽车动力性、安全性、灵活性、舒适性、经济性、环保性等各方面要求的提高，汽车上的电子产品和电气设备种类和数量不断增多，汽车电子控制技术也得到了迅猛发展，汽车电子技术已成为一个国家汽车工业发展水平的标志。现在，汽车电气设备已成为汽车的一个重要组成部分，汽车电气设备的维修也已经成为汽车维修的关键。汽车电气设备的结构是否合理、性能是否优良、技术状况是否正常，对汽车的动力性、经济性、安全性、可靠性、舒适性以及排气净化等有着重要的影响，因此，必须了解汽车电气设备的发展、组成、特点，认识汽车电路的种类、组成元素，这也是学习"汽车电气设备与维修"课程的重要基础。

任务 1.1　熟悉汽车电气设备

【导引】

李同学跟随老师参观了学校汽车实训基地中的各种车辆和汽车电气实训室，听老师介绍了汽车上各式各样的电气设备，了解到随着汽车技术的不断发展和进步，汽车上的电气设备数量越来越多，种类繁杂，功能也日趋强大。参观中，他看到每辆汽车上电气设备的数量众多，电气设备的种类、接线方法、安装位置也有所不同，认为学习"汽车电气设备与维修"这门课程太难了。他感到很陌生，很想学好这门课，却不知道汽车电气设备都包括哪些，如何才能更好地掌握汽车电气设备的相关知识。

【计划与决策】

汽车电气设备是汽车重要的组成部分，其结构是否合理、性能是否优良、技术状况是否正常，对汽车的动力性、经济性、安全性、可靠性、舒适性以及排气净化等有着重要的影响。无论是要了解汽车电气设备的正常工作状况，还是进行汽车电气设备故障的诊断与排除，都需要具备汽车电路知识。因此在学习本课程之初，首先要对汽车电气设备与汽车电路有充分的了解。

汽车电气设备与
维修课程介绍

完成本任务需要的相关资料、设备以及工量具如表 1-1 所示，本任务的学习目标如表 1-2 所示。

表 1-1　完成本任务需要的相关资料、设备以及工量具

序号	名　称
1	整车(根据学生人数确定辆次)，车外防护 3 件套和车内防护 4 件套若干
2	课程教材，课程网站，课件，学生用工单

表 1-2　本任务的学习目标

序号	学 习 目 标
1	了解汽车电气设备的发展历史
2	掌握汽车电气设备的组成和特点
3	了解汽车电路的组成和种类
4	掌握汽车电气系统的故障类型
5	评估任务完成情况

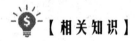【相关知识】

一、汽车电气设备的发展

汽车电气设备主要经历了 3 个发展阶段。

在汽车电气发展的最初阶段，汽车上除了点火系统外，几乎都是机械设备，电气设备很少。最初的点火系统采用了磁电机点火方式，直到 1910 年美国通用汽车公司采用了传统点火系统，并且有了起动系统，汽车在安全性和操纵性方面才有了明显改善，汽车电气设备从此进入第一个迅速发展阶段。到第一次世界大战时期，汽车上基本都配置了充电系统、起动系统、点火系统、照明信号系统、仪表系统。

20 世纪 60 年代初到 70 年代末是汽车电气设备的第二个迅速发展阶段，该阶段的主要特点是电子装置代替机械部件。随着半导体及电子技术的发展，1960 年美国福特汽车公司成功应用晶体管点火系统，并开始采用硅整流交流发电机取代了直流发电机，晶体管式电压调节器取代了传统的触点式电压调节器。到 1973 年前后，美国通用、福特、克莱斯勒三大汽车制造厂开始广泛使用晶体管点火系统(电子点火系统)，从而改善了发动机的动力性、经济性，也减少了发动机有害物质的排放，提高了发动机工作的可靠性。

汽车电气设备的第三个迅速发展阶段是 20 世纪 70 年代中后期以后，随着大规模集成电路和超大规模集成电路以及计算机的发展，美国通用汽车公司于 1977 年率先使用微机控制的点火系统，揭开了计算机在汽车上应用的序幕。这个阶段的主要特点是微机开始在汽车上获得应用，汽车上的机械产品和电子产品开始高度集成，并实现了最佳点火时刻控制、最佳空燃比控制、怠速控制、废气再循环控制、安全控制等多种功能控制，出现了信息交换和报警系统、导航系统、语音系统、车载网络等。蓄电池的发展非常讯速，免维护蓄电池现已成为轿车上的标配，新型蓄电池、智慧型蓄电池也得到了应用。硅整流发电机的输出功率越来越大，现已达到 1 kW 以上。电压调节器经历了从晶体管式调节器到集成电路式调节器的发展，现在有的汽车已实现了用微机控制发电机输出电压，取消了电压调节器。减速式起动机得到广泛应用。轿车上已广泛采用了微机控制的点火系统。前照灯也实现了光束控制、自动点亮、自动变换远近光、延时关闭等功能，许多汽车装备了随动转向大灯(Adaptive Frontlighting System，AFS)，LED 已在灯光信号系统中得到了广泛应用，高档车上已使用了激光大灯。仪表和报警系统取得突破性发展，出现了数字仪表和综合信息显示系统。显示的信息不仅有车速、温度、里程、燃油量、转速等，而且有瞬时油耗、平均油耗、平均车速、行驶里程、续航里程、车内外温度、车门关闭情况、胎压等参数；当电气设备或电子控制系统有故障时，会有声音、灯光等报警信息。汽车上的辅助电气设备越来越多，间歇控制和雨滴感知型的电动刮水器、电动车窗、电动后视镜、电动座椅、电动天窗、中央集控门锁等设备已在现代汽车上广泛应用。电控燃油喷射系统、自动变速器、防抱死制动系统(Antilock Brake System，ABS)、安全气囊、驱动防滑转控制系统、巡航控制系统、全自动空调系统等各种电子控制系统在现代汽车上也已广泛应用。

随着汽车技术和电子技术的发展，汽车电气设备的各个电气系统在结构方面正在朝着网络化、智能化、小型化、轻量化、机电一体集成化方向发展，在性能方面正向着免维护(或少维护)、长寿命、高可靠性方向发展。特别是近年来 CAN 总线系统的运用，使得车与车之间、车与路之间、车与人之间、车与环境之间逐步形成一个智能网络。通过车载导航定位技术、无线通信技术以及智能无人驾驶系统等集成所有汽车部件的电子控制模块，整个系统可具有资源共享、故障诊断和自修复功能。未来汽车电子技术将围绕以下几个方面发展：

(1) 满足用户需求。汽车的使用更加舒适和灵活方便，汽车性能更加安全和可靠。

(2) 满足社会需求。社会需求主要是低消费制造资源、低消费使用能源、高性能的环保指标和高标准运行应用。汽车应该更加节约能源，节约资源，保护环境。

(3) 实现人、车、云平台、道路在内的交通系统智能化，将各元素有机地连接起来。

二、汽车电气设备的组成

现代汽车上装备的电气设备种类和数量很多，并且因车型而异，但是总的来说，现代汽车电气设备按照功能的不同，大致可分成 3 大部分，即电源、用电设备、全车电路及配电装置，如图 1-1 所示。

图 1-1　汽车电气设备的组成

1. 电源

汽车电源包括蓄电池、硅整流发电机及电压调节器等。其中，发电机为汽车上的主电源，蓄电池是辅助电源。当发电机正常工作时，由发电机向全车用电设备供电，同时给蓄电池充电。蓄电池的主要作用是在发动机起动时向起动机和点火系统供电，同时辅助发电机向全车用电设备供电。交流发电机配有电压调节器，当发动机转速和负荷发生变化时，电压调节器能自动调节发电机的输出电压，使之保持恒定。

2. 用电设备

汽车用电设备主要由以下几个系统组成。

(1) 起动系统。起动系统由蓄电池供电，用来起动发动机。起动系统主要包括起动机及其控制电路。

(2) 点火系统。点火系统用来产生高压电火花，点燃汽油机汽缸中的可燃混合气体。按照点火系统的发展历程，点火系统可分为传统点火系统、电子点火系统和微机控制点火系统 3 种。

(3) 照明和信号系统。照明系统包括车内、车外各种照明灯及其控制装置，为驾驶员夜间安全行驶提供必要的照明，保证行车安全。信号系统包括音响信号和灯光信号，保障车辆行驶时的人车安全。

(4) 仪表和报警系统。该系统主要包括车速里程表、发动机转速表、冷却液温度表、燃油表、电压表、电流表、机油压力表及各种报警灯及蜂鸣器等，用于检测发动机的工作情况和汽车运行的各种参数，及时发现异常情况，确保行车安全。

(5) 辅助电器。辅助电器主要包括电动风扇、车窗清洁装置(包括电动刮水器、洗涤器、电动除霜装置)、电动车窗、电动座椅、电动后视镜、防盗系统、空调系统等装置。空调系统包括制冷、采暖、通风和空气净化等装置；其作用是保持车内适宜的温度和湿度，使车内空气清新。随着汽车辅助功能的增多，辅助电器也越来越多，极大地提高了汽车的舒适性、娱乐性、安全性。

(6) 汽车电子控制系统。汽车电子控制系统指利用微机控制的各个系统，包括发动机电控系统、自动变速器电控系统、防抱死制动系统、驱动防滑转系统、电控悬架系统、巡航控制系统及安全气囊电控系统等。电子控制系统使汽车各个系统均处于最佳的工作状态，提高了汽车的动力性、经济性、安全性、舒适性，降低了汽车排放污染。

3. 全车电路及配电装置

全车电路及配电装置包括中央接线盒、熔断装置、继电器、电线束及插接件、电路开关等，使全车电气设备构成一个有机的整体。

由于现代汽车所用的电子控制系统越来越多，所占比重也越来越大，而且汽车电子控制系统往往都自成系统，因此，本书主要讲解传统的汽车电气设备。

三、汽车电气设备的特点

现代汽车的种类繁多，各车型上的电气设备数量不等，功能各异，但电气系统的组成和设计都遵循一定的规律，了解这些对汽车电路分析及故障检修有很大帮助。

在进行汽车电气电路设计时，必须遵守以下规律。

1. 采用低压直流电源

汽车发动机靠起动机起动，而起动机是依靠蓄电池提供的直流电工作的；蓄电池在行车过程中必须用硅整流发电机输出的直流电来充电，才能保证下一次的正常起动；汽车上其他用电设备也大都采用直流电。

汽车电气系统的额定电压有 12 V 和 24 V 两种。汽油机采用 12 V 直流电，柴油机则采用 24 V 直流电。汽车运行中，12 V 电源系统的电压为 14 V，24 V 电源系统的电压为 28 V。汽车上采用低压电源的主要原因是安全性好。

随着汽车电气设备的增多，电气负荷越来越大，汽车电气设备需要的电能也就越来越多。按照将来电气设备需要提供 8 kW 功率计算，14 V 电气系统需要提供的电流将高达 570 A。显然，如果还使用传统的 14 V 电压供电系统，则无法满足用电需求。

汽车供电系统由现有的 14 V 电压标准向 42 V 电压标准转换，已经成为必然发展趋势，并将在未来数年内得到迅速发展，从而导致汽车电子电气产品的一场革命。

在新的 42 V 电气系统中，有两种实施方案：一种是全车实行 42 V 单一电压方案；另一种是实行 14 V/42 V 双电压方案。

全车实行 42 V 单一供电电压方案是将目前汽车上采用的 14 V 电源改为 42 V(是当前发电机输出电压 14 V 的 3 倍)。42 V 电源系统的优点如下：

(1) 电压安全、易得。其采用的 36 V 蓄电池可以使用 3 个 12 V 铅酸蓄电池串联改装组成。

(2) 显著降低汽车线束成本。从理论上讲，传输同样的功率，42 V 电源系统的电流只有 14 V 系统的三分之一，这样就降低了电机及电力元件的电流负荷，也使导线及功率元件的传输损耗降低为原来的近九分之一，并可以减小导线截面积以降低重量。

(3) 大量高新技术被广泛应用。在 42 V 电气系统中，线控技术、行驶平顺性控制装置、电子加热式催化器和电磁阀系统、主动悬挂和电动四轮辅助驱动装置可以更有效地使用，为车辆的结构改进提供更大的可能性。

(4) 提高发电机效率，有利于发展混合动力车。14 V/42 V 双电压方案可以作为汽车电源系统由 14 V 到 42 V 平稳过渡的措施。双电压方案系统对现有汽车零部件商的冲击较小，因此汽车业倾向于这种方案。但双电压系统需要有一个 DC/DC 转换器将 42 V 电压转换成 14 V 电压，因而需要 2 个蓄电池(12 V 和 36 V)。

双电压系统根据耗电量的大小将汽车电气设备进行分组。传统的中小功率用电器为一组，如灯具、仪表、电动雨刷等采用 14 V 电源供电；而大功率用电器如加热、电动悬架等电器则直接采用 42 V 的电源供电。交流发电机经整流调压后，得到 42 V 电压供给高功率负载，并对 36 V 蓄电池充电，而 42 V 电压经 DC/DC 转换器之后为 14 V 电气系统供电。

早在 20 世纪 90 年代，德国便成立车载电源论坛，成员有大众、奥迪、宝马、欧宝和保时捷等汽车公司。该机构提出了 14 V/42 V 双电压供电系统的规范草案。另外，福特公司与麻省理工学院发起组织了 MIT/7 产业联盟，成员包括通用、戴姆勒-奔驰、宝马、雷诺、西门子、博世、摩托罗拉、德尔福等知名汽车商、零部件商及电子电讯商。该组织主要研究 14 V/42 V 双电压供电系统对汽车电器与电子设备的影响及实现方法。美国汽车工程师学会 (Society of Automotive Engineers，SAE) 也专门成立了双/高电压车辆电子系统委员会。

目前，42 V 电源系统结构已经得到了国际汽车工业界的认可，并已在沃尔沃公司、福特公司的混合动力车辆上被采用。

2. 单线制、负极搭铁

单线制是指从电源到用电设备只用一根导线连接，用汽车底盘、发动机等金属机体作为另一根共用导线。单线制的线路简单清晰，安装和检修方便，且电器部件也不需要与车体绝缘，所以现代汽车普遍采用单线制；但在特殊情况下，有时也需要采用双线制。

采用单线制时，蓄电池的一个电极接到车体上，称为"搭铁"。若蓄电池的负极与车体连接，则称为负极搭铁；反之，则称为正极搭铁。负极搭铁可以减轻对车架的电化学腐蚀，减小无线电干扰。现在国内外汽车均统一采用负极搭铁。

3. 采用并联线路

电源可与电源并联，用电设备可与用电设备并联。并联的接线方式能确保各用电设备相对独立控制，方便安装和检修，并节约导线。

4. 导线有颜色和编号特征

为了便于区别各线路的连接，汽车电气线路均有颜色和编号，以便查找和识别。

5. 由各个相对独立的系统组成

汽车电路各个系统之间既相互联系，又相互独立；按其功能分为电源系统、起动系统、点火系统、照明和信号系统、仪表和报警系统等。

四、汽车电路的组成

随着汽车电子产品的广泛应用，汽车电路日趋复杂，给快速排查汽车电路故障增加了难度。因此，读懂汽车电路图，弄清楚电路图的内在联系，找出其特点和规律，对诊断和排除电路故障是非常重要的。

不同车型的汽车电路有共同之处，也有不同之处。汽车电路的共同之处就是汽车电路都需要有电源(蓄电池、硅整流发电机)、用电设备和控制开关；不同之处主要是指熔断丝的数量和形式、安装位置、灯光信号电路和辅助电气设备的数量及连接方法、电子控制装置等方面。

1. 汽车电路及组成

1) 汽车电路

汽车电路是为了使汽车电气设备工作,按照它们各自的工作特性及相互间的内在联系,用导线和车体把电源、电路保护装置、控制器件及用电设备等装置连接起来构成的能使电流流通的路径。

2) 汽车电路的组成

如图1-2所示，汽车电路主要由以下5部分组成。

(1) 电源。汽车上装有两个电源，即蓄电池和硅整流发电机。其功能是保证汽车各用电设备在不同情况下都能投入正常工作。

(2) 用电设备。汽车用电设备包括电动机、电磁阀、灯泡、仪表、各种电子控制器件和部分传感器等。

(3) 控制器件。除了传统的各种手动开关、压力开关、温控开关外，现代汽车还大量使用了电子控制器件，包括简单的电子模块(如电子式电压调节器、点火控制器等)和电子控制单元(如发动机电控单元、自动变速器电控单元等)。电子控制器件和传统的开关在汽车电路上的主要区别是,电子控制器件需要单独的工作电源及需要配用各种形式的传感器。

(4) 过载保护器件。过载保护器件主要有熔断丝(俗称保险丝,也称熔断器)、电路断电器及易熔线等。其功能是在电路中起保护作用,即当电路中流过超过规定的电流时,及时切断电路,防止烧坏电路连接导线和用电设备,并把故障限制在最小范围内。

(5) 汽车用导线。汽车用导线包括低压导线和点火用高压导线。低压导线用于将以上各种装置连接起来构成电路。此外,汽车上通常用车体代替部分从用电设备返回电源的导线。

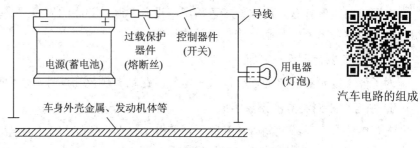

汽车电路的组成

图 1-2 汽车电路(灯光电路)的组成

2. 汽车电路的基本特点

车型不同,汽车电气设备的数量不同,电路也不同。无论车型如何变化,汽车电路都具有以下基本特点:

(1) 汽车电气系统的电路属于低压直流电路,电路中电源的负极搭铁、电气电路实现了网络控制。

(2) 汽车电路由相对独立的分系统电路组成,全车电路一般包括:

① 电源电路:由蓄电池、发电机、调节器及工作状况指示装置(电流表、充电指示灯)等组成。

② 起动电路:由起动机、起动继电器、起动开关及起动保护装置组成。

③ 点火电路:微机控制点火系统主要由电控单元(ECU)、各种传感器及开关、执行器(点火控制器等)组成。

④ 照明与信号电路:由前照灯、雾灯、示宽灯、转向灯、制动灯、倒车灯、电喇叭及控制继电器和开关等组成。

⑤ 仪表和报警系统电路:由仪表、传感器、各种报警指示灯及控制器等组成。

⑥ 汽车电子控制系统电路:由电控燃油喷射系统、自动变速器、防抱死制动系统、恒速控制及悬架控制、安全气囊系统等组成。

⑦ 辅助装置电路:因车型不同而有所差异,一般包括挡风玻璃刮水/清洗装置、挡风玻璃除霜/防雾装置、起动预热装置、音响装置、电动车窗升降装置、电动座椅调节装置及中央电控门锁等装置。

五、汽车电路的种类

根据每段汽车电路的不同功用,汽车电路一般分为电源电路、搭铁电路与控制电路;根据控制器件与用电部件之间是否使用继电器,汽车电路可分为直接控制电路和间接控制电路;按照在电路中是否采用电子控制单元,汽车电路可以分为电子控制电路和非电子控制电路。

1. 电源电路、搭铁电路与控制电路

电源电路(也称配电电路)主要是为电器部件提供电源，也称为电器部件的"火"线。如图 1-3 所示，从蓄电池正极经熔断丝到电喇叭之间的线路 ABH 段是为电喇叭提供电源的电路。

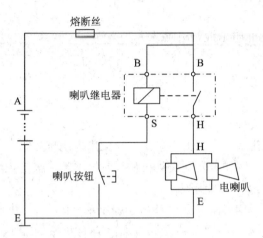

图 1-3　汽车电路的功能

搭铁电路主要是为电器部件提供电源回路。如图 1-3 所示，电路中从电喇叭到蓄电池负极之间的线路即为电喇叭的搭铁电路。

控制电路的功能主要是控制电器部件工作。如图 1-3 所示，电路中控制器件为喇叭按钮和喇叭继电器，电喇叭的控制电路为经过熔断丝、喇叭继电器电磁线圈、喇叭按钮的线路，即 ABSE 段电路。

2. 直接控制电路与间接控制电路

直接控制电路是最基本、最简单的汽车电路。这种控制电路中不使用继电器，控制器件与用电设备串联，直接对用电设备进行控制。如图 1-2 所示，直接控制电路为"蓄电池正极→电路保护装置→控制器件→用电部件→搭铁→蓄电池负极"。

在控制器件与用电设备之间使用继电器或电子控制器的电路称为间接控制电路。

如图 1-4 所示，控制器件和继电器电磁线圈所处的电路称为控制电路。用电设备(负载)和继电器触点所处的电路称为主电路。

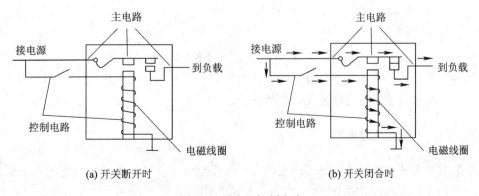

(a) 开关断开时　　　　　　　　　　　　　　(b) 开关闭合时

图 1-4　继电器控制电路

图 1-3 中，主电路为"蓄电池→熔断丝→喇叭继电器触点(B→H)→电喇叭→搭铁"，控制电路为"蓄电池→熔断丝→喇叭继电器电磁线圈→喇叭按钮→搭铁"。

继电器或电子控制器对受其控制的用电设备来讲是控制器件，但继电器和晶体管同时又受到各种开关、电控单元等控制器件的控制，从这个意义上来讲，它们又是执行器件，所以它们具有双重属性。

3. 电子控制电路与非电子控制电路

非电子控制电路指的是由手动开关、压力开关、温控开关及滑线变阻器等传统控制器件对用电设备进行控制的电路。如图 1-2 和图 1-3 所示都是非电子控制电路。汽车上的手动开关主要是点火开关、照明灯开关、信号灯开关及各控制面板与驾驶座附近的按键式、拨杆式开关及组合式开关等。

目前电子控制技术在现代汽车上得到了广泛应用，电子控制取代其他控制模式成为现代汽车控制的主要方式，例如，发动机的机械控制燃油喷射被电控燃油喷射所取代；自动变速器由液压控制转变为电子控制等。

电子控制电路增加了信号输入元件和电子控制单元(ECU)，由电子控制单元对用电设备(执行器)进行自动控制。如图 1-5 所示为电子控制(微机控制)的点火系统电路。

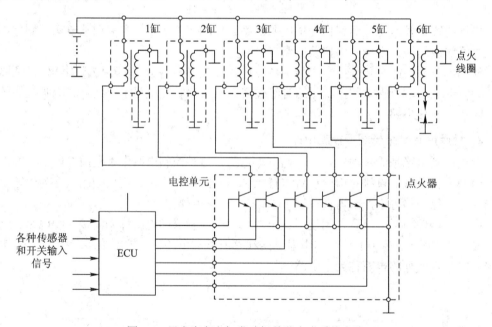

图 1-5　日产汽车六缸发动机单独点火系统电路

汽车电子控制系统的电路可以分为电控单元的电源电路、传感器/开关信号输入电路、执行器工作电路以及信号共享(CAN 总线)电路。

六、汽车电气系统的故障类型

汽车电气系统的故障可以分为两大类：一类是电气设备的故障；另一类是汽车电路的故障。

1. 汽车电气设备故障

汽车电气设备故障是指电气设备自身丧失其原有功能的故障，包括电气设备的机械损坏、烧毁，电子元件的击穿、老化、性能减退等。在实际使用和维修中，常常会因线路故障而造成电气设备故障。电气设备故障一般是可修复的，但一些不可拆的电子设备出现故障后只能更换。例如，晶体管式电压调节器或集成电路式电压调节器、电子点火系统中的点火模块等损坏后都不用维修，只需要更换新的同规格的部件即可。

2. 汽车电路故障

汽车电路常见故障有断路、短路、搭铁故障、负载工作不良等。

(1) 断路。断路指电源到负载的电路中某一点中断时，电路中无电流，导致负载不能正常工作。断路主要是导线折断、导线连接端松脱或者搭铁不良、触点严重烧蚀、熔丝烧断、负载烧断、接点或插接器脱落等原因所造成的故障。

(2) 短路。电源正、负极的两根导线直接接通，使电器部件不能工作，导线发热或线路中的熔断丝烧断。造成短路的原因主要有导线绝缘破坏并相互接触；开关、接线盒、灯座等外接导线螺丝松脱，造成和线头相碰；接线时不慎使两线头相碰；导线头碰触金属部分等。

(3) 搭铁故障。搭铁故障是电流经过负载后在不合适的地方(不应该搭铁的地方)搭铁。搭铁故障会使负载不受控制，产生错误的动作。

(4) 负载工作不良。负载工作不良是指负载没有处在良好的工作状态，或有时工作，有时不工作。产生这种故障现象的原因多数是连接处松动或氧化腐蚀。

 【任务实施】

认识汽车电源和全车用电设备

1. 认识汽车电源

学生 4~6 人为一组，分组认识汽车上的电源。

组织学生在车辆上认识蓄电池、硅整流发电机这两个汽车上的电源，认清它们在汽车上的安装位置，认识负极搭铁线，并说明蓄电池和硅整流发电机在汽车上的作用；然后分组进行蓄电池的拆卸和安装。

2. 认识全车用电设备

在整车上，认识起动机及安装位置，起动机接线柱及线路，点火系统的各个组成部件，并能正确使用照明与信号系统，汽车各个仪表和报警信息显示，并能正确使用汽车的辅助电气设备(电动刮水器、电动车窗、电动座椅、电动后视镜等)。

【检查与评估】

在完成以上的学习内容后，根据以下问题(见表 1-3)进行教师提问、学生自评或互评，及时评估本任务的完成情况。

表 1-3　检查评估内容

序号	评 估 内 容	自评/互评
1	能利用各种资源和途径查阅汽车电器和汽车电路的各种学习资料	
2	能够制订合理、完整的学习计划	
3	认识车辆品牌、型号,正确填写车辆识别代号	
4	正确填写发动机号码	
5	正确填写蓄电池及发电机型号及安装位置; 正确识别电池正、负极桩,搭铁线和发电机正极输出端标记	
6	找出汽车点火系统的各个组件,并能说出其名称	
7	认识各个汽车照明灯、汽车信号灯,会操作各种灯光开关	
8	能正确指出汽车各个仪表名称和报警信息	
9	能正确操作电动车窗、电动后视镜、电动刮水器等辅助电气设备的开关	
10	能如期保质按要求完成学习任务	
11	工作过程操作符合规范,能正确使用车上各种电气设备	
12	工作结束后,工具摆放整齐有序,工作场地整洁	
13	小组成员工作认真,分工明确,团队协作	

任务 1.2　认识汽车电路的组成元素

【导引】

　　一辆轿车的电动燃油泵的熔断丝烧断后,电动燃油泵不能泵油,发动机不能工作。这时就需要查明故障原因,更换新的熔断丝。其实,此故障并不是由电源引起的,也不是由电气设备引起的,而是由汽车电路中的电路保护装置故障引起的。那么,在汽车电路中除了电源、用电设备以外,还有什么电路组成元素?它们各起到什么作用?如何检测呢?

【计划与决策】

　　汽车电路除了电源、各种用电设备之外,还包括了连接导线及线束、插接器、各种开关、继电器、中央配电盒以及电路保护装置等电路基本组成元素。不同的组成元素其作用也不同,它们共同保证汽车电气系统的正常工作。汽车电路出现故障,很多时候是因为这些组成元素出现故障造成的。熟悉这些电路基本组成元素的作用、工作原理、表示方法,有助于提高汽车电路图的识读能力和对汽车电路进行检修。

　　完成本任务需要的相关资料、设备以及工量具如表 1-4 所示。本任务的学习目标如表 1-5 所示。

表 1-4 完成本任务需要的相关资料、设备以及工量具

序号	名　称
1	轿车若干辆，车外防护 3 件套和车内防护 4 件套若干套
2	实训用轿车维修手册，课程教材，课程网站，课件，学生用工单
3	数字式万用表，电工工具，拆装工具，继电器拔取钳，继电器
4	带插接器(多种类型)的汽车线束若干，各种类型熔断器若干，不同类型继电器若干，点火开关或车灯组合开关(雨刷器组合开关)，背插针

表 1-5 本任务的学习目标

序号	学习目标
1	了解汽车用导线的种类和使用规格
2	掌握电路保护装置的种类和特点
3	认识车用各种开关及特点
4	认识车用继电器的类型，能够正确检测和更换继电器
5	认识中央配电盒及作用
6	评估任务完成情况

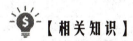 【相关知识】

一、汽车用导线和线束

1. 导线

汽车用导线可分为低压导线和高压导线两种。低压导线包括普通导线、屏蔽线、起动电缆、搭铁电缆、数据总线；高压导线有铜芯线和阻尼线两种。

1) 低压导线

(1) 普通低压导线。普通低压导线一般为带绝缘层的铜质多股软线，导线的截面积主要根据用电设备的工作电流、绝缘和机械强度进行选择。为保证导线的机械强度，汽车线路中所用导线截面积不得小于 0.5 mm^2。各种低压导线标称截面积所允许的负载电流值如表 1-6 所示。

表 1-6 低压导线标称截面积所允许的负载电流值

导线标称截面积/mm^2	1.0	1.5	2.5	3.0	4.0	6.0	10	13
允许载流量/A	11	14	20	22	25	35	50	60

注意：导线的标称截面积是经过换算而统一规定的线芯截面积，并不是导线的实际截面积。

低压导线常用不同的颜色加以区分。其中，截面积在 1.5 mm^2 以上的常采用单色线(但电源线可增加使用主色为红色、辅色为白或黑两种双色线)；截面积在 1.5 mm^2 以下的常采

用双色线，主色为基础色，辅色为沿导线的条色带或螺旋色带。各汽车厂商电路图上多用英文字母表示导线颜色及条纹颜色，且标注时主色在前、辅色在后。美国常用 2 到 3 个字母表示导线的 1 种颜色，如果导线上有条纹，则字母较多；日本常用单个字母，少数使用双字母表示导线颜色，其中后一个是小写字母；中国低压导线的标准大体上也是如此；德国各公司甚至各牌号汽车都各不相同，如奥迪、宝马、奔驰、桑塔纳电路图导线颜色代号各不相同，在读图时要注意区分。

导线颜色常用的有黑、白、红、绿、黄、蓝、灰、棕、紫；其次用粉红、橙、棕褐；再次用深蓝、浅蓝、深绿、浅绿。在导线上采用条纹标志时，颜色常常对比强烈，如黑/白(黑为主色，白为条纹辅色)、白/绿、白/红等。

各国汽车低压导线颜色代码如表 1-7 所示。

表 1-7　各国汽车低压导线颜色代码

颜色	中国	英国	美国	日本	奔驰	奥迪
黑	B	Black	BLK	B	BK	B
白	W	White	WHT	W	WT	W
红	R	Red	RED	R	RD	R
绿	G	Green	GRN	G	GN	G
黄	Y	Yellow	YEL	Y	YL	Y
蓝	Bl	Blue	BLU	L	BU	U
紫	V	Violet	PPL	PU	VI	P

(2) 屏蔽线。屏蔽线也称同轴射频电缆，电缆芯线的绝缘层处带有金属纺织网管作为屏蔽网，再在网管外套装一层护套，屏蔽网的作用是将导线与外界的磁场隔离，避免导线受外界磁场干扰。

屏蔽线常用于低压微弱信号线路。例如，天线连接线及各种传感器和电子控制单元之间的通信电路、爆燃信号电路、氧传感器信号电路、曲轴位置传感器信号电路中都使用了屏蔽线。

(3) 起动电缆。起动电缆多为带绝缘包层的大截面铜质多丝软线，用来连接蓄电池与起动开关的主接线柱，它不以工作电流的大小来选定，而受工作时的电压降限制。为了保证起动机正常工作，能发出足够的功率，要求在线路上每 100A 的电流所产生的电压降不超过 0.1～0.15 V，因此该导线截面积较大，通常有 25 mm²、35 mm²、50 mm²、70 mm² 等多种规格，允许通过电流达 500～1000A。

(4) 搭铁电缆。搭铁电缆常用于电池与车架、车架与车身、发动机与车架等总成之间的连接。一般是由裸铜丝编织成软铜线，也可用与起动电缆一样的电缆作为搭铁电缆。

(5) 数据总线。数据总线是指在一条数据线上传递的信号可以被多个系统共享，可以最大限度地提高系统的整体效率，充分利用有限资源。目前汽车上采用的数据总线主要有 CAN 线和 LIN 线。

CAN 数据线是双向数据线，分为 CAN 高位和 CAN 低位数据线。数据没有指定接收器，通过数据总线发送给控制模块，各控制模块接收到数据后进行计算。CAN 数据线多采用将两根线缠绕在一起的结构，可以防止外界电磁波的干扰和向外辐射，如图1-6 所示。

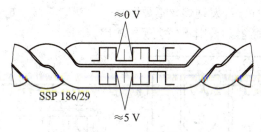

图 1-6　CAN 总线

LIN 总线用于实现汽车中的分布式电子系统控制。LIN 的目标是为现有汽车网络提供辅助功能。因此，LIN 总线是一种辅助的总线网络。在不需要 CAN 总线的宽带和多功能场合(如前后车门模块之间的通信)使用 LIN 总线，可以大大节省成本。LIN 总线的传输速度可以达到 20 kb/s。

2) 高压导线

高压导线用来传送点火系统的高压电。汽车高压导线的线芯截面积小，约为 1.5 mm²，绝缘包层厚，耐压数值高，一般应在 15 kV 以上。现代汽车用高压导线多采用高压阻尼导线，因为高压阻尼导线具有衰减火花塞产生的电磁波干扰的功能。

目前汽车上采用的微机控制点火系统中，每缸配一个笔式点火线圈，它将点火线圈直接压在火花塞上，取消了高压线，这样可减少能量损失，增进燃烧，提高燃油的能效。

2. 线束

随着汽车电器与电子设备的增多，汽车电路越来越复杂。为了方便安装和保护导线的绝缘，避免振动和牵拉而引起导线损坏，一般都将同路的不同规格的导线用棉纱编织物或聚氯乙烯带缠绕包扎成束，形成汽车导线线束。各种车型的线束各不相同，汽车导线线束一般分为发动机舱线束、仪表板线束、车辆左线束、车辆右线束和车辆后部线束等，有的车辆又分为主线束、分线束等。线束常用于汽车厂总装线和修理厂的连接、检修与配线等。

线束总成包括导线、端子、插接器和护套 4 部分。端子一般由黄铜、紫铜或铅材料制成。线路间的连接采用插接器，现代汽车线束总成中有很多个插接器。在布线过程中，不要把线束拉得过紧，线束穿过洞口或绕过锐角处应有护套保护。线束位置确定后，用卡簧或绊钉固定，以免松动和损坏。

二、电路保护装置

汽车电路中通常设有保护装置。当线路因负荷超载、短路故障而电流过大时，保护装置能够自动断开电源电路，以防止线路或用电设备损坏。常见的保护装置有熔断器、易熔线和断路器等。

1. 熔断器

熔断器俗称保险，是汽车上使用最多的一次性保险装置，用于保护局部电路。熔断器的熔丝通常固定在可插式塑料片上或封装在玻璃管中，如图 1-7 所示。当通过熔丝的电流超过其规定值时，熔丝发热熔断，从而保护线路和用电设备不被烧坏。汽车上通常将熔断器集中安装在一个盒中，称为熔断器盒。各熔断器都用编号排列，多数熔断器会用不同的颜色表示不同规格，便于检修和识别。

熔断器为一次性器件，当发现熔丝需要更换时，新熔断器一定要与原规格相同，不能使用比规定容量大的熔断器，否则将失去保护作用。

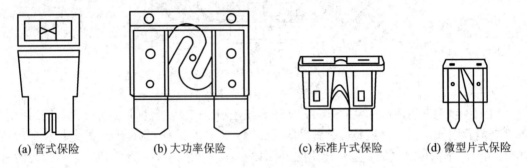

(a) 管式保险　　　(b) 大功率保险　　　(c) 标准片式保险　　　(d) 微型片式保险

图 1-7　熔断器结构示意图

2. 易熔线

易熔线比熔断丝粗一些，通常连接在电源线路和通过电流较大的线路上。易熔线通常接在蓄电池正极附近，如图 1-8 所示。它不能绑扎于线束内，也不得被其他物品所包装，用于保护总体线路或较重要电路。例如，北京切诺基设有 5 条易熔线，分别保护充电电路、预热加热器、雾灯、灯光及辅助电路。

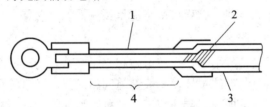

1—细导线；2—接合片；3—电路导体；4—当出现过大电流时，这部分易熔线将熔断

图 1-8　易熔线结构示意图

3. 断路器

断路器用于正常工作时容易过载的电路中，其原理是利用膨胀系数不同的双金属片受热变形，使触点分离。断路器有自动复位式断路器、手动复位式断路器两种。

1) 自动复位式断路器

当电路出现过载时，通过膨胀系数不同的双金属片变形自动切断电路，双金属片冷却后自动复位，如此往复，直到电路不再过载，如图 1-9 所示。

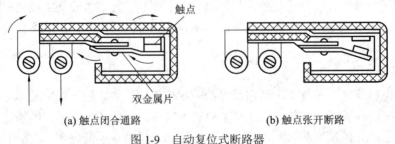

(a) 触点闭合通路　　　　　　　(b) 触点张开断路

图 1-9　自动复位式断路器

2) 手动复位式断路器

如图 1-10 所示，当电路出现过载时，双金属片受热向上弯曲变形，自动切断电路。向上弯曲变形的双金属片在冷却后不能自动恢复原形，须按下按钮手动复位，才能接通电路。

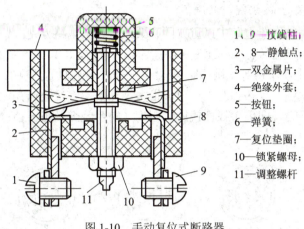

1、9—接线柱；
2、8—静触点；
3—双金属片；
4—绝缘外套；
5—按钮；
6—弹簧；
7—复位垫圈；
10—锁紧螺母；
11—调整螺杆

图 1-10　手动复位式断路器

三、车用开关

汽车开关装置的功能是接通和切断电源与用电设备的连接电路。汽车电路中的开关数量很多，种类也很多。

按照开关的操纵方式不同，可分为手动(旋转、推拉、按压)开关和自动控制开关两种。手动开关是由驾驶员直接用手或脚操纵开关的"开"与"关"。

汽车自动控制式开关分为压力控制开关、温控控制开关、机械控制开关等，它并不是由驾驶员直接操纵，而是在汽车运行时由某种物理量使其动作。例如，机油压力过低报警电路中的压力开关是在发动机机油压力降到低限时动作(接通)；冷却液温度过高报警电路中的温度开关则是在发动机冷却液温度升至高限时动作(接通)；倒车信号及照明电路中的倒挡开关是变速杆在倒挡位置时动作(接通)等。

按照汽车开关的功能，可分为单一功能开关、复合开关及组合开关等。

单一功能开关内部只有一个开关触点，通常只控制一条电路。这种开关的识别和检测很简单。

复合开关内部有两个或两个以上触点，控制多条电路，开关的动作也有两挡或两挡以上，如点火开关、风扇开关等。在不同的挡位下开关所连接的电路也不同。

现在汽车上普遍使用多功能组合开关。组合开关是将两种或两种以上的开关集装在一起，可使操纵更加方便。这种开关可以对照明、信号(转向、超车)、刮水器和洗涤器等电路进行控制。因为多功能组合开关控制的电路多，有多个挡位，在进行电路分析和检测时对它的识别和检测特别重要。

1. 电源总开关

电源总开关主要用于切断蓄电池与外电路的连接，以防止汽车停驶过程中蓄电池经外电路漏电。电源总开关主要有闸刀式和电磁式两种。闸刀式开关依靠手动来接通或切断电源电路负极(如东风车系)，电磁式开关则依靠电磁吸力作用实现。电源总开关常用在一些货车上，轿车已很少使用。

2. 点火开关

1) 传统点火开关(直接控制用电设备)

传统的点火开关是汽车电路中最重要的开关，是各条电路分支的控制枢纽。点火开关的主要功能是锁住转向盘转轴(LOCK)，接通点火挡(ON 或 IG)、起动挡(ST 或 START)、附件挡(Acc 收音机、电动车窗等使用)等；如果用于柴油车则增加预热(HEAT)挡，如图 1-11 所示。由于接通起动挡、预热挡时工作电流很大，开关不宜接通过久，所以这两挡在操作时必须用手克服弹簧力，即用手扳住钥匙，因为一松手就弹回点火挡，不能自行定位；其他挡位均可自行定位。

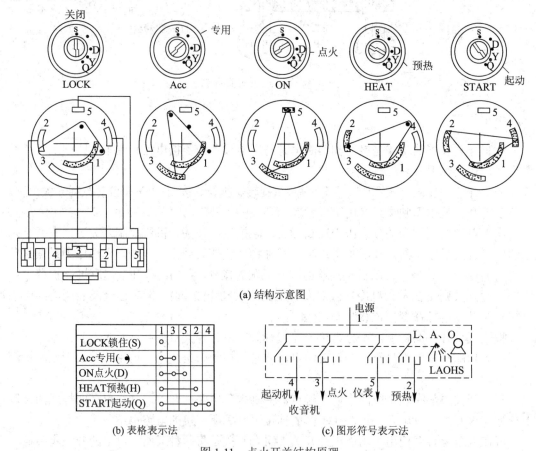

(a) 结构示意图

	1	3	5	2	4
LOCK锁住(S)	○				
Acc专用(●)	○	○			
ON点火(D)	○	○	○		
HEAT预热(H)	○	○			○
START起动(Q)	○	○	○	○	

(b) 表格表示法　　　　　　(c) 图形符号表示法

图 1-11　点火开关结构原理

2) 控制模块(车身控制模块或其他模块)用点火开关

如图 1-12 所示，上汽通用汽车用点火开关不直接控制用电设备的电路，而是向车身控制模块(BCM)提供开关位置信号，BCM 根据 X3 插接器的 15 号、5 号、6 号端子的电位数值，可以监测到点火开关的位置，只有电源模式正确，车辆才会起动。点火开关处于不同挡位时，BCM 的 X3 插接器 15 号、5 号、6 号端子接收的电压数值如表 1-8 所示。

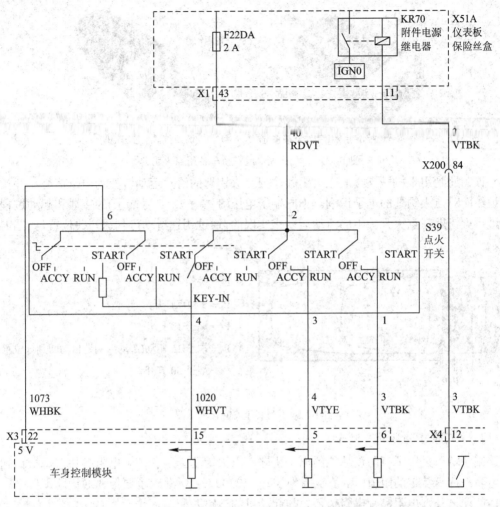

图 1-12　点火开关电路示意图

表 1-8　点火开关挡位与 X3 插接器 15 号、5 号、6 号端子电压的对应关系　　V

点火开关挡位	端子名称及电压/V		
	15 号端子	5 号端子	6 号端子
OFF	0	0	0
Acc	0	12	0
ON(RUN)	5	12	12
START	3~4	0	12

3) 带无钥匙进入/起动许可系统的点火开关

一汽—大众迈腾轿车点火开关是行驶许可系统的组成部分，汽车是通过滑动钥匙起动的，不是旋转钥匙起动的，因此点火钥匙是无钥匙齿的。如果用无线遥控器无法打开车门，可以用备用钥匙以机械方式打开左前车门。该钥匙插在点火钥匙中，且钥匙环固定架与其相连，按压第二个槽口可取出备用钥匙，如图 1-13 所示。

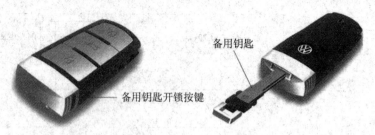

(a) 遥控器上备用钥匙开锁按键   (b) 遥控器上备用钥匙

图 1-13 一汽—大众迈腾轿车备用点火钥匙

该钥匙是用于机械支撑的点火钥匙，把点火钥匙的滑片运动转变为电子信号，并实现读识线圈对点火钥匙的电子识别。不同端子电压(S 端子、15 号端子)的接通和起动过程是通过点火钥匙在点火开关中的滑动运动来实现的，通过钥匙滑动可到达开关位置，如图 1-14所示。

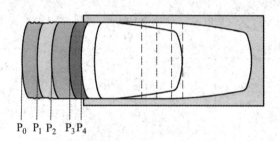

P_0—关闭；

P_1—S 触点打开；

P_2—端子 15 打开；

P_3—端子 15 驱动(起动后钥匙自动回到该位置)；

P_4—端子 50 打开

图 1-14 点火开关位置示意图

4) 采用电子钥匙的点火开关

某些轿车采用了有防盗功能的电子钥匙。点火钥匙上装有一个电阻晶片，每把钥匙中的电阻晶片有特定的阻值，阻值范围为 $380 \sim 12300 \ \Omega$；钥匙除了要像普通钥匙那样必须与锁体匹配之外，电阻晶片电阻值还要与起动机的电路匹配。

如图 1-15 所示是美国通用公司采用的电子钥匙防盗系统原理图。

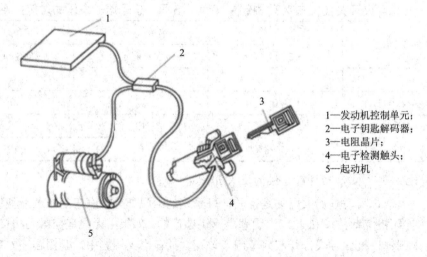

1—发动机控制单元；
2—电子钥匙解码器；
3—电阻晶片；
4—电子检测触头；
5—起动机

图 1-15 美国通用公司采用的电子钥匙防盗系统原理图

当点火钥匙插入锁体时，电阻晶片与电阻检测触头接触。当锁体转到起动挡(ST)时，点火钥匙电阻晶片的阻值输送到电子钥匙解码器。若钥匙晶片电阻值与电子钥匙解码器中存储的电阻值一致，则控制起动机工作；同时，起动信号被传送给发动机控制单元，发动机控制单元控制燃油喷射及点火系统工作，完成发动机起动。若钥匙电阻晶片的阻值与电子钥匙解码器存储的不一致，解码器便禁止起动机工作，虽然转到起动挡，发动机也不能起动。

3. 组合开关

多功能组合开关通常将照明开关(灯光开关、前照灯变光开关)、信号开关(转向、危险警告、超车)、刮水器/清洗器开关等组合在一起，安装于驾驶员操纵的转向柱上。

开关作为汽车电器中最常用的部件，可根据开关的功能和开关各挡位的导通情况，用万用表进行检查。通常开关与线束连接时采用插接器，插接器上的导线都有编号。检查时，使开关处于不同的挡位，按照开关接通情况测量插接器或插头相应编号导线之间的导通情况，如果检查的结果不符合开关的功能要求，说明开关已经损坏。

四、车用继电器

1. 继电器类型

继电器是利用电磁或其他方法(如热电或电子)，实现自动接通、切断一对或多对触点，以小电流控制大电流，从而减小控制开关触点的电流负荷的电子控制器件，如空调继电器、喇叭继电器、雾灯继电器、风窗刮水器/清洗器继电器、危险报警与转向闪光继电器等。

继电器可以分为常开继电器、常闭继电器和常开、常闭混合型继电器，如图 1-16 所示。继电器的每个插脚都有标号，与所连接的插孔标号相对应。

汽车继电器

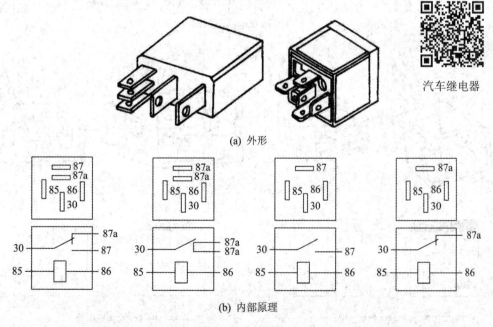

(a) 外形

(b) 内部原理

图 1-16 常见继电器

2. 继电器检测方法

继电器一般由一个控制线圈和一对或两对触点组成。检查时用万用表的电阻挡测量继电器的电磁线圈(即 85、86 之间)，检查其电阻是否符合要求。如果其电磁线圈电阻符合要求，再给继电器线圈加载 12 V 工作电压，当听到有"嗒"的声响(触点动作的响声)时，可检查其触点的接触情况。继电器如果是常开触点(30、87 之间)，加载工作电压后，触点应闭合，测量 30、87 之间的电阻，其值应为 0；如果触点为常闭触点(30、87a 之间)，加载工作电压后，其 30、87a 之间应断开，测量二者之间的电阻，其值应为无穷大。

五、插接器

插接器也称连接器，由插头和插座组成。插接器是汽车电路中线束的中继站。线束与线束(或导线与导线)、线束(导线)与电器部件之间、线束与开关之间的连接一般采用插接器。

1. 插接器的结构与识别

在汽车电路中，插接器的种类很多，不同位置所使用的插接器的连接端子数目各异，可供几条到数十条导线使用，有长方体、多边体等不同形状和尺寸。为了防止插接器在汽车行驶中脱开，所有的插接器均采用了闭锁装置。

对于连接电气设备和导线的插接器，通常将插接器连接设备的一侧称为插座，而将线束一侧称为插头；对于连接两条线束的插接器，通常将插孔一侧称为插座，插脚一侧称为插头。插接器的图形符号和实物对照如图 1-17 所示，符号中长方格或正方格涂黑的表示插头，白色的表示插座；长方格或正方格带有倒角的表示插头，插座的插脚呈现圆柱状(或称针式)，不带倒角(直角)的则表示插头，插座的插脚呈现片状。

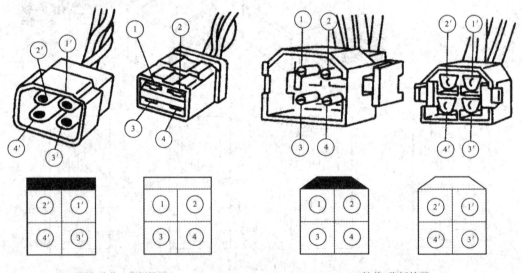

(a) 平端(片状)4脚插接器　　　　　　　　(b) 针状4脚插接器

图 1-17　一般用途插接器图形符号和实物对照

　　插接器线路连接端子数量最少是 1 个，多的可达数十个端子。插接器方格中的数字都代表插接器各端子号。

2. 插接器的连接和拆卸

　　插接器一般都有导向槽，导向槽是为了使插接器接合正确而设置的凸凹轨。接合时，应把插接器的导向槽重叠在一起，使插头和插孔对准，然后平行插入即可十分牢固地连接在一起。插接器评搭后，其导线的连接如图 1-18 所示，A 线的插孔①与 a 线的插头①′是相配合的，其余依此类推。

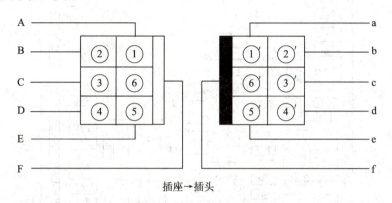

图 1-18　插接器导线的连接

　　要拆开插接器时，首先要解除闭锁，然后把插接器拉开，不允许在未解除闭锁的情况下用力拉导线，这样会损坏闭锁装置或连接导线。

　　在检查线路的电压或导通情况时，不必脱开插接器，只需将万用表两表针插入插接器尾部的线孔内即可进行检查。

　　修理中若需更换电线或取下插接器的接线端子，应先把插头、插座分开，用小螺丝刀插入插头或插座尾部的线孔内，撬起电线锁紧凸缘，并将电线从后端拉出。安装时，将电线头推入，直至接线端子被锁住为止，然后向后拉动电线，以确认是否锁紧。

六、中央配电盒

　　现代汽车一般均设有中央配电盒(也称中央接线盒或中央继电器盒)，汽车电气系统以中央配电盒为核心进行控制。大部分继电器和熔断丝都安装在中央配电盒正面，便于更换和检修。轿车配置越高，电气设备越多，中央配电盒越复杂；有的高档轿车会有多个中央接线盒。车型不同，出厂年代不同，熔断丝的数量和安装位置会有所不同。

　　2016 款威朗轿车上装有 4 个保险丝盒，分别是 X50A、X50D、X51A、X53A，它们安装在车上不同的位置。如图 1-19 所示为 2016 款威朗轿车发动机舱盖下 X50A 保险丝盒正面的结构。X50A 保险丝盒中共有 57 个保险丝，由于篇幅有限，本书仅对其中部分保险丝和继电器作一个简单说明。如表 1-9 所示为 X50A 保险丝盒(发动机舱盖下)的各保险丝使用说明。如表 1-10 所示为 X50A 保险丝盒(发动机舱盖下)的各继电器使用说明。

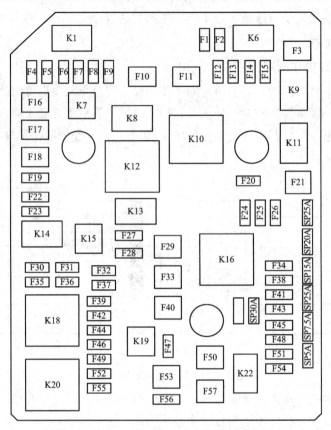

图 1-19　X50A 发动机舱盖下保险丝盒标签

表 1-9　X50A 保险丝盒(发动机舱盖下)的各保险丝使用说明(部分)

序号	保险丝名称	额定电流	说　　明
1	F1UA	15 A	KR11 挡风玻璃洗涤器泵继电器
2	F2UA	10 A	KR29 空调压缩机离合器继电器
3	F3UA	30 A	KR27 起动机继电器
4	F4UA	5 A	K26 大灯控制模块(TR7)
5	F5UA	10 A	E4E 大灯一左远光灯(T4A);M28L 远光灯电磁执行器一左(T4F)
6	F6UA	10 A	E4F 大灯一右远光灯(T4A);M28R 远光灯电磁执行器一右(T4F)
7	F7UA	20 A	未使用
8	F8UA	15 A	P12A 喇叭一高音;P12B 喇叭一低音
9	F9UA	30 A	未使用
10	F10UA	40 A	KR108 变速器液压油泵继电器(M05)
11	F11UA	50 A	未使用
12	F12UA	15 A	K20 发动机控制模块
13	F13UA	15 A	K20 发动机控制模块、KR27 起动机继电器(M2A 或 M05)、T8A 点火线圈 1、T8B 点火线圈 2、T8C 点火线圈 3、T8D 点火线圈 4

续表

序号	保险丝名称	额定电流	说　明
14	F14UA	15 A	B52B 加热型氧传感器 2、B75C 多功能进气传感器、B280 自动变速器蓄能器电磁阀(M2A)
15	F15UA	15 A	B52A 加热型氧传感器 1、E41 发动机冷却液节温器加热器、K20 发动机控制模块、Q12 蒸发排放吹洗电磁阀、Q22 进气歧管调节电磁阀(L3O)、Q40 涡轮增压器旁通电磁阀(L1V)、Q42 涡轮增压器废气门电磁阀(LFV)、Q44 发动机油压控制电磁阀
16	F16UA	25 A	KR2 大灯洗涤器泵继电器(T4F)
17、19	F17UA、F19UA		未使用
18	F18UA	30 A	M79 挡风玻璃刮水器电机模块
20	F20UA	25 A	K20 发动机控制模块

表 1-10　X50A 保险丝盒(发动机舱盖下)的各继电器使用说明(部分继电器)

继电器	名　称	说　明
K1	KR48 前大灯远光继电器	F5UA 和 F6UA 保险丝
K6	KR29 空调压缩机离合器继电器	Q2 空调压缩机离合器
K7	KR2 大灯清洗泵继电器	G16 大灯清洗泵(T4F)
K8、K10、K15、K19、K22	未使用	未使用
K9	KR27 起动机继电器	M64 起动电机
K11	KR27C 起动机小齿轮电磁阀执行器继电器	M64 起动电机(M2A 或 M05)
K12	KR108 变速器液压油泵继电器	K71 变速器控制模块(M05)
K13	KR42R 日间行车灯继电器-右侧	E4D 侧日间行车灯一右(T4A)；E4H 大灯一右近光灯(T4A)；F22UA(T4F)和 F23UA(T4F)保险丝
K14	KR42L 日间行车灯继电器-左侧	E4C 日间行车灯左侧(T4A)；E4G 大灯一左近光灯(T4A)
K16	KR75 发动机控制点火继电器	F12UA、F13UA、F14UA、F15UA、F20UA、F34UA 保险丝，KR27 起动机继电器(M2A 或 M05)，KR29 空调压缩机离合器继电器
K18	KR73 点火主继电器	F30UA、F31UA、F32UA、F35UA、F36UA、F37UA、F39UA、F42UA、F44UA、F46UA、F49UA 保险丝
K20	KR5 后部除雾器继电器	F52UA、F53UA、F55UA 保险丝
K2	KR3 喇叭继电器(不可维修的"印刷电路板(PCB)"继电器)	F8UA 保险丝
K4	KR11 挡风玻璃洗涤器泵继电器(不可维修的"印刷电路板(PCB)"继电器)	G24 挡风玻璃洗涤器泵、KR2 大灯清洗泵继电器(T4F)

中央配电盒上一般标有线束和导线插接位置的代号及接点的数字号，主线束从中央配电盒背面插接后通往各用电设备。各种插接器的插座均固定在中央线路板背面，与相应的线束插头连接后通往各电器部件。各插接器的颜色及插座与线束插头代号均可从车辆的维修手册获取。

正确读取车辆的中央配电盒，认识每个保险丝和继电器控制的电气设备，是诊断和排除汽车电路故障的基础。

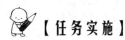【任务实施】

汽车电路组成元素的认识与检测

1. 就车认识中央配电盒

通过查阅维修手册，在整车上认识中央配电盒的正面和背面，认识汽车起动系统的保险丝和继电器，认识点火系统和照明信号系统的保险丝和继电器。学习使用万用表检测熔断丝和继电器的方法。

2. 就车认识汽车电路中其他组成元素

通过查阅维修手册，在整车上认识中央配电盒背面的插接器和各线束，识别蓄电池与发电机之间的连接导线颜色、截面积，识别蓄电池与起动机之间的连接导线颜色、截面积，识别蓄电池、发电机、起动机的搭铁线。

3. 车用开关的检测

通过查阅维修手册，首先了解点火开关(或转向开关、灯光组合开关、刮水器和洗涤器组合开关)的结构说明和导通状态表，然后使用万用表检测点火开关和其他组合开关。

4. 继电器的检测

使用继电器拔取工具，对车上的继电器进行检测。测量继电器的电阻并记录在工单上；给继电器线圈通电，测量其触点的导通情况，并记录在工单上。

【检查与评估】

在完成以上的学习内容后，可根据以下问题(见表 1-11)进行教师提问、学生自评或互评，及时评估本任务的完成情况。

表 1-11　检查评估内容

序号	评 估 内 容	自评/互评
1	能利用各种资源查阅、搜集本任务的各种学习资料	
2	能够制订合理、完整的学习计划	
3	能够正确指出汽车上的蓄电池电缆线、搭铁线、起动电缆线、屏蔽线等	
4	能够根据维修手册，正确指出远近光、喇叭、起动机、空调系统、燃油泵等保险丝和继电器	

续表

序号	评 估 内 容	自评/互评
5	学会用万用表检测保险丝的好坏	
6	学会用万用表检测继电器的电阻，学会加电压检测继电器的导通情况	
7	至少认识3种插接器及连接方式，会正确拆卸插接器	
8	能使用万用表正确检测汽车点火开关和其他组合开关	
9	能如期按要求完成工作任务	
10	工作过程操作符合规范，能正确使用万用表和工具等设备	
11	工作结束后，工具摆放整齐有序，工作场地整洁	
12	小组成员工作认真，分工明确，团队协作	

小　　结

　　汽车电气设备的特点：低压直流电源、单线制、负极搭铁；并联；导线有颜色和编号特征；由各个相对独立的系统组成。

　　汽车电气设备按照功能不同可分成3部分：电源、用电设备和全车电路及配电装置。

　　汽车上的电路都由电源、用电设备、控制器件、电路保护装置、导线等5部分组成。

　　根据每段汽车电路功用不同，一般可将汽车电路分为电源电路、搭铁电路与控制电路；根据控制器件与用电设备之间是否使用继电器，汽车电路可分为直接控制电路和间接控制电路；按照在电路中是否采用电子控制单元，汽车电路可以分为电子控制电路和非电子控制电路。

　　汽车导线可分为低压导线和高压导线两种。低压导线中又有普通导线、屏蔽线、起动电缆和蓄电池搭铁电缆之分。为安装方便并保护导线的绝缘，汽车用低压导线除蓄电池导线外，将同路的不同规格的导线用棉纱编织或用聚氯乙烯带缠绕包扎成束，成为线束。

　　汽车常见的保险装置有熔断器、易熔线和断路器等，它们在汽车上的安装位置和保护的电路都有所不同。

　　继电器是利用小电流控制大电流，以减小控制开关触点的电流负荷的电子控制器件。继电器可分为常开继电器、常闭继电器以及常开、常闭混合型继电器。

　　汽车开关主要有电源总开关、点火开关和组合开关等。点火开关是汽车电路中最重要的开关，通常有4个挡位：锁止挡(LOCK)，点火挡(ON 或 IG)，起动(ST 或 START)挡，附件挡(Acc 收音机、电动车窗等使用)。

　　插接器用于线束与线束或导线与导线间的相互连接，为防止脱落通常设计有锁止装置。

　　汽车电路的常见故障有断路(开路)、短路、搭铁和接触不良等。

练 习 题

一、判断题

1. 检修汽车电路时，不要随意拆卸、更换电线及用电设备，也不能随意更换熔断丝规格。　　　　　　　　　　　　　　　　　　　　　　　　（　　）

2. 熔断器、断路器、易熔线都是电路过载保护装置，在电路中是可以互换的。　（　　）

3. 汽车用普通低压导线的截面积主要是根据用电设备的工作电流进行选择的。（　　）

4. 拔开插接器时，先将插接器的锁止装置解除，再往外拉插接器的引线即可分开。（　　）

5. 在进行汽车电路电流检测时，发现电流低于正常值，最可能的原因是电路中有断路故障。　　　　　　　　　　　　　　　　　　　　　　　　　　（　　）

二、单项选择题

1. 起动电缆线为（　　）。

A. 高压线　　　　　B. 低压线　　　　　C. 屏蔽线　　　　　D. 绝缘线

2. 汽车一般的低压导线根据机械强度要求，其标称截面积不得小于（　　）。

A. 0.3 mm^2　　　B. 0.5 mm^2　　　C. 0.8 mm^2　　　D. 0.6 mm^2

3. 汽车继电器上的接线端标记 30 和 87 之间是（　　）。

A. 继电器线圈不通电时不导通

B. 继电器线圈不通电时导通

C. 继电器线圈通电时不闭合

D. 继电器线圈无论通电时，还是不通电时，都是断开的

4. 用万用表测量汽车继电器线圈的电阻时，两表笔应接在（　　）。

A. 继电器的 85 和 86 端子之间

B. 继电器的 30 和 87 端子之间

C. 继电器的 30 和 87a 端子之间

D. 继电器的 86 和 30 端子之间

5. 用万用表通断挡，在继电器不通电时，测量汽车继电器的 30 与 87a 端子之间，应该（　　）。

A. 测量的是线圈电阻

B. 听见蜂鸣声响，表明两者之间是不导通的

C. 听见蜂鸣声响，表明两者之间导通

D. 不响，表明两者之间不导通

6. 如图 1-20 所示，在蓄电池充满电且开关无故障前提下，开关闭合时，测量灯两端电压为 9 V，可能的原因是（　　）。

A. 灯的电阻过大　　　　　　　　B. 灯的电阻过小

C. 灯到开关电路中有接地故障　　D. 灯到接地点的电阻过大

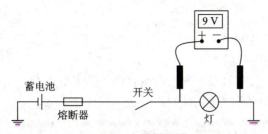

图1-20　6题电路图

7. 如图 1-21 所示,检测灯泡不亮的故障时,在开关接通状态下用一条跨接线将灯泡与电源正极相连接,灯泡不亮。在开关接通状态下用跨接线接地,灯泡亮,故障应为(　　)。

A. 开关故障　　　　　　　　　　　　　B. 熔断器断路故障

C. 灯泡接地不良故障　　　　　　　　　D. 灯泡接地短路故障

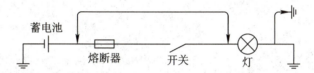

图1-21　7题电路图

8. 针对灯光亮度不足的故障,修理技师按如图 1-22 所示电路进行电路电流大小的测量,测量结果为 0.5A,下列判断中正确的是(　　)。

A. 正常的电流值,可能是灯泡故障

B. 正常电流值应为 1A,故障在于电路中的电阻过小

C. 正常电流值应为 1A,故障在于电路中的电阻过大,可能是接触不良所致

D. 电流过小,可能是电路中有短路故障

图1-22　灯光强度不足电路检测(8题)

9. 修理技师在进行如图 1-23 所示的电机控制电路检查时,测量电压值为 9V,下列判断中错误的是(　　)。

A. 电动机接地点电阻过大

B. 连接器可能有接触不良故障

C. 熔断器与支架之间可能有接触不良故障

D. 开关可能有接触不良故障

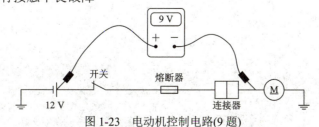

图1-23　电动机控制电路(9题)

三、问答题

1. 简述汽车电气设备的组成。
2. 汽车电气设备有哪些特点？
3. 汽车电路由哪几部分组成？汽车电路有哪些基本特点？
4. 汽车用低压导线的类型有几种？
5. 如何对继电器进行检测？

项目二　电源系统的检修

　　汽车电源系统是为全车用电设备供电的系统。电源系统的正常与否关系到汽车电气设备能否正常工作以及车辆能否正常行驶，所以电源系统是汽车电气系统的重要组成部分。

　　汽车电源系统主要由蓄电池、硅整流发电机及其电压调节器、充电指示灯(或电流表)、点火开关等组成。硅整流发电机的电压调节器有的装在发电机外面(少数)，有的装在发电机内部(绝大多数)。如图 2-1 所示为桑塔纳 LX 轿车电源系统电路图，采用内装式电压调节器。

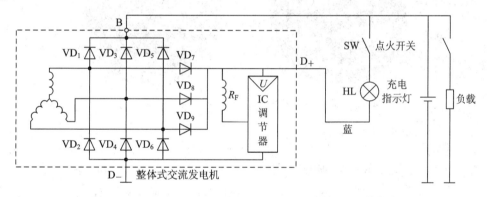

图 2-1　桑塔纳 LX 轿车电源系统电路

　　蓄电池和发电机是汽车上的两个电源，二者并联。发电机的主要功用是在发动机带动发电机运转发电时，向除起动机以外的所有用电设备供电，并向蓄电池充电；蓄电池的主要功用是在起动发动机时，向起动机和点火系供电。

1. 蓄电池

　　蓄电池是一种化学电源，既可以将电能转变为化学能储存起来，又可以将化学能转变为电能向用电设备供电，是一种可逆的直流电源。其主要作用是：

　　(1) 起动发动机时，向起动机和点火系供电；

　　(2) 发电机不发电或电压较低时向用电设备供电；

　　(3) 发电机超载时，协助发电机供电；

　　(4) 发电机端电压高于蓄电池电压时，将发电机的电能转变为化学能储存起来；

　　(5) 吸收汽车电路中的过电压，保护车用电子元件。

　　目前汽车上使用的蓄电池根据电解液的不同可以分为铅酸蓄电池和镍碱蓄电池(包括铁镍蓄电池和镉镍蓄电池)两大类。目前，大多采用铅酸蓄电池。镍碱蓄电池虽然具有寿命长、无硫化现象、工作可靠、耐强电流放电的优点，但是其内阻大、价格高，限制了其应用范围。根据加工工艺不同，铅酸蓄电池又可以分为普通型铅酸蓄电池、干荷电型蓄电池、湿荷电型蓄电池、免维护蓄电池。本书中无特别说明时，蓄电池均指普通型铅酸蓄电池。

2. 硅整流发电机和电压调节器

硅整流发电机是汽车电源系统的重要组成部分，轿车上普遍使用内装电压调节器的整体式硅整流发电机。电压调节器和发电机互相配合工作，其主要作用是在发动机运转期间，向所有用电设备(除起动机外)供电，并对蓄电池进行充电。

3. 充电指示灯(或电流表)

充电指示灯(或电流表)的主要作用是指示电源系统的工作状态，如图 2-2 所示。通过充电指示灯或电流表的不同指示，可以判断汽车电源系统的工作稳定性和电源系统是否出现故障。

图 2-2　充电指示灯和电流表外形

4. 点火开关

点火开关是汽车电路中最重要的开关，是各条电路分支的控制枢纽，其主要功能是接通和断开电源与用电设备之间的电流通路。

任务 2.1　蓄电池的使用维护

　【导引】

当汽车不能正常起动时，需要由几个人共同向前推车，将车辆起动起来；或者由其他车辆电池代为供电起动。这种现象通常是蓄电池严重亏电造成的。当蓄电池严重亏电时，起动机不能运转，导致发动机无法起动。那么，蓄电池有什么作用？是如何工作的？应该如何正确使用和维护蓄电池呢？

　【计划与决策】

完成本任务需要的相关资料、设备以及工量具如表 2-1 所示。

蓄电池属于汽车上的一个电源，目前汽车上大多使用干荷电蓄电池和免维护蓄电池，车用蓄电池在使用过程中出现故障后已经很少进行电池维修，只需要更换蓄电池即可。

表 2-1 完成本任务需要的相关资料、设备以及工量具

序号	名　　称
1	轿车一辆，维修手册(包含电源系统电路图)，车外防护 3 件套和车内防护 4 件套若干套
2	课程教材，课程网站，课件，学生用工单
3	数字式万用表，拆装工具
4	解剖的蓄电池(若干)，免维护蓄电池(若干)，干荷电蓄电池，充电机，密度计，高率放电计，蓄电池测试仪，玻璃管，温度计，凡士林或润滑油

如表 2-2 所示为本任务的学习目标。只有正确使用和维护蓄电池，才可以延长蓄电池的使用寿命。

表 2-2 本任务的学习目标

序号	学习目标
1	认识普通铅酸蓄电池的结构和型号
2	清楚蓄电池的安装位置、蓄电池的分类和型号
3	能够独立更换汽车上的蓄电池
4	掌握蓄电池的结构组成、工作原理、工作特性
5	了解蓄电池的充电方法和充电种类，能够对蓄电池进行充电
6	能够正确使用仪器进行蓄电池的检测
7	评估任务完成情况

【相关知识】

一、普通铅酸蓄电池的结构和型号

1. 普通铅酸蓄电池的基本结构

普通铅酸蓄电池一般由 3 个或 6 个单格电池串联而成，如图 2-3 所示。蓄电池由极板(正极板、负极板)、隔板、电解液、外壳、极柱等组成。

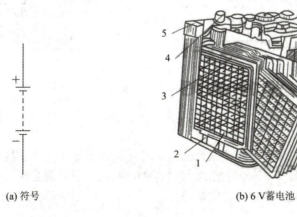

(a) 符号　　　　(b) 6 V蓄电池

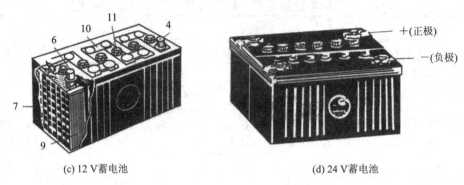

(c) 12 V蓄电池　　　　　　　　　　　(d) 24 V蓄电池

1—负极板；2—肋条；3—隔板；4—负极柱；5—封口胶；6—正极柱；7—蓄电池槽(壳体)；
8—正极板；9—极组；10—连接条；11—加液孔盖

图 2-3　铅酸蓄电池的结构

1) 极板

极板是蓄电池的核心构件，是由栅架和活性物质组成的，如图 2-4 所示。蓄电池的充、放电过程就是靠极板上的活性物质与电解液的电化学反应来实现的。极板分为正极板和负极板两种。正极板上的活性物质是二氧化铅，呈棕红色；负极板上的活性物质是海绵状纯铅，呈青灰色。薄型极板在相同体积的情况下，可以提高蓄电池的容量，改善蓄电池的起动性能。

栅架由铅锑合金或铅钙锡合金浇铸制成，并制作成网格状(见图 2-4(b))，加锑是为了提高栅架的机械强度和改善浇铸性能。目前普遍采用低锑合金栅架(含锑 2%～3%)，并在栅架合金中加入 0.1%～0.2%的砷，可以减缓腐蚀速度，提高硬度与机械强度，增强其抗变形能力，延长蓄电池的使用寿命。

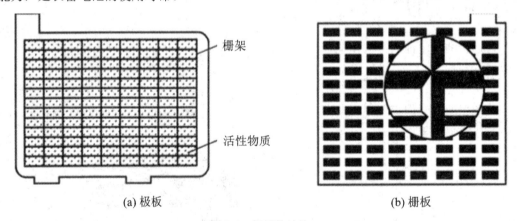

(a) 极板　　　　　　　　　　　　　(b) 栅板

图 2-4　极板的结构

为了增大蓄电池的容量，将多片正极板和多片负极板并联在一起，用横板焊接，组成正、负极板组，如图 2-5 所示。安装时，正、负极板相互嵌合，中间插入隔板，构成单格极板组。在每个单格极板组中，负极板的数量总是比正极板多一片，使每片正极板处于两片负极板之间，保证其两侧充、放电均匀，避免正极板由于单面工作，活性物质体积变化不一致而造成极板拱曲，导致活性物质脱落。

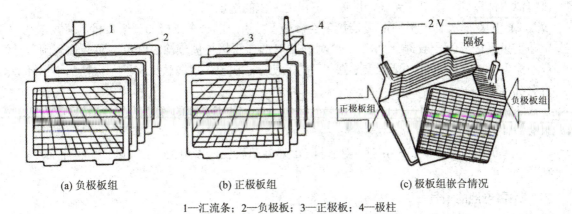

(a) 负极板组　　　　　　(b) 正极板组　　　　　　(c) 极板组嵌合情况

1—汇流条；2—负极板；3—正极板；4—极柱

图 2-5　极板组的结构

2) 隔板

为了减少蓄电池的内阻和尺寸，蓄电池内部正、负极板应尽可能地靠近，但为了避免彼此接触而短路，正、负极板之间要用隔板隔开。隔板材料应具有多孔性和渗透性的特点，且化学性能稳定，即具有良好的耐酸性和抗氧化性。常用的隔板材料有木质、微孔橡胶、微孔塑料、玻璃纤维和纸板等。隔板面积比极板稍大，厚度不超过 1 mm。隔板的一面有特制的沟槽，组装时，沟槽应朝向正极板并与底部垂直，以便使正极板在电化学反应时得到较多的电解液。同时，能使充电时产生的气泡由沟槽上升，脱落的活性物质沿沟槽下沉。

3) 电解液

电解液的作用是与极板上的活性物质发生电化学反应，进行电能和化学能的相互转换。电解液是用密度为 1.84 g/cm^3 的化学纯硫酸和蒸馏水按规定比例配制而成的。配制电解液不能用一般工业用硫酸和普通水，因为它们中含有铁、铜等杂质，加入蓄电池内会使蓄电池自行放电和污染，损坏极板。

电解液的密度对蓄电池的工作性能有着重要的影响，密度的高低会影响到蓄电池的静止电动势的高低，还严重影响到蓄电池的放电特性。因此，电解液的密度一般为 1.24~1.30 g/cm^3。

4) 外壳

蓄电池外壳用来盛放电解液和极板组，目前多数蓄电池都采用强度、韧性、耐酸、耐热性好于硬橡胶的聚丙烯塑料作外壳，其制造工艺简单、成本低、透明，便于观察液面高度。

外壳内可分 3 个、6 个、12 个互不相通的单格(小电池)，以组成 6 V、12 V、24 V 蓄电池。每个单格电池上设有加液孔，由加液孔盖拧住，加液孔盖上有通气小孔，既能保证蓄电池内气体的顺利排出，又能防止汽车行驶时电解液溅出。

5) 其他

(1) 连接条：由铅锑合金浇铸而成，其作用是将每个单格电池的负极柱与其相邻的单格电池的正极柱依次串联起来，以提高蓄电池总成的端电压。

(2) 电极柱(又称电极桩)：是连接条连接剩下且引出的一个正极和一个负极，以供与外电路连接。极柱上一般刻有"＋""－"号，也有的在正极柱周围涂以红色，负极柱周围一般不涂色，或涂以蓝色、绿色或黑色，目的是使标志明显，以防接错极性。极柱都用铅锑合金浇铸。

(3) 封口胶(又称封口剂)：其作用是封闭电池盖与外壳之间的缝隙，是一种特殊配方的耐酸沥青。

(4) 防护板(又称防护片)：其作用是防止外界杂质侵入蓄电池内部，保证电解液的高纯度。

2. 蓄电池的型号

按照国家标准规定，蓄电池产品型号包含 3 部分，其排列及含义如下：

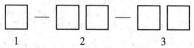

第 1 部分：用数字表示串联的单格蓄电池数，其额定电压为该数字的 2 倍。如：3 表示 3 个单格，额定电压为 6 V；6 表示 6 个单格，额定电压为 12 V。

第 2 部分：表示蓄电池的类型和特征，用汉语拼音字母表示。第一个字母是 Q 表示起动用铅蓄电池，M 表示摩托车用。第二个字母为蓄电池的特征代号。如：A 表示干荷电式；W 表示免维护式；H 表示湿荷式；M 表示密封式；S 表示少维护式；J 表示胶体电解质式。若具有两种特征时则将两个代号并列标出。

第 3 部分：表示蓄电池额定容量和特殊性能，我国目前规定采用 20 h 放电率的额定容量，用数字表示，单位为安培小时，简称安时，用 A·h 表示。特殊性能用字母表示，如：G 表示高起动率；S 表示塑料槽；D 表示低温起动性能好。

例如：CA1170P2K2 柴油车用型号为 6—QAW—100S 的蓄电池，是由 6 个单格串联而成，标准电压为 12 V，额定容量 100Ah 的起动型干荷电式免维护蓄电池。

应当注意的是，不同车型所用的蓄电池容量、电压等数值可能会有所不同，一定要检查这些参数。在安装蓄电池时，应在正、负极桩及其电缆接头上涂抹一层凡士林或润滑脂，以防极桩和接头氧化；另外在安装蓄电池时，应先接正极桩上的电缆接头，然后再接负极桩上的搭铁电缆接头，安装要紧固。

二、改进型蓄电池

1. 干荷电蓄电池

干荷电蓄电池的极板完全呈干燥状态下能够长期(一般 2 年)保存其化学反应过程中所得到的电量。铅蓄电池正极板上的二氧化铅在空气中是比较稳定的，但负极板上的纯铅化学活性高，容易氧化，所以这种电池负极板的制造工艺与普通蓄电池不同，为了得到干荷电负极板，在制作负极板的工艺中采取了以下几种措施：

(1) 在负极板的铅膏中加入某种抗氧化剂，如松香、油酸、硬脂酸、有机聚合物等；

(2) 在化成过程中至少进行一次深度充放电循环，使极板深层的活性物质也形成海绵

状铅;

(3) 化成后的负极板先用清水清洗，然后放入抗氧化剂溶液中进行浸渍处理，再放入抽成真空或充入惰性气体的干燥罐中进行干燥处理，使抗氧化剂在海绵状铅的表面形成一层保护膜，覆盖在海绵状纯铅的表面，以免与空气接触而氧化。

这类电池在储存和运输过程中内部无电解液，更方便储存和运输。在规定的保持期内，如果需要使用，只需按规定加入电解液，静置 20～30 min 即可使用，不需要进行初充电，是应急的理想电源。现代轿车上采用的都是免维护蓄电池，其他汽车上采用的是干荷电蓄电池。

2. 免维护铅蓄电池

免维护铅蓄电池是指在合理使用期间，不需要对蓄电池进行加注蒸馏水、检测电解液的密度和液面高度等维护作业，如图 2-6 所示。免维护铅蓄电池又称 MF 蓄电池，已在汽车上广泛使用。

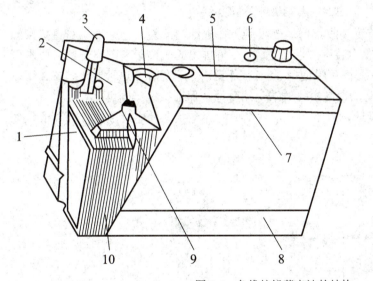

1—极板组；
2—极板上部；
3—压铸成型密封式极柱；
4—安全通气装置；
5—盖；
6—内装液体密度计；
7—外壳与盖黏接处；
8—外壳；
9—穿壁式单格电池连接条；
10—袋式隔板

图 2-6 免维护铅蓄电池的结构

免维护铅蓄电池也是铅酸蓄电池的一种，其活性物质也是铅和铅的氧化物，电解液是硫酸的水溶液。与普通铅酸蓄电池相比，主要在结构和栅架的材料上有其特点。

1) 免维护铅蓄电池的结构特点

(1) 采用低锑合金或铅钙合金栅架。这两种材质不但增加了栅架的支撑强度，而且使蓄电池在使用时失水量少，自放电小。

(2) 采用袋式聚氯乙烯隔板。将正极板装在袋式隔板内，避免正极板的活性物质脱落，防止极板短路，使壳体底部不需凸筋，降低了极板组的高度，增大了极板上部的容积，使电解液储量增多，蓄电持久。

(3) 采用封闭式压铸成形极桩，不易断裂，避免酸气腐蚀。

(4) 采用聚丙烯塑料热压而成的全封闭式外壳，内壁较薄，工艺性好，体积小，重量轻。

(5) 极板组采用穿壁式或跨越式的连接方式，减少了蓄电池的内阻，如图 2-7 所示。

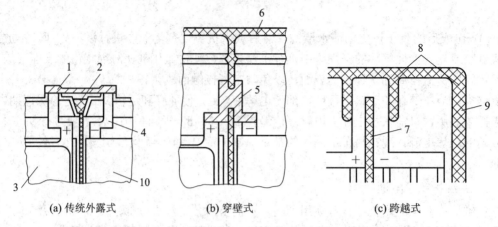

(a) 传统外露式　　　　　(b) 穿壁式　　　　　(c) 跨越式

1—连接条；2—沥青封口；3—正极板组；4—(另一单格的)负极板；5—连接点；6—密封盖；
7—间壁；8—黏接剂；9—电池外壳；10—隔板

图 2-7　极板组间的连接方式

(6) 采用新型安全通气装置和收集器。既可避免蓄电池内的酸气与外部火花直接接触发生爆炸，又可通过通气装置中装有的催化剂(钯)，将排出的氢离子和阳离子结合成水再回到电池中，减少水的消耗，因而可以使用 3～4 年不必补加蒸馏水。这种通气装置还可以使蓄电池顶部和接线柱保持清洁，减少接线端头的腐蚀，保证接线牢固可靠。

(7) 内部装有电解液密度计，可自动显示蓄电池的存电状态和电解液的液面高低，如图 2-8 所示。

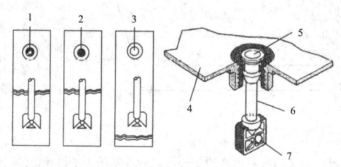

1—绿色(充电程度为65%或更高)；2—黑色(充电程度低于65%)；3—浅黄色(蓄电池有故障)；
4—蓄电池盖；5—观察窗(电眼)；6—光学荷电状态指示器；7—绿色小球

图 2-8　免维护铅蓄电池内装的电解液密度计

2) 免维护铅蓄电池的使用特点

(1) 使用中不需要加蒸馏水。因为免维护铅蓄电池采用袋式隔板，将正极板完全包围住，且极板直接放置在蓄电池的底板上，使电解液储液量增多，耗水量减少，所以免维护铅蓄电池在使用中无需加水。

(2) 自放电少，寿命长。免维护铅蓄电池极板栅架材料改进后，使自放电大为减少，延长了使用寿命。免维护铅蓄电池正常使用寿命为 4 年左右，比普通蓄电池提高一倍。

(3) 接线柱腐蚀较小。免维护铅蓄电池采用新型安全通气装置和收集器，蓄电池中的酸气不易排出，顶部干燥，极桩不易腐蚀。

(4) 起动性能好。免维护铅蓄电池单格间采用穿壁式等连接方式，缩短了电路的连接长度，减少了内阻，放电电压可提高 0.15～0.4 V，有较好的起动性能。

3. 胶体蓄电池

胶体铅酸蓄电池是对液态电解液的普通铅酸蓄电池的改进，是在硫酸中添加了胶凝剂——硅酸溶胶，使液态硫酸变为胶态。它属于阀控式铅酸蓄电池。

胶体蓄电池主要有以下方面的优点：

(1) 质量高，循环寿命长。胶体电解质可对极板周围形成固态保护层，避免因震动或碰撞而产生破裂损坏，防止极板被腐蚀，同时也减少了蓄电池在大负荷使用时产生极板弯曲和极板间的短路的可能，具有很好的物理及化学保护作用，是普通铅酸电池寿命的两倍。

(2) 胶体蓄电池可防止电解液泄漏，使用安全，利于环保。

(3) 深放电循环性能好。

(4) 自放电小，深放电性能好，电容量大。

(5) 无需经常维护，使用中只需加蒸馏水，无需调密度，快捷方便。

胶体蓄电池的缺点：价格较高于普通铅酸蓄电池；市场上的型号和种类较少；胶体蓄电池内阻比普通铅酸电池内阻大；不耐高温，不适合装在发动机舱内。

三、蓄电池的工作原理

1. 单格电池电动势的建立

蓄电池极板组浸入电解液中，正极板的活性物质二氧化铅少量溶于电解液并与硫酸作用产生四价铅离子 Pb^{4+} 和硫酸根离子，一部分 Pb^{4+} 沉附在正极板上，便产生 +2.0 V 的正电位。同样负极板的铅有少量溶于电解液中，生成 Pb^{2+} 和 2 个电子，其 2e 附着在负极板上，使负极板具有 –0.1 V 的负电位。如此，在正、负极板之间就产生约 2.1 V 的静止电动势。

2. 放电过程

蓄电池向外电路供电称为放电，放电过程是将化学能转变为电能的过程，如图 2-9 所示。

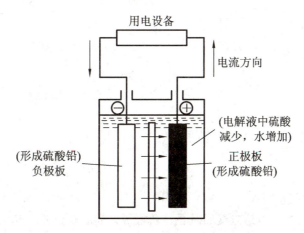

图 2-9 蓄电池放电过程

当蓄电池和用电设备接通放电时，在电动势的作用下，电流由蓄电池正极流出，经用电设备流回负极，这时正、负极板上的活性物质与电解液中的硫酸反应，形成硫酸铅存附在极板表面；电解液中的硫酸逐渐减少，同时电化学反应产生的水在增加，电解液相对密度下降。

放电过程的电流方向：蓄电池正极→用电设备→蓄电池负极。

3. 充电过程

蓄电池接外加直流电源后，当外加直流电压高于蓄电池电动势时，电流将以一定方向流过蓄电池，这一过程称为充电，充电过程是将电能转变为化学能的过程，如图 2-10 所示。

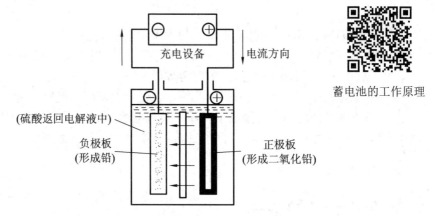

蓄电池的工作原理

图 2-10　蓄电池充电过程

蓄电池充电时，电流从蓄电池正极流入，负极流出，正、负极板发生化学反应，正极板上的硫酸铅还原成二氧化铅，负极板上的硫酸铅还原成铅，电解液中的硫酸增加，相对密度增大。电能转换为化学能储存起来。

充电过程的电流方向：充电设备正极→蓄电池正极→电解液→蓄电池负极→充电设备负极。

4. 充、放电化学反应方程式

充、放电化学反应方程式为

$$PbO_2 + 2H_2SO_4 + 2H_2O + Pb \underset{充电}{\overset{放电}{\rightleftharpoons}} PbSO_4 + 4H_2O + PbSO_4$$

(正极)	(硫酸和水)	(负极)		(正极)	(水)	(负极)
二氧化铅	电解液	纯铅		硫酸铅	电解液	硫酸铅

四、蓄电池的工作特性

1. 相关名词

1) 静止电动势

静止电动势是指在外电路未接通时正、负极板之间的电位差，其大小取决于电解液的密度和温度。在电解液相对密度一定时，静止电动势变化很小。静止电动势可用直流电压表直接测量(近似值)，也可由下面的经验公式计算：

$$E_0 = 0.85 + \rho_{25℃}$$

式中：

E_0——静止电动势；

$\rho_{25℃}$——25℃的电解液相对密度。

当电解液的温度发生变化时，实测所得电解液相对密度按下式换算成 25℃时的相对密度：

$$\rho_{25℃} = \rho_t + \beta(t-25)$$

式中：

ρ_t——实际测得的电解液密度；

t——实际测得的电解液温度；

β——密度温度系数，其值为 0.000 75，即温度每升高 1℃，相对密度将下降 0.000 75 g/cm³。

汽车用蓄电池的电解液密度一般在 1.12～1.30 g/cm³ 之间变化，因此蓄电池的单格静止电动势也相应地在 1.97～2.15 V 之间变化。

2) 内电阻

蓄电池的内电阻是指极板电阻、电解液电阻、隔板电阻、连接条电阻的总和。通常蓄电池的内电阻都是很小的，因而能输出较大的电流，满足起动需要。

(1) 电解液电阻随电解液相对密度变化而变化，其关系如图 2-11 所示。

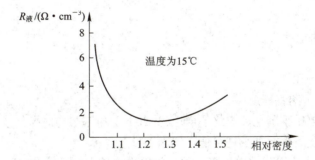

图 2-11　电解液电阻与电解液相对密度的关系

(2) 极板电阻与蓄电池存电量有关。蓄电池在未完全充足电状态时，存附在极板表面的硫酸铅阻碍了硫酸溶液和活性物质的接触，表现出内阻增大。

(3) 隔板电阻和连接条电阻与其材料有关。在蓄电池结构确定后，隔板电阻和连接条电阻可视为不变电阻，与蓄电池的充、放电等使用情况无关。

特别需要注意的是：蓄电池极桩(极柱)和外电路连接的部位一般可视为外电阻，在连接可靠时极桩电阻极小，但在连接不可靠或受到氧化、腐蚀等原因后电阻会增大，其较小的电阻值的增加将会严重影响到蓄电池的大电流供电能力。

3) 蓄电池的端电压

蓄电池的端电压是指在外电路接通时，用直流电压表测得的正、负极柱间的电压值。蓄电池的端电压大小随充、放电程度的不同而不同。蓄电池在充、放电过程中，内电阻是一个变量，直接影响端电压的大小。端电压是衡量任何一种电源供电质量的指标之一，因此研究蓄电池的特性主要是了解在一定条件下端电压随充、放电时间的变化规律。

2. 蓄电池的放电特性

蓄电池的放电特性是指恒流放电时，蓄电池端电压 U_f 和电解液相对密度 ρ 随放电时间 t 变化的规律，如图 2-12 所示。

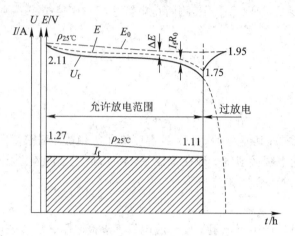

图 2-12　20 h 放电率的放电特性曲线

蓄电池放电时的端电压 U_f 为

$$U_f = E - I_f R_0$$

式中：

E——放电时的电动势；

I_f——放电电流；

R_0——蓄电池内阻。

蓄电池放电终了的特征：

(1) 单格电池电压下降至放电终了电压(以 20 h 放电率放电时，终了电压为 1.75 V)。

(2) 电解液密度下降至最小许可值，约为 1.11 V。

允许的放电终止电压与放电电流有关，放电电流越大，持续放电时间则越短，允许的放电终止电压越低，如表 2-3 所示。

表 2-3　允许的放电终止电压与放电电流的关系

放电电流/A	$0.05C_{20}$	$0.1C_{20}$	$0.25C_{20}$	$1C_{20}$	$3C_{20}$
持续放电时间	20 h	10 h	3 h	30 min	5.5 min
单格电池允许的放电终止电压/V	1.75	1.70	1.65	1.55	1.50

注：$0.05C_{20}$——20 h 放电率的放电电流。

3. 蓄电池的充电特性

蓄电池的充电特性是指恒流充电过程中，蓄电池的端电压 U_c、电解液相对密度 ρ 随放电时间变化的规律，如图 2-13 所示。

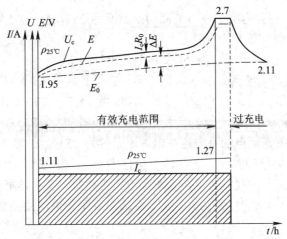

图 2-13　蓄电池的充电特性曲线

蓄电池充电时的端电压 U_c 为

$$U_c = E + I_c R_0$$

式中：

E——充电时的电动势；

I_c——充电电流；

R_0——蓄电池内阻。

蓄电池充电终了的特征：

① 端电压上升至最大值(单格电压为 2.7 V)，且 2 h 内不再变化。

② 电解液相对密度上升至最大值 1.27 g/cm³，且 2 h 内不再变化。

③ 蓄电池内电解液沸腾，放出大量气泡。

4. 蓄电池容量

1) 蓄电池容量的定义

蓄电池容量是指充足电的蓄电池，在允许的放电范围内所输出的电量。蓄电池容量是蓄电池的主要性能参数，标志着蓄电池的对外供电能力。其表达式为

$$C = I_f t_f$$

式中：

C——蓄电池的容量，单位为安时(A·h)

I_f——放电电流，单位为安培(A)；

t_f——放电时间，单位为小时(h)。

蓄电池的容量有额定容量、额定储备容量和起动容量 3 种表示方法。

(1) 额定容量。

蓄电池出厂时规定的额定容量是在一定的放电电流、一定的终止电压和一定的电解液温度下测得的，是衡量蓄电池性能优劣以及选用蓄电池的最重要指标。

国家标准规定，以 20 h 放电率的放电电流($0.05C_{20}$)，在电解液初始温度为(25±5)℃，密度为(1.28±0.01) g/cm³(25℃)条件下，连续放电到规定的单格终止电压 1.75 V，蓄电池所输出的电量，称为蓄电池的额定容量，记为 C_{20}。

例如，6-QA-100 型蓄电池，在电解液初始温度为 25℃时，以 5 A 的放电电流持续放电 20 h，单格电压降到 1.75 V，其额定容量为

$$C_{20} = 5 \times 20 \ \text{Ah} = 100 \ \text{A} \cdot \text{h}$$

不同车辆所用的蓄电池额定容量有所不同，容量规格有 63 A·h、60 A·h、54 A·h、45 A·h 等。

(2) 额定储备容量。

额定储备容量是指充足电的蓄电池在电解液温度为 25℃时，以 25 A 电流放电到单格终止电压 1.75 V 所能维持的时间，记为 C_m，单位为 min。额定储备容量是国际上通用的一种蓄电池容量表示方法，主要描述了在汽车发电机失效时，蓄电池能为照明、点火系统等用电设备提供 25 A 恒流放电的能力。例如，6-QA-60 型蓄电池的储备容量 94 min。C_m 和 C_{20} 的换算公式如下：

$$C_{20} = \sqrt{17778 + 208.3 C_m} - 133.3 \ , \quad C_m = \frac{(C_{20} + 133.3)^2 - 17778}{208.3}$$

上述两个换算公式对于小容量的电池是适用的，但在 $C_{20} \geqslant 200 \ \text{A} \cdot \text{h}$ 或 $C_m \geqslant 480 \ \text{min}$ 时，上式就不适用了。

2) 影响蓄电池容量的因素

蓄电池容量的大小与放电允许范围内实际参与化学反应的活性物质数量有很大关系。影响蓄电池容量的因素归纳起来可分为两类：一类是与生产工艺及产品结构有关的因素，如极板的厚度、活性物质的数量、活性物质的孔率、极板中心距等；另一类是使用条件因素，如放电电流、电解液温度和电解液相对密度。

放电电流越大，蓄电池的容量越低；电解液的温度较低时，电解液黏度较高，渗透能力下降，造成容量降低。适当提高蓄电池电解液的温度会提高蓄电池的容量及起动性能。

实践证明，电解液密度偏低，有利于提高放电电流及容量，延长蓄电池的使用寿命。因此，冬季在不使电解液结冰的前提下，尽可能采用稍低的电解液密度。

五、蓄电池的充电方法

给蓄电池充电时必须选择适当的充电方法，还要正确地使用充电设备，才能提高工作效率，延长蓄电池和充电设备的使用寿命。

蓄电池充电方法有定电流充电、定电压充电和快速脉冲充电 3 种。

1. 定电流充电

充电时，保持蓄电池充电电流恒定的充电方法称为定电流充电。

定电流充电时，一般充电电流为蓄电池额定容量的 0.1 倍以下，如 60 A·h 蓄电池电流不大于 6 A。

定电流充电时，被充电的蓄电池不论是 6 V 还是 12 V，均可串联在一起进行充电，串联电池通过的电流相等。如图 2-14 所示为定电流充电时蓄电池的连接方式。串联的蓄电池容量应尽可能相同。

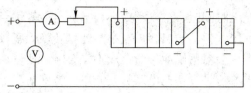

图 2-14 定电流充电时蓄电池的连接方式

当容量不同的电池串在一起充电时，充电电流的大小应按容量最小的蓄电池来选定。当小容量的蓄电池充足电后，应将其去掉，再继续给大容量的蓄电池充电，保证其充足电。

定电流充电可以选择和调整充电电流，可对各种不同情况及状态的蓄电池充电，如新蓄电池的初充电、使用中的蓄电池的补充充电和去硫化充电等。定电流充电的不足之处是需要经常调节充电电流，充电时间长。

2. 定电压充电

充电时，保持蓄电池充电电压恒定的充电方法称为定电压充电。

定电压充电的电压一般按单格电池电压为 2.5 V(或 2.6 V)来确定，这样既能保证为蓄电池充足电，也不至于出现过充电现象，例如，6 V 蓄电池的充电电压一般确定为 7.5 V；12 V 的蓄电池的充电电压确定为 15 V。如图 2-15 所示为定电压充电时蓄电池的连接方式。

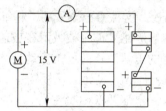

图 2-15 定电压充电时蓄电池的连接方式

定电压充电时，要求所有参与充电的各支路的蓄电池额定电压必须相同，容量可以不相同。

定电压充电法充电时间较短，广泛适用于汽车修理业。但定电压充电不能调整充电电流大小，只适用于蓄电池的补充充电。在汽车上发电机给蓄电池充电的方法就是定电压充电法。

3. 快速脉冲充电

充电时，先用 0.8～1 倍额定容量的大电流进行充电，使蓄电池在短时间内充至额定容量的 50%～60%。当蓄电池单格电压升到 2.4 V，开始冒气泡时，由控制电路控制开始进行脉冲快速充电，如图 2-16 所示为快速脉冲充电的电流波形。

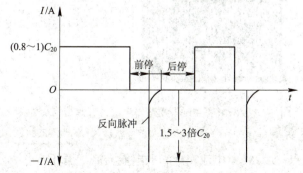

图 2-16 快速脉冲充电的电流波形

快速脉冲充电具有充电时间短、空气污染小、节省电能等优点，在蓄电池集中、充电频繁的场所或应急部门使用。但其输出容量较小，能量转换效率较低，蓄电池不能完全充足电，且由于大电流充电，会对蓄电池寿命造成不良影响。所以，正常情况下，应按蓄电池生产厂家提供的规定电流值进行初充电或补充充电，特殊情况下，才可采用快速充电。

六、发动机启停系统配套蓄电池

目前，在丰田 RAV4、斯柯达柯迪亚克、上汽通用的别克君威、大众奥迪 Q5、Q7 等许多汽车上均配置了发动机启停系统。因为发动机启停系统需要更强大的蓄电池来为汽车提供充足的电能，电池要支持更加频繁的起动、深循环充放电，以及部分充电即可运行、动态充电接收能力等，普通蓄电池是无法满足这些要求的。因此，与发动机启停系统配套的蓄电池是不同于普通铅酸蓄电池的新型蓄电池。目前发动机启停系统配套的新型蓄电池主要有玻璃纤维板(AGM)蓄电池、EFB 蓄电池。

1. 玻璃纤维板(AGM)蓄电池

在德国生产的汽车和美国生产的汽车上，与发动机启停系统配套的大多是 AGM 蓄电池。

1) AGM 蓄电池的结构特点

(1) 采用超细玻璃纤维的隔板。这种蓄电池采用了超细交织玻璃纤维隔板，这种玻璃纤维与羊毛材料相似。加注的电解液绝大部分被吸附在玻璃纤维棉上，还有一少部分电解液被吸附在极板内部，电池内部的电解液不能自由流动。

(2) 电池内电解液量少，属于贫液式设计。极板较厚，活性物质利用率低于开口式电池，因而电池的放电容量比开口式电池要低 10%左右。

(3) 电池盖将电池密封。单格蓄电池密封塞和排气通道集成在盖上，如图 2-17 所示。该电池没有配备电眼(状态指示器)。但由于盖上有排气阀，所以也属于阀控式(VRLA)。

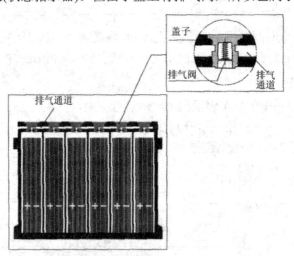

图 2-17　AGM 蓄电池及单格蓄电池排气阀结构示意图

2) AGM 蓄电池的优缺点

AGM 蓄电池优点：AGM 蓄电池充电和放电能力高，循环充电能力比普通蓄电池高 3 倍，深度放电性能更好，有更长的使用寿命；AGM 蓄电池具有防泄漏保护功能，即使壳体破裂,流出的电解液量也是可以忽略的,减少了环境污染;AGM 蓄电池具有更高的电容量稳定性,工作可靠性高,冷起动性能好。

AGM 蓄电池缺点:AGM 蓄电池价格相对较高;型号种类较少;AGM 蓄电池不耐高温,不适合装在发动机室内,一般都装在车辆的后备厢中。

3) AGM 蓄电池使用注意事项

(1) 需要的充电电压较低,不能超过 14.6 V。普通蓄电池的充电电压可达 15.5 V。AGM 蓄电池因采用超细玻璃纤维隔板,充电电压过高或快速充电模式容易导致内部隔板损坏。因此,该种电池需要专用的充电器充电,推荐用 Midtronics GRX-1100 充电机,如图 2-18 所示。当充电电流低于 2 A 时,表示充电完成。

图 2-18　Midtronics GRX-1100 充电机

Midtronics GRX-1100 充电机同时具有蓄电池诊断和充电功能,拥有智能充电和手动充电两种模式,智能充电模式能自动检测充电并提供蓄电池诊断结果。在使用手动充电模式时,用户可以自主选择充电电压和电流等参数。

(2) 在快速充电过程中,AGM 蓄电池内压力达一定值后,会通过减压阀排除。

(3) 在使用过程中,AGM 蓄电池无需补充电解液。

2. EFB 蓄电池

1) EFB 蓄电池的结构特点

日系车发动机启停系统大多采用 EFB 蓄电池(Enhanced Flooded Battery,改善强化的免维护蓄电池)。EFB 蓄电池也称增强型富液式蓄电池,具有以下的特征:

(1) 采用了更厚的负极格栅,特别是在大电流负荷时更耐腐蚀。

(2) 采取了提高极板活性物质质量的措施。电池槽内除去极板、隔板及其他固体组装部件的剩余空间完全充满电解液,电解液处于富余过量状态,故 EFB 电池也被称为"富液式"电池。

(3) 负极板添加了碳,降低了电流损耗,更易充电。

(4) 负极板略微提高了铅含量。该电池较耐高温,可以安装在发动机舱内。

2) EFB 蓄电池的优缺点

EFB 蓄电池的优点:EFB 蓄电池仍属于免维护蓄电池,其寿命比普通铅酸蓄电池更长,在低温情况下能确保冷起动安全,深度放电安全性高,功率较高,适用于发动机自动启停系统,该电池充放电频率处于免维护电池和玻璃纤维(AGM)电池间,价格也位于两者之间。

EFB 蓄电池的缺点:EFB 电池属于"富液式"电池,不具备防漏功能。

应该注意的是,发动机启停系统不能用普通蓄电池代替,同时还必须使用高品质机油。

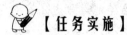**【任务实施】**

蓄电池的拆装与检测

1. 蓄电池的拆卸和安装

一般来说，轿车的蓄电池大多安装在发动机舱内，也有的安装在行李箱侧壁或者备胎井内，还有少数安装在乘员舱内的座椅下面。

拆装和移动蓄电池时，应轻搬轻放，严禁在地上拖拽和倒置。

1）蓄电池的拆卸

从车上拆卸蓄电池时，应首先接通点火开关，读取自诊断系统的故障码，然后按下述程序进行拆卸：

(1) 将点火开关置于"OFF"位置，切断电源。

(2) 先拧松负极桩上搭铁电缆的接头螺栓，并取下搭铁电缆接头；然后再拧松正极桩上的电缆接头螺栓，取下该电缆接头；拧松蓄电池正、负电缆的固定夹。

(3) 从车上取下蓄电池。

检查蓄电池极桩有无破损，壳体有无泄漏，否则应修理或者更换；然后用清水冲洗蓄电池外部的灰尘和污垢，再用碱水清洗。

2）蓄电池的安装

安装前应检查蓄电池型号是否与本车型的电池型号相符，对于普通铅酸蓄电池，还应检查电解液密度和高度是否符合规定。

安装时应将蓄电池固定在托架上，塞好防振垫。

极桩上应涂上凡士林或润滑油，以防腐防锈。紧固好电池极桩卡子，以防极桩和卡子接触不良。

蓄电池的搭铁极性必须和发电机的搭铁极性一致，不得接错。

先接蓄电池正极接线，再连接负极搭铁线。

2. 普通铅酸蓄电池的使用和检测

1）普通铅酸蓄电池的使用与维护注意事项

为了使蓄电池保持良好的工作状态，延长其使用寿命，在日常使用中，应注意以下事项：

(1) 经常检查蓄电池的极桩与线夹连接是否牢固，及时清除极桩与线夹上的氧化物。可在其表面涂上凡士林或黄油以防止氧化。

(2) 注意保持蓄电池表面清洁，及时清除灰尘、油污、电解液等脏物，保持加液孔盖上的通气小孔畅通。

(3) 定期检查各单格电解液的液面高度，应高出极板 10～15 mm，液面过低时及时补充蒸馏水。

(4) 检查蓄电池的放电程度，蓄电池电量不足时，应立即对蓄电池进行补充充电。

(5) 断开蓄电池时，一定要先拆下负极(搭铁)电缆。

(6) 起动发动机时，每次起动时间不应超过 5 s，两次起动间隔时间应大于 15 s。

(7) 对车上使用的蓄电池应定期补充充电，一般每月一次，城市公交车间隔期可短些，长途运输车可长些；对暂时不用的蓄电池可放置在室内暗处进行湿储存，使用时再重新充足电；对于长期不使用的蓄电池可采用干储存法。

(8) 注意不要把工具放在蓄电池上，以防造成蓄电池短路。

(9) 保管蓄电池时应在室温为 5～40℃ 的干燥、清洁及通风良好的地方，并不受阳光直射，远离热源，避免与任何液体和有害物质接触。

2) 普通铅酸蓄电池技术状况的检测

(1) 电解液液面高度的检查。

一般塑料壳体的蓄电池的外壳上有两条水平的平行液面线，电解液的液面高度应保持在这两条上、下水平线之间，液面低于下线时应补足蒸馏水。注意：除非确知液面降低是由于电解液溅出所致，否则一般不允许加入硫酸溶液。

对于不能从外壳上观察出电解液液面高度的蓄电池，可采用玻璃管测量液面高度。正常情况下电解液液面高度应高于极板表面 10～15 mm。免维护蓄电池不需要检查电解液液面高度。

(2) 测量蓄电池的开路电压。

先断开蓄电池和负载的连接，用数字万用表测量蓄电池正、负极桩之间的开路电压。正常情况下，其开路电压应为 12.4～12.6 V。

(3) 蓄电池放电程度的检查。

① 用密度计测量电解液密度。

对于有加液孔盖的普通铅酸蓄电池来说，可以通过测量电解液密度了解蓄电池的放电程度。因为在蓄电池充电和放电过程中，电解液的相对密度会发生相应的变化。电解液的密度可用专用的密度计测量。如图 2-19 所示为密度计结构。

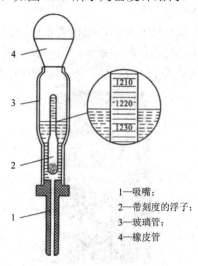

1—吸嘴；
2—带刻度的浮子；
3—玻璃管；
4—橡皮管

图 2-19　密度计结构

免维护蓄电池不能用密度计测量，但可以通过密度计浮子上的彩色标记来判断蓄电池放电程度。当电解液液面处的浮子刻度处于绿色区域，说明电量充足；处于黄色区域，说明电量减半；处于红色区域，说明电量不足。

② 用高率放电计测量蓄电池放电电压。

　　通过高率放电计测量蓄电池在大电流放电时的端电压也可以判断蓄电池的放电程度。高率放电计是一种模拟蓄电池向起动机进行大电流放电工作情况而设计的检测仪器，主要由一个电压表和一个阻值很小的定值电阻组成，如图 2-20 所示。

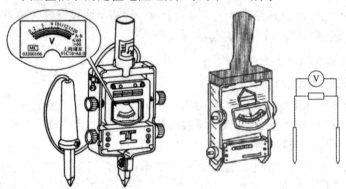

图 2-20　高率放电计结构示意图

　　测量时将高率放电计按压在蓄电池的正、负极桩上，待放电计上的指针稳定后迅速读出读数，此读数即为蓄电池大电流放电时的端电压。测量时间尽量不要超过 5 s。一般地，若蓄电池电压能保持在 9.6 V 以上，说明该蓄电池性能良好，但存电不足；若稳定在 10.6～11.6 V，说明存电较足；若电压迅速下降，说明蓄电池有故障。

　　上述判断依据与高率放电计所设计的定值电阻值和所测量蓄电池的额定容量是有很大关系的，因此，应严格按照高率放电计的使用说明来对不同额定容量的蓄电池进行存电量的判断。

　　免维护蓄电池内部装有密度计，可参照图 2-8 所示进行蓄电池额定容量的判断。

　　③ 采用蓄电池测试仪检测。

　　目前汽车维修企业广泛采用蓄电池测试仪来检测蓄电池的性能好坏。蓄电池测试仪不仅能对蓄电池进行检测，还可以对汽车起动系统、汽车充电系统进行检测，并且能快速、准确地显示蓄电池测试结果(见图 2-21)，并能快速打印测试结果(可选择车内、车外测试)。

实操：蓄电池测试仪
车内测试

图 2-21　蓄电池测试仪

　　利用蓄电池测试仪可以快速查找蓄电池及相关系统故障，提高诊断效率。蓄电池测试仪适用于各类汽车用铅酸蓄电池。目前市场上常用的蓄电池测试仪有蓝格尔系列(如MICRO-568)蓄电池检测仪、J4200 和 MDX-411P 测试仪、FLUKE 系列测试仪等。

　　下面以蓝格尔(MICRO-568)蓄电池检测仪为例，简单说明其操作步骤。

　　(a) 将测试仪的红、黑夹子分别夹到被测蓄电池的正、负极桩上。打开电源测试，出现开机界面，显示当前测试仪的型号和蓄电池的电压。接下来可进行电池测试的各项选择。

　　(b) 测试状态选择。测试状态是指蓄电池是否与车内负载相接，若有连接则选"车内"，无连接则选"车外"。

　　(c) 充电状态选择。若电池刚充完电，则选"充电后"；否则选"充电前"。

　　(d) 电池类型选择。电池类型有"一般电池""AGM 电池""EFB 电池"等，可根据蓄电池类型进行选择。

　　(e) 输入标准选择。在蓄电池的上方有 CCA(表示冷起动电流)、DIN(德国工业标准)、GB(中国的国家标准)、SAE(美国汽车工程师学会)、EN(欧洲工业标准)、JIS(日本工业标准)等不同的标准，可根据蓄电池使用的标准进行选择。

　　(f) 输入"额定容量"，然后按下"OK"键即开始测试，测试结果如图 2-22 所示。

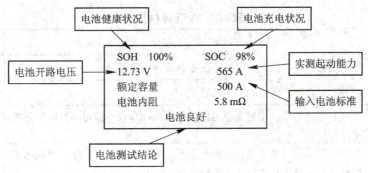

图 2-22　蓄电池测试仪检测的结果说明

3. 蓄电池的补充充电

　　实验室有两个 12 V 蓄电池需要补充充电，额定容量都是 60 A·h。一个是免维护电池，一个是带有加液孔盖的普通铅酸蓄电池。

　　1) 充电准备

　　硅整流充电机一般可给 3 个电压等级(6 V、12 V、24 V)蓄电池充电。

　　首先选择充电机的电压等级为 12 V，将两个蓄电池表面和极桩清理干净，将普通铅酸电池的加液孔盖全部打开。

　　由于两个蓄电池容量相等，可以采用定电流法进行补充充电。两个蓄电池第 1 阶段的充电电流应为 $I = C_{20}/10 = 60/10 = 6$ A；第 2 阶段的充电电流应为 $I = 60/20 = 3$ A。

　　2) 电路连接

　　把两个蓄电池串联在一起，将充电机正极接第 1 个蓄电池正极，将充电机负极接第 2 个蓄电池负极。接通充电机电源，电源指示灯亮后，选择充电电流为 6 A，开始充电。

　　对于有加液孔盖蓄电池，在充电过程中应随时测量各单格电池的温度，以免温度过高影响蓄电池性能。当电解液温度升到 40℃时，应立即将充电电流减半(3 A)。减小充电电流后，若电解液温度仍继续升高，应停止充电，待温度降低到 35℃以下时再继续充电。对于免维护蓄电池，在充电过程中应随时测量其电压。

　　当电解液内有大量气泡产生，端电压上升到最大值，并且 2 小时内不再增加，表示充电完成，关掉充电机电源，拔下蓄电池的连接导线即可。

蓄电池充电时还应注意:

(1) 在室内充电时,要打开蓄电池加液孔盖,使产生的气体及时逸出,以免发生事故。

(2) 充电室要安装通风设备,严禁在蓄电池附近产生电火花、明火和吸烟。

(3) 充电时,所有导线必须连接可靠。

【检查与评估】

在完成以上的学习内容后,可根据以下问题(见表 2-4)进行教师提问、学生自评或互评,评估本任务的完成情况。

教师应根据学生回答和解决问题、工具和检测设备的使用、操作规程等,给予相应的分值。

表 2-4　检查评估内容

序号	评 估 内 容	自评/互评
1	能利用各种资源查阅、学习本任务的各种学习资料	
2	能够制订合理、完整的工作计划	
3	说明蓄电池作用,指出蓄电池的结构组成,掌握干荷电和免维护蓄电池的结构特点	
4	掌握蓄电池型号的含义,掌握普通铅酸蓄电池的工作原理、充放电工作特性及充电终了和放电终了的特征	
5	掌握蓄电池内阻概念,掌握 20 h 放电率额定容量的概念	
6	能够利用万用表测量蓄电池开路电压	
7	能够正确使用和维护蓄电池,能够正确进行补充充电	
8	能够利用蓄电池测试仪检测蓄电池的技术状况	
9	会进行蓄电池的拆卸和安装作业	
10	能设计数据表格,详细记录测量数据,如期保质完成工作任务	
11	工作过程操作符合规范,能正确使用万用表和工具等设备	
12	工作结束后,工具摆放整齐有序,工作场地整洁	
13	小组成员工作认真,分工明确,团队协作	

任务 2.2　硅整流发电机的检测

【导引】

一辆 2005 年的桑塔纳轿车,在发动机起动后充电指示灯不能熄灭。车辆已经行驶了 16 万千米,客户没有对发电机进行过保养,提出维修车辆的要求。

【 计划与决策 】

发动机正常运行时，充电指示灯是不应该常亮的。起动过程中，充电指示灯亮，而在车辆正常行驶中，硅整流发电机会正常发电，充电指示灯应熄灭，并且发电机不断地向蓄电池充电，以保证汽车的下一次正常起动。同时，发电机还给除起动机以外的全车电器供电。如果发电机不能正常发电，充电指示灯就会亮，还会导致蓄电池不能充电而亏电，因此，应对发电机进行检测。

完成本任务需要的相关资料、设备以及工量具如表 2-5 所示。

表 2-5　完成本任务需要的相关资料、设备以及工量具

序号	名　　　称
1	轿车一辆，维修手册，车外防护 3 件套和车内防护 4 件套若干套
2	课程教材，课程网站，课件，学生用工单
3	数字式万用表，钳形电流表，游标卡尺，发电机拆装工具，电工工具，操作台
4	硅整流发电机(若干)，汽车电器万能试验台

本任务的学习目标如表 2-6 所示。

表 2-6　本任务的学习目标

序号	学 习 目 标
1	清楚硅整流发电机的安装位置、发电机的分类和型号
2	了解发电机的结构组成，掌握其工作原理和工作特性，认识发电机的励磁方式
3	能够进行发电机的拆装、整机检测、发电机的零部件检测
4	能够进行发电机的更换
5	评估任务完成情况

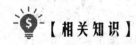【 相关知识 】

一、硅整流发电机的构造

1. 硅整流发电机的结构

普通硅整流发电机主要由三相同步交流发电机和 6 只硅二极管组成的三相桥式全波整流器两大部分组成。图 2-23 为国产 JF132 型硅整流发电机的结构图，它主要由转子、定子、硅整流器和端盖等 4 个部分组成。

硅整流发电机的结构

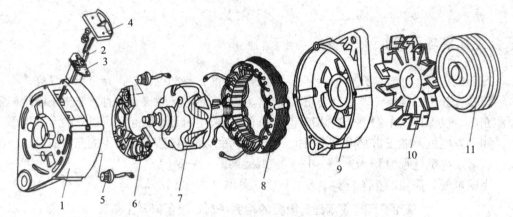

1—后端盖；2—电刷；3—电刷架；4—电刷弹簧压盖；5—硅二极管；6—散热板；7—转子；
8—定子总成；9—前端盖；10—风扇；11—皮带轮

图 2-23　JF132 型硅整流发电机结构图

1) 转子

转子是发电机的磁极部分，其功用是建立旋转磁场。转子主要由磁场绕组(又称励磁绕组)、磁极、滑环等部件组成，如图 2-24 所示。

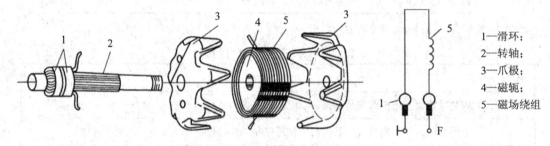

1—滑环；
2—转轴；
3—爪极；
4—磁轭；
5—磁场绕组

图 2-24　硅整流发电机转子

两块爪型磁极被压装在转子轴上，两爪极之间的空腔内装有磁轭，其上绕有磁场绕组。磁场绕组两端的引出线分别焊在与转子轴绝缘的两个滑环(即两个相互绝缘的铜环)上，滑环又与装在后端盖的两个电刷接触。当两个电刷与直流电源接通时，磁场绕组中便有电流通过，产生轴向磁通，使一块爪极磁化为 N 极，另一块爪极磁化为 S 极，两个爪极互相交错压装在磁场绕组外面，从而形成 6 对相互交错的磁极(国产 JF 系列硅整流发电机都做成 6 对磁极)。

转子磁极设计成鸟嘴形状的目的是使磁场呈正弦规律分布，从而使定子绕组中产生的交变感应电动势近似于正弦波形。转子每转一周，定子的每相电路上就能产生周波个数等于磁极对数的交流电动势。

2) 定子(又称电枢)

定子是发电机的电枢部分，其功用是产生交变感应电动势。定子主要由三相绕组和铁心组成。三相电枢绕组为三相对称绕组，采用高强度漆包线，安装在定子铁心的槽内。定子铁心由相互绝缘的内圆带槽的环状硅钢片叠压而成。三相绕组一般为星形连接，即每相绕组的末端连在一起(其公共接点称为中性点)，每相绕组的起始端分别与硅二极管整流器相连接，如图 2-25 所示。也有的发电机三相定子绕组连接成三角形，如图 2-26 所示。

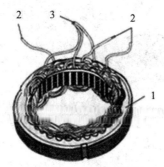

(a) 定子绕组的实物结构图

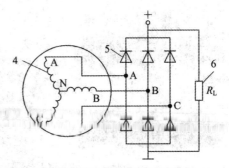

(b) 定子绕组与整流器的连接电路图

1—定子铁心；2—定子绕组的始端；3—定子绕组的末端；4—定子绕组；5—整流二极管；6—负载

图 2-25　定子绕组的结构与星形连接电路

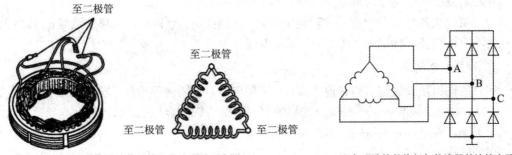

(a) 三角形连接结构和电路画法示意图　　　　　　(b) 三角形连接的绕组与整流器的连接电路

图 2-26　定子绕组的三角形连接及电路图

3) 硅整流器

六管发电机的硅整流器由 6 个硅二极管组成，其作用是利用二极管的单向导电性，将三相定子绕组中产生的交流电变成直流电对外输出。

6 个二极管中有 3 个负二极管和 3 个正二极管。负二极管(有的在管壳底上涂有黑色标记)的外壳为正极、中心引线为负极；正二极管(有的在管壳底上涂有红色标记)外壳为负极，中心引线为正极，如图 2-27 所示。

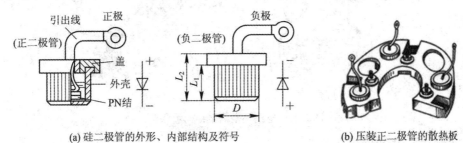

(a) 硅二极管的外形、内部结构及符号　　　　　　(b) 压装正二极管的散热板

图 2-27　硅二极管的示意图

安装 3 只正二极管的散热板(装在外侧)称为正整流板；安装 3 只负二极管的散热板(装在内侧)称为负整流板，如图 2-28 所示。也有个别发电机将 3 只负二极管安装在后端盖上。

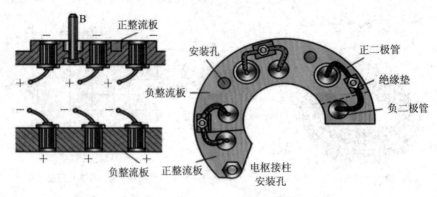

图 2-28　整流板及二极管的安装示意图

　　散热板通常由铝合金制成,便于散热。两块整流板绝缘地安装在一起,固定在后端盖上,并用尼龙或其他绝缘材料制成的垫片与后端盖隔开。

　　与正整流板直接连在一起的比较粗的螺栓,引至后端盖外部(与后端盖绝缘),作为发电机的输出接线柱,标记为"B""+"或"电枢"等。

　　4) 端盖与电刷总成

　　端盖的作用是安装轴承和其他零部件,支撑转轴,封闭内部构件。端盖分前端盖(驱动端盖)和后端盖(整流端盖),硅整流发电机的前后端盖由铝合金铸成,铝合金为非导磁材料,可减少漏磁,并且具有重量轻、散热性能良好的优点。

　　电刷的作用是引入励磁电流。电刷组件安装在后端盖上,由电刷、电刷架和电刷弹簧组成。两个电刷安装在电刷架的孔内,在电刷弹簧作用下与滑环保持良好接触。

　　电刷架有两种形式:一种为外装式(可拆式),即电刷架可以直接从发电机的外部拆装,如图 2-29(a)所示;另一种为内装式(不可拆式),即必须将发电机拆开,才能更换电刷,如图 2-29(b)所示。目前发电机多采用外装式电刷架。

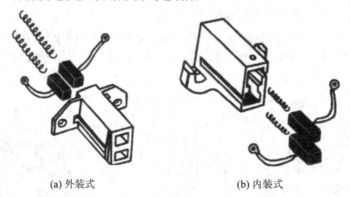

(a) 外装式　　　　　　　　　　　(b) 内装式

图 2-29　电刷及电刷架结构示意图

2. 硅整流发电机的搭铁形式

　　由于发电机磁场绕组的搭铁方式不同,使发电机有内搭铁与外搭铁之分。发电机的不同搭铁形式决定了其电刷引线的接法不同,而且发电机的搭铁形式必须和电压调节器的搭铁形式相同才可以配套使用。如果内搭铁的发电机使用外搭铁的电压调节器,就会导致发电机电压失调或不发电。

发电机磁场绕组直接通过发电机外壳搭铁的称为发电机内搭铁,如图2-30(a)所示。电刷正极引线与发电机后端盖上的磁场接线柱"F"(或"磁场")相连;电刷负极引线与后端盖搭铁接线柱"−"(或"E")相连,即磁场绕组通过发电机后端盖搭铁,如图2-30(b)所示。

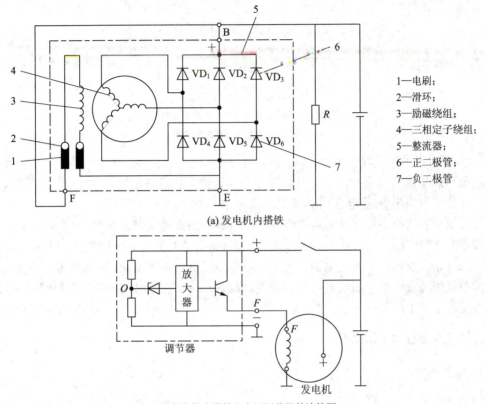

1—电刷;
2—滑环;
3—励磁绕组;
4—三相定子绕组;
5—整流器;
6—正二极管;
7—负二极管

(a) 发电机内搭铁

(b) 发电机内搭铁和电压调节器的连接图

图2-30 发电机内搭铁电路图

发电机磁场绕组通过电压调节器后搭铁的称为发电机外搭铁,如图2-31(a)所示。电刷正极引线与发电机后端盖上的磁场接线柱"F1"相连;电刷负极引线与后端盖搭铁接线柱"F2"相连,"F2"又与电压调节器的磁场接柱"F"相连,即发电机的磁场绕组通过电压调节器内部的三极管之后搭铁,励磁绕组无搭铁端,如图2-31(b)所示。

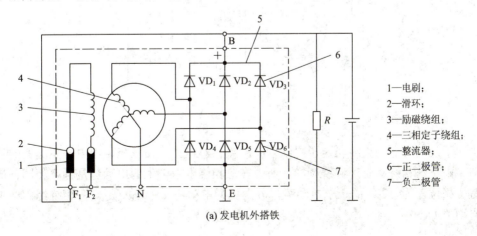

1—电刷;
2—滑环;
3—励磁绕组;
4—三相定子绕组;
5—整流器;
6—正二极管;
7—负二极管

(a) 发电机外搭铁

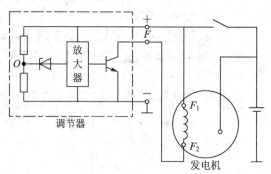

(b) 发电机外搭铁和电压调节器的连接图

图 2-31　发电机外搭铁电路图

3. 硅整流发电机的分类

汽车用硅整流发电机按照总体结构可以分为普通硅整流发电机(外装电压调节器式)、整体式硅整流发电机(内装电压调节器式)和带泵的硅整流发电机 3 种。

按照发电机的搭铁方式分为内搭铁式发电机和外搭铁式发电机两种。

按照发电机中的二极管数目分为 6 管发电机、8 管发电机、9 管发电机、11 管发电机。

按照硅整流发电机中有无电刷分为有刷硅整流发电机和无刷硅整流发电机。

按照硅整流发电机中磁场产生方式分为永磁式硅整流发电机和励磁式硅整流发电机。

目前汽车使用的硅整流发电机绝大多数是励磁式、有电刷、8 管及其以上的发电机。

二、硅整流发电机的工作原理

1. 发电原理

如图 2-32 所示,当外加直流电压(如蓄电池等)作用在磁场绕组的两端时,磁场绕组中便有电流通过,产生轴向磁场,两块爪形磁极被磁化,形成 6 对相间排列的磁极。磁极的磁力线从 N 极出发,穿过转子与定子间的气隙进入定子铁心,最后又经过空气隙回到相邻的 S 极,形成闭合磁路。

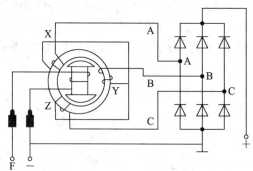

图 2-32　交流发电机工作原理图

当转子旋转时,磁力线与定子绕组之间产生相对运动,在三相绕组中产生交变的感应电动势。由于三相绕组是对称绕制的,所以在三相绕组中产生的电动势是频率相同、最大值相等、相位差为 120° 的正弦电动势,分别记为电动势 e_A、e_B、e_C。三相绕组中产生的感应电动势如下:

$$e_A = E_m \sin \omega t = \sqrt{2} E_\varphi \sin \omega t$$

$$e_B = E_m \sin(\omega t - 120°) = \sqrt{2} E_\varphi \sin(\omega t - 120°)$$

$$e_C = E_m \sin(\omega t - 240°) = \sqrt{2} E_\varphi \sin(\omega t - 240°) = \sqrt{2} E_\varphi \sin(\omega t + 120°)$$

式中：

E_m——每相电动势的最大值；

E_ψ——每相电动势的有效值；

ω——电角速度($\omega = 2\pi f$)。

发电机每相绕组中所产生的电动势的有效值 E_φ 为

$$E_\varphi = \frac{\sqrt{2}\pi KNPn\Phi}{60}$$

式中：

K——定子绕组系数，一般小于 1；

N——每相绕组的匝数；

P——磁极对数；

n——发电机转子的转速(r/min)；

Φ——磁极的磁通(Wb)。

对于某个发电机而言，$\sqrt{2}\pi KNP / 60$ 是常量，可用一个常数 C(称为电机结构常数)代替，即

$$E_\varphi = Cn\Phi$$

上式表明，交流发电机定子绕组中所产生的电动势有效值取决于发电机转子转速和磁极磁通，这一性质直接决定交流发电机的输出电压值。

2. 整流原理

在汽车用硅整流发电机中，整流是利用硅二极管组成的三相桥式整流电路(见图 2-33)来完成的。

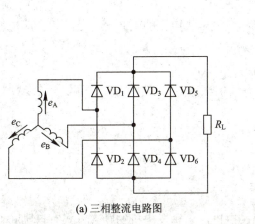

(a) 三相整流电路图

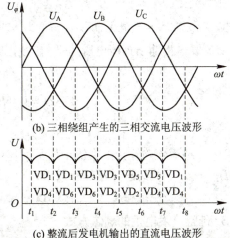

(b) 三相绕组产生的三相交流电压波形

(c) 整流后发电机输出的直流电压波形

图 2-33　三相桥式整流电路及电压波形

1) 整流二极管导通的原则

3 个正整流二极管的导通原则：如图 2-34(a)所示，3 个正二极管负极连在一起(共阴极接法)，负极电位相同，而正极分别接 3 个定子绕组的首端。在某一瞬间，哪个二极管的正极电位最高(如图 2-34(a)中 8 V)哪个管子就会优先导通，使得二极管负极电位 a 点被钳制在高电位(8 V)，从而使另外两个二极管立即截止，因为它们的负极电位均为 8 V，高于各自正极的电位。

3 个负整流二极管的导通原则：如图 2-34(b)所示，3 个负二极管的正极连在一起(共阳极接法)，正极电位相同，而负极分别接 3 个定子绕组的首端。在某一瞬间，哪个二极管的负极电位最低(如图 2-34(b)中"–9 V")，哪个管子就会优先导通，使得二极管正极电位 b 点被钳制在低电位(–9 V)，从而使另外两个二极管立即截止，因为它们的正极电位均为 –9 V，均低于其负极的电位。

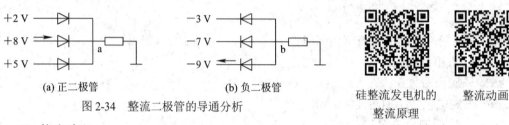

(a) 正二极管　　　　　(b) 负二极管　　　　　硅整流发电机的　　整流动画
图 2-34　整流二极管的导通分析　　　　　　　　整流原理

2) 整流过程

如图 2-33 所示，在 $t_1 \sim t_2$ 时间内，A 相的电位最高，而 B 相的电位最低，故对应 VD$_1$、VD$_4$ 处于正向导通状态，其余二极管截止。电流路径：A 相→VD$_1$→负载 R_L→VD$_4$→B 相→A 相，构成回路。此时，发电机输出电压为 A、B 绕组之间的线电压 U_{ab}。

在 $t_2 \sim t_3$ 时间内，A 相的电位最高，而 C 相的电位最低，故对应 VD$_1$、VD$_6$ 处于正向导通状态，其余二极管截止。电流路径：A 相→VD$_1$→负载 R_L→VD$_6$→C 相→A 相，构成回路。此时，发电机输出电压为 A、C 绕组之间的线电压 U_{ac}。

以此类推，在任何一个瞬间，都会有一个正二极管和一个负二极管同时导通，周而复始，在负载上即可获得一个比较平稳的方向始终不变的直流脉动电压。

3) 负载获取的直流电压

交流发电机输出直流电压的平均值为三相交流电线电压的 1.35 倍，是三相交流电相电压的 2.34 倍，即

$$U = 1.35 U_L = 2.34 U_{\varphi}$$

式中：

U——整流电路输出的直流电压平均值；

U_L——定子绕组线电压的有效值；

U_{φ}——定子绕组相电压的有效值。

3. 硅整流发电机的励磁方式

目前汽车上使用的大多是励磁式硅整流发电机，这种发电机的励磁方式有自励和他励两种形式。

在发电机转速较低时(发动机未达到怠速转速)，自身还未正常发电时，先由蓄电池向励磁绕组供电，提供励磁电流，很快建立起强磁场，使发电机输出电压随发电机转速很快上升。这种在发电之初由蓄电池提供励磁绕组电流的方式称为他励。而且这也是交流发电机低速充电性能好的主要原因。

如图 2-30(a)所示，他励电流路径：蓄电池+→发电机 F 柱→电刷→滑环→励磁绕组→滑环 →电刷 →E 搭铁 →蓄电池－。

当发电机输出电压高于蓄电池电压 12 V 时，则不再由蓄电池提供给励磁绕组电流，而改由发电机自身供给励磁绕组电流，这种提供励磁绕组电流的方式称为自励。这时发电机的转速一般达到 1000 r/min 左右。

如图 2-30(a)所示，发电机正常发电时的自励电流路径：发电机 B+→发电机 F 柱→电刷→滑环→励磁绕组→滑环→电刷→发电机 E 搭铁。

因此，汽车用硅整流发电机在输出电压建立前后分别采用他励和自励两种不同励磁方式，即先他励，后自励。

发电机自励电路　　发电机他励电路

三、硅整流发电机的工作特性

硅整流发电机的工作特性是指发电机各参数(端电压、输出电流)与发电机转速之间的关系。汽车用硅整流发电机由发动机通过皮带带动其运转，转速变化范围大。一般汽油发动机配用的发电机转速变化范围为 1～8 倍，柴油机发动机配用的发电机转速变化范围为 1～5 倍。因此分析汽车用硅整流发电机的特性必须以转速为基础，分析各参数(端电压、输出电流)与转速的关系。硅整流发电机的工作特性包括空载特性、输出特性和外特性。

1. 空载特性

当发电机空载运行时(即负载电流 $I = 0$)，发电机端电压 U 和转速 n 之间的关系(即 $U = f(n)$)，称为发电机的空载特性，如图 2-35 所示。

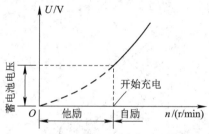

图 2-35　发电机的空载特性曲线

从曲线变化可以看出，随着转速的升高，端电压上升较快，由他励转入自励(输出电压达 12 V 以上)时，就能向蓄电池进行补充充电。空载特性是判断交流发电机充电性能是否良好的重要依据。

2. 输出特性

发电机的输出特性也称负载特性，是指发电机向负载供电时，保持发电机的输出电压恒定(12 V 的发电机为 14 V，24 V 的发电机为 28 V)，输出电流 I 与发电机转速 n 之间的关系，即 $I = f(n)$ 的函数关系，发电机的输出特性曲线如图 2-36 所示。

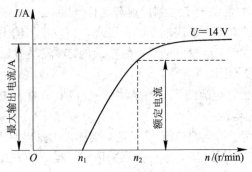

图 2-36　发电机的输出特性曲线

从发电机的输出特性曲线可以看出：

(1) 当 $n < n_1$ 时，发电机端电压低于额定输出电压，发电机不能对外输出电流，只能由蓄电池对用电设备供电，故 n_1 称为空载转速；当 $n > n_1$ 时，发电机端电压达到额定输出电压并保持不变，其输出电流随转速增加而逐渐增大。发电机只需在较低的空载转速 n_1 时，就能达到额定输出电压值。n_1 是选定发动机与发电机间传动比的主要依据。

(2) 当 $n = n_2$(额定转速或满载转速)时，输出额定功率，即额定电流与额定电压之积。n_1 和 n_2 是发电机的主要性能指标，在产品说明书中均有规定。在使用中，只要测量这两个数据，与规定值相比较，就可判断发电机性能是否良好。

(3) 当 $n >$ 某一数值时，发电机的输出电流就不再随转速的升高而增大。这个性能表明，交流发电机自身具有限制输出电流的能力，不再需要限流器。交流发电机的最大输出电流约为额定电流的 1.5 倍，即 $I_{max} = 1.5 I_N$。

3. 外特性

当发电机转速保持　定(即 $n =$ 常数)时，发电机的端电压 U 与输出电流 I 之间的关系(即 $U = f(I)$)，称为发电机外特性，如图 2-37 所示。

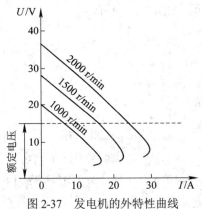

图 2-37　发电机的外特性曲线

从发电机的外特性曲线可以看出：

(1) 当发电机的转速增加时，在相同电压下其输出电流增大，或相同电流下其输出电压增大。

(2) 当发电机保持在某一转速时，随着负载(即输出电流)的增加，发电机的端电压会很快下降。

当发电机在高速运转时，如果突然失去负载，则其端电压会急剧升高，这时发电机中的二极管和其他的电子设备会有被击穿的危险。因此发电机工作时，应避免外电路断路现象。

(3) 当发电机输出电流增大到一定值时，如负载再增加，其输出电流不仅不会增加，反而会同端电压一起下降，即在外特性曲线上存在一个转折点。一般交流发电机工作在转折点以前。

由于交流发电机端电压受转速和负载变化的影响较大，因此要使输出电压稳定，必须配备电压调节器。

4. 硅整流发电机的性能指标

常用国产硅整流发电机的主要性能指标如表 2-7 所示。

表 2-7　国产硅整流发电机的主要性能指标

硅整流发电机型号	额定数据			空载转速/(r/min)	满载转速/(r/min)
	功率/W	电压/V	电流/A		
JF11 FJ13 JF132	350	14	25	1000	2500
JF12 JF23	350	28	12.5	1000	2500
JF21 JF152 JF153	500	14	36	1000	2500

四、其他形式的发电机

1. 8 管硅整流发电机

8 管硅整流发电机是在交流发电机 6 个整流二极管的基础上又增加了 2 个中性点二极管 VD_7 和 VD_8，如图 2-38 所示。

发电机三相定子绕组的 3 个末端为中性点 "N"，则 N 柱和发电机外壳(即搭铁)之间的电压 U_N(称为中性点电压)是通过 3 个负二极管三相半波整流后得到的直流电压，等于发电机直流输出电压的一半，即 $U_N = (1/2)U$。中性点电压 U_N 一般用来控制各种继电器，如磁场继电器、充电指示灯继电器等。

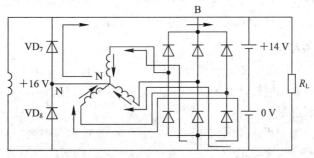

(a) 发电机高速运转，中性点电压的瞬时值(16 V)高于输出电压时

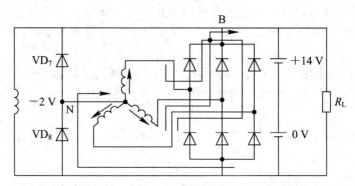

(b) 发电机高速运转，中性点电压的瞬时值(−2 V)低于搭铁电位时

图 2-38   8 管硅整流发电机的电路原理图

当交流发电机输出电流时，中性点的电压含有交流成分，即中性点三次谐波电压，且幅值随发电机的转速而变化，如图 2-39 所示。

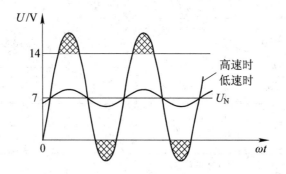

图 2-39   中性点三次谐波电压

8 管硅整流发电机的工作原理：

发电机高速运转时，当中性点电压的瞬时值为 16 V，高于输出电压(平均电压 14 V)时，从中性点输出的电路如图 2-38(a)所示，其输出电流路径为：定子绕组→中性点二极管 VD_7→负载 R_L(包括蓄电池)→负二极管(在某瞬间，其中必有一个负二极管导通)→定子绕组(与导通的负二极管相连的定子绕组)；当中性点电压瞬时值为−2 V，低于搭铁电位时，流过中性点二极管 VD_8 的电路如图 2-38(b)所示。其输出电流路径为：定子绕组→正二极管→B 接线柱→负载 R_L(包括蓄电池)→中性点二极管 VD_8→定子绕组。

由此可见，二极管 VD_7、VD_8 是充分利用中性点三次谐波电压向负载供电，在发电机转速超过 2000 r/min 时，其输出功率可提高 10%～15%。

2. 9 管硅整流发电机

9 管硅整流发电机是在 6 管硅整流发电机基础上又增加了 3 个小功率二极管，用来供给磁场电流，又称励磁二极管，如图 2-40 所示。采用励磁二极管后，利用充电指示灯可以指示发电机的工作状况是否正常。

发动机转速低，发电机未正常发电时，接通点火开关 S，充电指示灯及发电机励磁绕组通电，其电流路径为"蓄电池正极→点火开关 S→充电指示灯→调节器 D 柱→调节器 F

柱→发电机 F 柱→发电机励磁绕组→搭铁",充电指示灯亮。充电指示灯、调节器及发电机励磁绕组三者中有一个发生断路故障,就会出现充电指示灯不亮故障。

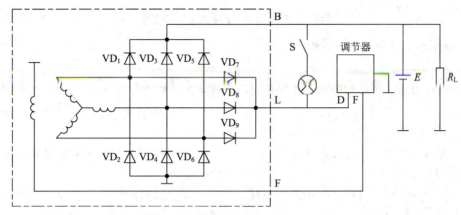

图 2-40　9 管硅整流发电机充电系统电路图

发动机转速升高,发电机正常发电时,发电机 B、L 两接线柱的输出电压相同,使充电指示灯两端的电压差为 0,充电指示灯熄灭;发电机通过 L 接线柱,经过电压调节器向励磁绕组提供励磁电流,同时通过 B 接线柱向蓄电池充电,并向用电设备供电。

当发动机正常工作,而发电机出现不发电的故障时,发电机的 B、L 两接柱均无电压输出,充电指示灯连接发电机 B 接线柱端为蓄电池电压,另一端通过调节器、发电机励磁绕组后搭铁,所以充电指示灯中由于有电流通过而亮起来,该现象指示了充电电路不充电的故障。利用充电指示灯,不仅可以在停车后点亮,提醒驾驶员及时关断电源开关,还可以指示发电机的工作情况,同时又省去了结构复杂的充电指示灯继电器。

3. 11 管硅整流发电机

11 管硅整流发电机的整流器总成是在 6 管硅整流发电机的基础上同时增加 3 个磁场二极管和 2 个中性点二极管,如图 2-41 所示。所以 11 管硅整流发电机兼有 8 管硅整流发电机与 9 管硅整流发电机的特点和作用。桑塔纳、捷达轿车用 JFZ1913Z 型 14V 90A 的硅整流发电机和东风 EQ2102 型越野汽车用 JFW2621 型 28V 45A 整体式无刷发电机均为 11 管发电机。

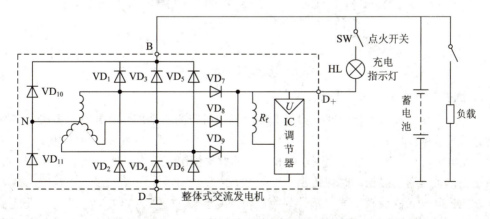

图 2-41　11 管硅整流发电机电路原理图

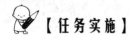【任务实施】

硅整流发电机的使用维护与检测

1. 硅整流发电机的使用维护

1) 拆卸和安装发电机

(1) 脱开蓄电池负极搭铁线。断开负极搭铁线之前，应对车辆相关信息和 ECU 等电子元件内保存的信息逐个做记录，如故障诊断码(DTC 码)、收音机频道、座椅位置、方向盘位置、后视镜位置(指带有记忆系统的)等。

(2) 拆卸发电机。拧松发电机安装螺栓，然后拆卸传动带。拆卸所有的发电机安装螺栓，然后拆卸发电机。

(3) 安装发电机。与拆卸时的顺序相反，安装发电机的方法如图 2-42 所示。首先滑动轴套直到表面和托架平齐(管接头一端)，用锤子和铜棒将发电机安装部分的轴套向外滑动，以便安装发电机。

安装贯穿螺栓 A，安装贯穿螺栓 B，安装传动带。可以用锤子的手柄等物体来移动发电机，从而调整传动带的张紧度。拧紧螺栓 A 和 B。

连接发电机电缆，连接蓄电池负极搭铁线。

将拆卸前记下的车辆信息恢复，如选择的收音机频道、时钟设置、转向盘位置、座椅位置、方向盘位置、后视镜位置(指带有记忆系统的)等。

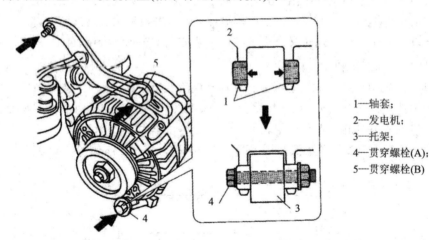

1—轴套;
2—发电机;
3—托架;
4—贯穿螺栓(A);
5—贯穿螺栓(B)

图 2-42　将发电机安装到汽车上

2) 检查硅整流发电机的传动皮带

硅整流发电机在一级保养时一般只需清洁发电机表面各个部分，并检查各接线柱有无松动。当汽车每行驶 15 000 km 时，应检查调整传动带的挠度；当汽车每行驶 30 000 km 时，应拆开发电机检修一次。主要检查电刷和轴承的磨损情况。若电刷磨损至高度为 7～8 mm 时应更换；轴承有明显松动时应更换。

发电机驱动带的检查一般包括外观检查和挠度检查，如图 2-43 所示。外观检查指观察驱动带有无裂纹和破损现象。挠度检查指在驱动带(两个驱动带轮之间)的中央位置施加

100N 的压力时观察驱动带的位移。新驱动带(即从未用过的驱动带)一般为 5～7 mm，旧驱动带(即装车随发动机转动 5 min 或 5 min 以上的驱动带)一般为 10～14 mm。若挠度不符合规定应进行调整。

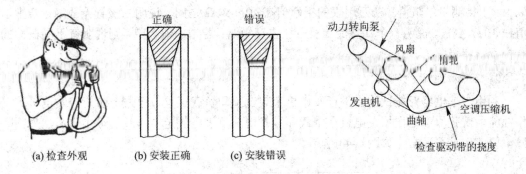

(a) 检查外观   (b) 安装正确   (c) 安装错误

图 2-43　驱动带的外观及挠度检查

3) 检查发电机输出电压

(1) 在不起动发动机时，将万用表置于直流电压"DCV"挡，正表笔接发电机"B"(或+)端子，负表笔接发电机"E"端子或外壳，此时测量的是蓄电池电压。

(2) 起动发动机，怠速运转后再提高转速(略高于中速)，观察此时万用表的指示电压。若发电机输出电压在 13.5～14.5 V(柴油发电机为 27～29 V)波动，说明发电机正常发电。否则说明发电不足；若低于发动机未起动时的蓄电池电压，说明发电机不发电。

当发电机不发电或发电量不足时，应该对充电系统进行全面检查。

2. 硅整流发电机的整机检测

硅整流发电机的整机检测即发电机不解体检测，主要检测方法包括静态检测法、万能试验台检测法、示波器检测法和就车检测法等。这些方法均可作为修前故障诊断或修后性能检查。

1) 静态检测法

在发电机静止时，用万用表测量发电机各接线柱之间的电阻值，可初步判断发电机是否有故障。其方法是用指针万用表 R×1 挡或数字万用表测量发电机 F 与 E(或 -)之间的电阻值及发电机 B 与 E 之间的正反向电阻值，正常情况下，其电阻值应符合表 2-8 所示数值。

表 2-8　常用硅整流发电机各接线柱之间的电阻值们　　　　　　　Ω

硅整流发电机型号		F 与 E 间	B 与 E 间		N 与 E 间	
			正向	反向	正向	反向
有刷	JF11、JF13、JF15、JF21	5～6	40～50	>10000	10	>10000
	JF12、JF22、JF23、JF25	19.5～21				
无刷	JFW14	3.5～3.8				
	JFW28	15～16				

若 F 与 E 之间的电阻(此电阻即励磁电阻)超过规定值，可能是电刷与滑环接触不良，

导致接触电阻变大；若小于规定值，可能是励磁绕组有匝间短路或搭铁故障；若电阻为零，可能是两个滑环之间有短路或者 F 接线柱有搭铁故障。

　　用万用表的黑表笔接触发电机的外壳，红表笔接触发电机接线柱 B(或"电枢")，并以 R×1 挡测量电阻值。若万用表的指示值在 40～50 Ω 之间，说明二极管无故障；若指示值在 10 Ω 左右，说明有个别整流二极管已击穿短路；若指示值为零，则说明有不同极性的二极管击穿短路。

　　2) 万能试验台检测法

　　利用汽车电器万能试验台进行发电机空载试验和负载试验，可进一步检查发电机的工作性能。试验原理是根据发电机在空载和满载情况下输出额定电压时的最小转速，来判断发电机工作是否正常，如图 2-44 所示。

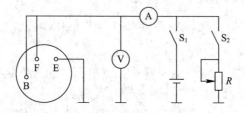

图 2-44　硅整流发电机试验线路图

　　(1) 空载试验：将测试发电机固定在试验台上，合上开关 S₁，开动调速电动机并慢慢调速，使发电机转速逐渐升高，输出电压逐渐增大，待发电机电压超过蓄电池电压，发电机由他励转为自励时，断开 S₁，观察电压表指示值随转速的变化规律。当发电机电压达到额定电压(12 V 电气系统发电机为 14 V，24 V 电气系统发电机为 28 V)时，观察此时发电机的转速(空载转速)，不得超过 1000 r/min。

　　(2) 负载试验：空载试验合格后，合上开关 S₂，提高发电机的转速，达到高速后，逐渐减小负载电阻，当发电机输出电压和输出电流均达到额定值时，这时发电机的转速(满载转速)一般不得超过 2500 r/min。

　　如果测得的空载转速、满载转速过高，或在规定的空载转速下达不到额定电压、规定的满载转速下达不到额定电流，则说明发电机有故障。

　　3) 示波器检测法

　　当发电机有故障时，其输出电压的波形会发生变化，利用示波器观察发电机输出电压的波形可以判断出发电机故障。如图 2-45 所示为硅整流发电机正常时的输出电压波形和故障时的输出电压波形。

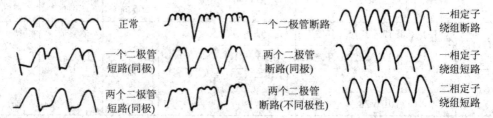

图 2-45　硅整流发电机正常时的输出电压波形和故障时的输出电压波形

4) 就车检测法

在发动机运转状态下，用一金属物体检查发电机转子轴有无磁性(如捷达轿车，可用螺丝刀接触发电机转子轴前端轴承支撑外壳处)。若有磁性，则说明发电机励磁电路工作良好；若没有磁性，则应检查发电机励磁电路有无电压输入。若无电压，则检查电压调节器及励磁电路有无损坏。

接下来检查发电机的输出电压和输出电流。关掉点火开关，将蓄电池搭铁线暂时拆下，把量程为0~40A的电流表串接到发电机火线B接线柱与火线原接线之间，再把量程为0~50 V的电压表接到B与E之间，恢复蓄电池的搭铁线。起动发动机，提高转速，当发电机转速为2500 r/min 时，电压应为 12~14.8 V(或 24~28 V)，电流应为 10A 左右。此时打开前照灯、雨刮器等用电设备，电流应为 20 A 左右，则发电机工作正常。否则应检查硅整流器和定子绕组是否损坏。

3. 硅整流发电机零部件的检修

当确认发电机内部有故障时，就需要将发电机解体，对其相关部件进行检修。

1) 转子的检修

(1) 检测磁场绕组电阻：用数字万用表欧姆挡合适量程(或指针万用表 R×1 挡)检测两滑环之间电阻，如图 2-46(a)所示。若磁场绕组电阻值与规定阻值不符(如通用汽车磁场绕组电阻 2.4~3.5 Ω)，则说明磁场绕组有短路(电阻值过小)或断路(电阻无穷大)。

(2) 检查磁场绕组绝缘性(搭铁)：用数字万用表最大欧姆挡量程(或指针万用表电阻 R×1k 挡)检测滑环与转子铁心(或转子轴)之间的电阻，如图 2-46(b)所示。显示"1"(或指针指向"∞")，说明磁场绕组和铁心之间无搭铁，否则说明磁场绕组绝缘不佳或已搭铁。磁场绕组有断路、短路搭铁(绝缘不良)故障时，一般需重新绕制或更换转子总成。

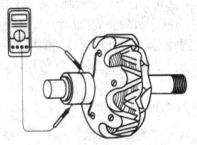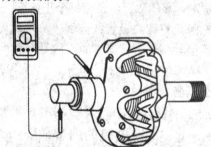

数字万用表欧姆挡　　　　　　　　　　　数字万用表欧姆挡

(a) 用数字万用表测量磁场绕组的电阻值　　　(b) 用数字万用表测量磁场绕组的绝缘性

图 2-46　检测磁场绕组

(3) 滑环的检测：滑环表面应平整光滑，若有轻微烧蚀，可用"00"号砂纸打磨；若烧蚀严重，则需更换转子。滑环厚度应不小于 1.5 mm，否则应更换。用千分尺测量滑环圆柱度，其圆柱度不得超过 0.25 mm，否则应更换转子。

(4) 转子轴的检测：用百分表检查轴的弯曲度，弯曲度不得超过 0.05 mm(径向圆跳动公差不超过 0.10 mm)，否则应更换转子。

2) 定子的检修

(1) 检测定子绕组电阻：定子绕组的阻值一般很小(150~200 mΩ)，用数字万用表最小电阻挡，两表笔触及定子绕组的任何两相首端，电阻值都相等，并且电阻很小，说明没有断路故障；若电阻无穷大，则说明有断路故障；若电阻阻值为 0，则说明有短路故障。定子绕组电阻检测方法如图 2-47(a)所示。

实操：交流发
电机的检测

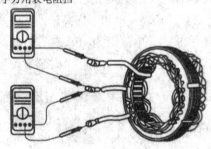
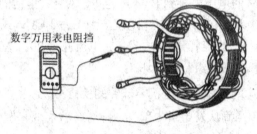

(a) 用数字万用表测量定子绕组的电阻值　　　　　　(b) 用数字万用表测量定子绕组的绝缘性

图 2-47　检测定子绕组

(2) 定子绕组搭铁的检测：用数字万用表兆欧挡最大量程，检测定子绕组任一线端与定子铁心间的电阻，若显示"1"，则表示绝缘良好；若绝缘电阻≤100 kΩ，则说明定子绕组有搭铁故障，如图 2-47(b)所示。

3) 检测二极管

拆开定子绕组与整流二极管的连接，用数字万用表的"二极管挡"检测每一个二极管。

检测正整流二极管：当用黑表笔接触发电机的正极输出端(+或 B)，红表笔分别接触每个正整流管的正极引出端时，万用表显示每个二极管正向导通的电压降(0.5 V 左右)；当对调两个表笔时，显示"1"，说明每个正整流二极管单向导电性能很好。否则，应更换整流器。

检测负整流二极管：当红表笔接触发电机的负整流板的外壳(即每个二极管正极)，用黑表笔接触每个负整流管的引出端负极时，万用表显示二极管正向导通的电压降(0.5V 左右)；当对调两个表笔时，显示"1"，说明每个负整流二极管单向导电性能很好。否则，应更换整流器。

4) 电刷的检测

检查电刷的高度，低于 7 mm 时应更换，更换时注意要保持电刷的型号规格不变。

【检查与评估】

在完成以上学习内容后，可根据以下问题(见表 2-9)进行教师提问、学生自评或互评，及时评估本任务的完成情况。

教师除了考核学生回答和解决每个问题的正确情况外，还要在是否能正确选择、使用工具和检测设备，是否遵守操作规程、清洁、归还相关设备等方面考核，帮助学生养成良好的作业规范。

表2-9　检查评估内容

序号	评 估 内 容	自评/互评
1	能利用各种资源查阅、学习本任务的各种学习资料	
2	能够制订合理、完整的工作计划	
3	指出轿车上硅整流发电机的安装位置；指出发电机的各个组成部分，说明其作用	
4	掌握硅整流发电机的发电原理、整流过程、励磁方式	
5	使用万用表对硅整流发电机进行整机测试	
6	能对发电机进行空载试验和满载试验	
7	能够正确对发电机进行拆解、零部件的检测、装配	
8	能够就车测试发电机输出电压和输出电流	
9	能够进行发电机的维护作业	
10	能设计数据表格，详细记录测量数据，如期保质完成工作任务	
11	工作过程操作符合规范，能正确使用万用表和工具等设备	
12	工作结束后，工具摆放整齐有序，工作场地整洁	
13	小组成员工作认真，分工明确，团队协作	

任务2.3　电压调节器的检测

 【导引】

一辆小型客车行驶了 150 000 km，车主反映近几天闻到一股酸性气味，且车辆运行时间越长，气味越浓，同时发现蓄电池电解液消耗过快，几天就要添加一次蒸馏水。

 【计划与决策】

这种情况应立即进行检修，通常这种故障现象是因为发电机的电压调节器损坏，造成充电电压过高所致。要想完成本任务，需要的相关资料、设备以及工量具如表2-10所示。

表2-10　完成本任务需要的相关资料、设备以及工量具

序号	名　　称
1	轿车一辆，维修手册
2	课程教材，课程网站，课件，学生用工单
3	数字式万用表，拆装工具，试灯
4	电压调节器(若干)，免维护蓄电池(两个)或低压电源，导线

电压调节器的好坏不仅影响汽车电源系统能否正常工作，而且与整个汽车电气系统的

正常工作和全车电气设备的使用寿命关系极大，其输出电压还会影响到蓄电池的寿命。本次任务学习目标如表 2-11 所示。

表 2-11　电压调节器的学习目标

序号	学 习 目 标
1	了解电压调节器的作用和分类
2	掌握电压调节器的工作原理
3	能够进行电压调节器的搭铁类型检测和性能检测
4	检查评估任务完成情况

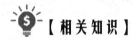 【 相 关 知 识 】

一、电压调节器的分类

硅整流发电机配用的电压调节器种类繁多、型号各异。目前电压调节器几乎都是电子式电压调节器。电子式电压调节器的工作实质是利用三极管的开关特性，在发电机转速变化时，通过改变励磁绕组电路的接通和断开的时间比，调节励磁电路的平均电流，实现调节发电机输出电压的作用。

电压调节器按照结构形式不同分为分立电子元件组成的电压调节器、集成电路式电压调节器、计算机控制的电压调节器。

电压调节器按照搭铁形式不同分为内搭铁式和外搭铁式。硅整流发电机和电压调节器的搭铁类型一定要配套才行。

二、电压调节器的工作原理

由交流发电机的工作原理可知，发电机的感应电动势与发电机的转速和磁极的磁通成正比，即

$$E_\varphi = Cn\Phi$$

交流发电机输出的平均直流电压 U(忽略发电机定子绕组内阻电压降)为

$$U \approx 2.34E = 2.34Cn\Phi$$

式中：

　　C——发电机的结构常数；

　　n——发电机转子的转速；

　　Φ——转子的磁极磁通。

从上式可看出，发电机输出直流电压 U 与发电机的转速 n 和磁极的磁通 Φ 成正比。因此，当发电机转速 n 变化时，只有相应地改变磁通 Φ 才能保持电压恒定，而磁通 Φ 的大小取决于发电机励磁电流 I_f 的大小，所以在发电机转速变化时，只要自动调节发电机的励磁电流 I_f 便可使发电机的输出电压保持恒定。电压调节器就是利用这一原理调节发电机电压的。如图 2-48 所示为发电机电压调节器的工作原理。

电压调节器的
工作原理

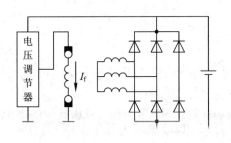

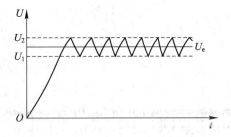

(a) 发电机电压调节器工作原理　　(b) 电压调节器工作时的发电机电压输出波形

图 2-48　发电机电压调节器的工作原理

控制调节器动作的参量是发电机的输出电压 U。随着发电机的转速上升，当发电机输出电压达到设定的上限值 U_2 时，调节器动作，断开励磁电路，使励场绕组中的电流 I_f 下降或断流，以减小磁极磁通量，从而使发电机的输出电压下降；随着发电机的转速下降，当发电机输出电压下降至设定的下限值 U_1 时，调节器又动作，接通励磁电路，使 I_f 增大，磁通量增强，发电机的输出电压又上升；当发电机的电压上升至 U_2 时又重复上述过程，调节发电机的输出电压在设定的范围内波动，最终以一个稳定的平均电压 U_e 输出。

1. 晶体管式电压调节器

晶体管式电压调节器是利用三极管的开关特性，在发电机输出电压变化时，通过改变励磁绕组电路的接通和断开的时间比，调节励磁电路的平均电流，调节发电机的输出电压。

晶体管式电压调节器有内搭铁和外搭铁之分，分别与内搭铁或外搭铁式发电机匹配使用。下面以 CA1091 型汽车用 JFT106 型晶体管电压调节器为例说明其工作原理，如图 2-49 所示。

JFT106 型晶体管电压调节器为 14 V 外搭铁式，调节电压为 13.8～14.6 V。调节器的外面一般有三个接线柱，分别为 "B"(或 "火线" "+")接线柱、"F"(或 "磁场")接线柱、"E"(或 "搭铁" "—")接线柱，它们分别与发电机的对应接线柱连接。

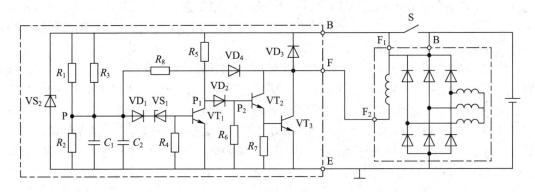

图 2-49　JFT106 型晶体管电压调节器原理

1) 分析电压调节器电路的方法

分析电压调节器原理时，首先要找到调节器最右边的三极管(VT_3)，它一定是和励磁绕组串联连接，通过该三极管的导通和截止来控制励磁绕组电路的接通和断开；然后找到调节器最左边的发电机电压高低监测点，即图 2-49 中的 P 点。R_1、R_2、R_3 为分压器，P 点电

压(和 P 点的电位数值相等)为

$$U_P = \frac{R_2}{R_1 + R_2} U_B$$

从上式可以看出，当电阻不变时，P 点的电位 U_P 会随着发电机输出端电压 U_B 的升高而升高，所以 P 点的电压 U_P 能反映发电机输出电压 U_B 的变化。

因为电阻 R_2 两端所分得的电压 $U_2(U_P)$ 反向加在稳压管 VS_1 两端，稳压管 VS_1 为感受元件，它串联在 VT_1 的基极电路中，并通过 VT_1 的发射结并联在分压电阻 R_2 的两端，稳压管 VS_1 的击穿受 U_P 影响，而 P 点电压又随发电机输出电压而变化。所以，用它来感受发电机输出电压 U_B 的变化。

逆推分析各个管子之间的关系：VT_2 和 VT_3 构成一个大功率的复合管，目的是提高放大倍数，在这里起一个开关的作用。复合管 VT_2 和 VT_3 两者的状态始终是相同的，即 VT_2 导通，VT_3 就一定导通，可以看成是一个晶体管。从要想使 VT_3 导通需要什么条件开始，逆推分析可以判断出以上各个管子之间的逻辑关系为：P 点电压要低于 VS_1 击穿电压←VS_1 要截止←VT_1 要截止←P_1 点要处于高电位←需要 VD_2 通←需要 VT_2 导通←需要 VT_3 导通←励磁绕组需要导通有电流。

2) 分析电压调节器的调压工作原理

电压调节器的调压工作原理一般按以下 3 个步骤进行：

(1) 闭合点火开关，起动发动机。发电机未正常发电(输出电压小于 12 V)时，蓄电池提供励磁电流，即他励。因为发电机输出电压低，P 点电压低于 VS_1 的稳压值，VS_1 截止→VT_1 截止→P 点高电压→VD_2 承受正向电压导通→VT_3 导通。他励的励磁电流路径为：蓄电池正极→点火开关→"F_1"→励磁绕组→"F_2"→调节器"F"接线柱→VT_3 的集电极→VT_3 的发射极→搭铁→蓄电池负极。

(2) 发动机带动发电机，转速逐渐升高。发电机端电压达到或高于蓄电池端电压 12 V 但小于 14 V 时，发电机由他励转为自励，但由于此时转速尚低，其输出电压仍未达到调节电压值，VT_1 仍然截止，VT_2、VT_3 仍然导通。自励的电流路径为：发电机正极 B→点火开关→"F_1"→励磁绕组→"F_2"→调节器"F"接线柱→VT_3 的集电极→VT_3 的发射极→搭铁→发电机负极。

(3) 发电机转速继续升高。当发电机输出电压达到调压值 14 V 时，P 点电压达到稳压管 VS_1 的击穿电压，使 VS_1 反向击穿导通，使 VT_1 导通，VD_2 承受反向电压，故 VT_2、VT_3 截止，切断发电机的励磁电路，励磁电流迅速减小，磁场衰减，发电机端电压下降。当发电机端电压下降到调压值以下时，P 点电压低于稳压管 VS_1 的击穿电压，使 VS_1 又截止，VT_1 也截止，VT_2、VT_3 再次导通，又一次接通了励磁电路，发电机端电压重新上升。如此循环下去，在发电机转速变化时，通过晶体管 VT_2、VT_3 的导通与截止，就能自动调控发电机的端电压。

如图 2-50 所示是 JFT106 型晶体管调节器复合管 VT_2 和 VT_3 在不同转速时的开关规律，从图 2-50 可以看出，随着发电机转速的升高，控制复合管 VT_2 和 VT_3 的导通时间减小，截止时间相对增加，这样可以使励磁电流平均值减小，磁通量减小，保持输出电压 U_B 不变。

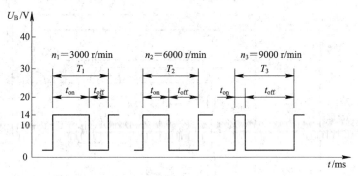

图 2-50　电压调节器中大功率复合管的开关规律

3) 其余元件的作用

(1) 电阻：R_4、R_5、R_6、R_7 是晶体管的偏置电阻，保证晶体管正常工作；R_8 是正反馈电阻，具有提高灵敏度、改善调压质量的作用。

(2) 稳压管：VS_2 起过电压保护作用，利用稳压管的稳压特性，可对发电机负载突然减小或蓄电池接线突然断开时，发电机所产生的正向瞬变过电压起保护作用，并利用其正向导通特性，对开关断开时电路中可能产生的反向瞬变过电压起保护作用。

(3) 二极管：VD_1 接在稳压管 VS_1 之前，以保证稳压管安全可靠工作。当发电机端电压过高时，它能限制稳压管 VS_1 电流不致过大而被烧坏；当发电机端电压降低时，它又能迅速截止，保证稳压管 VS_1 可靠截止。VD_2(温度补偿二极管)接在 VT_1 集电极与 VT_2 基极之间，提供 0.7 V 左右的电压，在 VT_2 导通时迅速导通，截止时可靠截止。VD_3 为续流二极管，它反向并联于发电机励磁绕组两端，起续流作用，防止 VT_3 截止时，磁场绕组中的瞬时自感电动势击穿 VT_3，保护晶体管 VT_3。VD_4 为分压二极管，其作用是保证晶体管 VT_2、VT_3 处于截止状态时可靠截止。

(4) 电容：C_1、C_2 能适当降低晶体管的开关频率，减少功率损耗，延长三极管的寿命。

2. 集成电路电压调节器

集成电路(IC)电压调节器与晶体管电压调节器的工作原理相同，也是利用晶体管的开关特性，控制交流发电机的励磁电流随转速作相应变化，使发电机的输出电压稳定。所不同的是，集成电路电压调节器中的二极管、三极管的管子都没有外壳，管芯都集成在一块基片上，实现了调节器的小型化。目前国内外生产的集成电路调节器的结构大多采用混合集成电路模式，一般由 1 个集成块、1 个三极管、1 个稳压管、1 个续流二极管和几个电阻组成，并没有完成集成化。

集成电路电压调节器多装于发电机的内部，这种发电机也被称为整体式硅整流发电机。集成电路电压调节器也有内搭铁和外搭铁之分，而且以外搭铁的使用较多。

集成电路电压调节器采用的电压取样方法分为蓄电池电压检测法和发电机电压检测法两种。

1) 发电机电压检测法

在电压调节器中，若电压检测点 P 直接受发电机输出电压高低的影响，该电路称为发电机电压检测法的电压调节器电路，如图 2-51 所示。

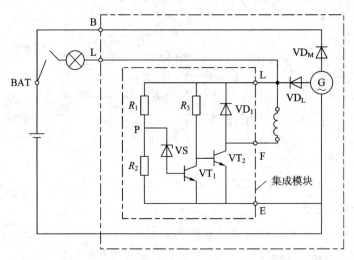

图 2-51 发电机电压检测法的电压调节器电路与发电机接线图

如图 2-51 所示，加在分压器 R_1、R_2 上的电压是磁场二极管输出端 L 的电压 U_L，发电机输出端 B 的电压为 U_B，则 $U_L = U_B$，监测点 P 的电压 U_P 加到稳压管 VS 两端，与发电机的端电压 U_B 成正比。

2）蓄电池电压检测法

如图 2-52 所示，在电压调节器中，加在分压器 R_1、R_2 上的电压为蓄电池端电压，电压监测点 P 直接受蓄电池电压高低的影响，P 点电压与蓄电池电压成正比，该电路称为蓄电池电压检测法的电压调节器电路。

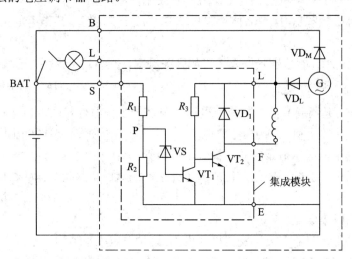

图 2-52 蓄电池电压检测法的电压调节器电路与发电机接线图

关于两种集成电路式的电压调节器的分析方法和调压工作原理可以参照图 2-49 进行分析，这里不再赘述。

3. 计算机控制的电压调节器

目前，许多轿车的电子控制模块或组件（微机）中，直接增加了能调节电压功能的电路取代内装于发电机的集成电路调节器。如图 2-53 所示是计算机控制调压电路原理图。

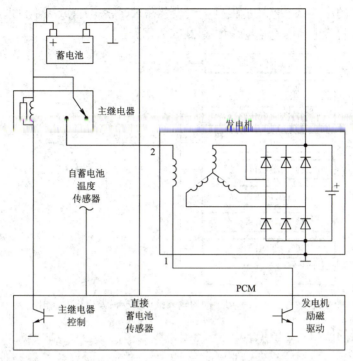

图 2-53　计算机控制调压电路原理图

在图 2-53 中，PCM 模块中有 1 个大功率的三极管(发动机励磁驱动三极管)与励磁绕组串联，控制励磁电流搭铁。

电压调节原理：当发动机运转时，发电机工作，由 PCM 控制主继电器线圈通电，主继电器触点闭合，接通励磁绕组的电路，由 PCM 模块以每秒 400 个脉冲的固定频率向励磁绕组提供脉冲电流，通过改变占空比，得到正确的励磁电流平均值，从而使发电机输出适当的电压。

在发动机高速运转且电路系统低负荷工作时，励磁电路的接通时间(占空比)只占 10%左右；在发动机低速运转且电路系统高负荷工作时，微机将使电路的接通时间提高到 75%或更高，以增加励磁电路的平均电流，满足输出的需求，如图 2-54 所示。

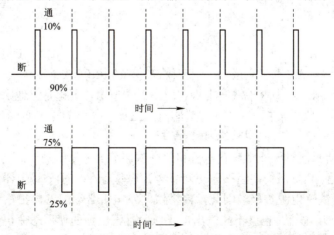

图 2-54　接通时间分别占 10%和 75%的充电系统脉宽调制波形

计算机控制的电压调节器还能根据电气设备需求、蓄电池(或周围)的温度和若干其他输入来维持并控制蓄电池的充电率，如图 2-55 所示。

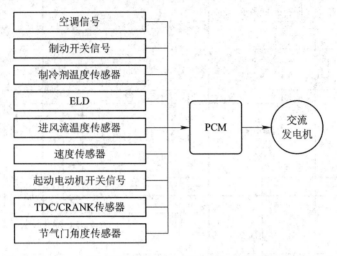

图 2-55　PCM 可以利用不同的输入来调节交流发电机的输出电压

三、电压调节器的使用注意事项

电压调节器的使用注意事项如下：

(1) 电压调节器与发电机的电压等级必须一致，否则电源系统不能正常工作。

(2) 电压调节器与发电机的搭铁形式必须一致。因为两种搭铁形式中，励磁绕组的电流方向是有区别的，如图 2-56 所示。

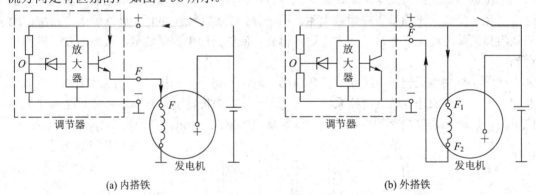

(a) 内搭铁　　　　　　　　　　　　　　　(b) 外搭铁

图 2-56　发电机内、外两种搭铁类型的磁场电流流向

如图 2-56(a)所示，对于内搭铁发电机和内搭铁调节器，无论是"他励"还是"自励"，磁场电流路径都是：调节器的"+"→调节器内部三极管→调节器 F(F 端是流出的)→发电机磁场绕组接柱 F→磁场绕组→搭铁→电源负极。

如图 2-56(b)所示，对于外搭铁发电机和外搭铁调节器，无论是"他励"还是"自励"，磁场电流路径都是：F_1→磁场绕组→F_2→调节器 F(F 端是流入的)→调节器内部三极管→调节器的"−"→搭铁→电源负极。因此，内搭铁的发电机必须配备内搭铁的电压调节器，否则，发电机无磁场电流，也就不能输出电压，而且蓄电池的使用寿命也会大大缩短。

(3) 注意电压调节器与发电机之间的线路连接必须正确，尤其要注意不同的搭铁形式的接线方法不同，否则将损坏调节器和发电机。

（4）电压调节器的调节电压不能过高或过低，否则将损坏用电设备或造成蓄电池充电不足。

另外，硅整流发电机的功率不得超过电压调节器设计时所能承受的功率。因为硅整流发电机的功率越大，磁场电流越大(如 14 V、750W 硅整流发电机的磁场电流为 3～4 A，而 1000 W 的发电机磁场电流为 4～5 A)。磁场电流越大，对电压调节器中控制通断的三极管技术要求越高，成本也越高。

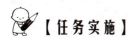 【任务实施】

电压调节器的检测与故障排查

1. 电压调节器的检测

1) 晶体管电压调节器的检测

(1) 判断晶体管式电压调节器的搭铁极性。

一般在电压调节器背面都会注明其搭铁极性。若没有标搭铁极性，则可通过下述方法确定其搭铁极性，如图 2-57 所示。

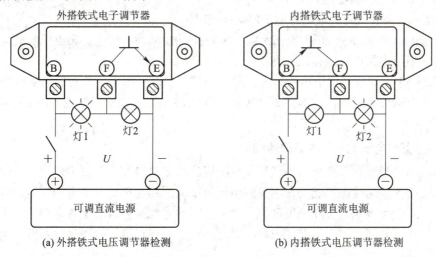

(a) 外搭铁式电压调节器检测　　　　　(b) 内搭铁式电压调节器检测

图 2-57　晶体管式电压调节器(14V)搭铁形式的判断

用 1 个 12 V 蓄电池和两个 2W/12 V 的灯泡分别按照图 2-57 所示的方法连接好线路，将电源电压调到 12 V。若出现灯 1 亮，灯 2 不亮，如图 2-57(a)所示，则电压调节器为外搭铁式。因为此时调节器所加的直流电压为 12 V，还未达到调压值，调节器内部的三极管是导通的。当灯和导通的三极管并联时，灯两端没有电压，所以图 2-57(a)中的灯 2 不亮。

若出现灯 1 不亮，灯 2 亮的情况，如图 2-57(b)所示，则调节器为内搭铁式。若灯 1 和灯 2 都亮或都不亮，则调节器有故障。如果调节器是 4 个引出端(B、D₊、D₋、F)，测试时，可将"B"与"D₊"连接为一点，再按照上述方法进行；如调节器是 5 个引出端(B、D₊、D₋、F、L)，测试时，可将"L"悬空，然后将"B"与"D₊"连接为一点，再按照上述方法进行即可。

(2) 检测电压调节器的性能好坏。

调节器的搭铁极性确定后，将可调直流稳压电源(0～30 V，3A)、指示灯及电压调节器仍按图 2-57(a)、(b)的电路连接，进行检测。

首先，调节直流稳压电源电压，使其输出电压从 0 V 逐渐增高，指示灯应逐渐变亮；当电压升高到调节器的调节电压(14±0.5 V 或 28±0.5 V)时，指示灯应突然熄灭。因为调节器稳压电源达到调压值时，调节器内部的三极管正常情况下应截止，从而切断灯的电路。若指示灯在电压较低时一直不亮，或电压超过调节电压值后，指示灯仍不熄灭，则说明该调节器有故障。

2) 集成电路电压调节器的检测

在进行集成电路电压调节器检测时，必须先弄清楚调节器各引脚的含义，保证接线正确，否则，将因接线错误而损坏调节器。一般可拆下电压调节器进行检测。

测试电路如图 2-58 所示，R 为一个 3～5 Ω 的电阻，可变直流电源的调节范围为 0～30 V。

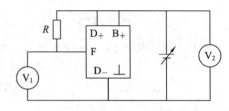

按图 2-58 连好线以后，逐渐增加直流电源电压，该直流电压值由电压表 V_2 指示。当 V_2 读数小于调节器调节电压值时，V_1 读数为 0.6～1 V；当 V_2 读数大于调节电压值时，V_1 读数与 V_2 一致。调节时，注意 V_2 调节电压值不能超过 30 V。调节器

图 2-58　集成电路电压调节器个件的测试

的调节电压值：14 V 系列的为 14～25 V，28 V 系列的为 28～30 V。若电压表的读数不符合规定，则集成电路调节器存在故障，应予以更换。

图 2-58 中，调节器的引出线字母符号多为国外生产厂家采用，对应到实际接线，B₊与发电机输出端引线相连，D₊与点火开关引出线相连，D₋相当于搭铁线，F 与发电机磁场绕组相连。

2. 小型客车电压调节器的故障检测

针对前面"导引"中提到的小型客车故障现象可知，冒酸气是发电机给蓄电池充电过度造成的。而充电过度很可能是发电机的电压调节器损坏，造成发电机输出电压太高，电池过充电。对于此现象，可以在发动机熄火后打开蓄电池护盖，看是否有热气，用手触摸蓄电池的外壳，若感觉蓄电池温度很高，说明蓄电池充电过度，接下来检查发电机的输出电压是否过高。

起动车辆后，用万用表测量发动机的 B₊接线柱(发电机输出端)对搭铁点的电压，中速时输出电压超过 19 V，显然发电机的输出电压 19 V 比 14 V 高出许多。所以判断故障是由电压调节器故障引起的。该车调节器安装在发电机外面。按照原有调节器型号更换上 1 个新调节器，同时把蓄电池电解液加到正常液面。安装完毕，起动车辆，用万用表测试发电机输出电压，趋于正常，充电系统故障排除。

【检查与评估】

在完成以上的学习内容后，可根据以下问题(见表 2-12)进行教师提问、学生自评或互评，及时评估本任务的完成情况。

表 2-12　检查评估内容

序号	评 估 内 容	自评/互评
1	能利用各种资源查阅、学习本任务的各种学习资料	
2	能够制订合理、完整的工作计划	
3	指出不同类型电压调节器的安装位置；说明作用；分析电压调节器的基本原理	
4	会分析晶体管式电压调节器的工作原理	
5	会分析集成电路式电压调节器的工作原理	
6	能够正确检测电压调节器的搭铁类型和性能好坏	
7	能设计数据表格，详细记录测量数据，如期保质完成工作任务	
8	工作过程操作符合规范，能正确使用万用表和工具等设备	
9	工作结束后，工具摆放整齐有序，工作场地整洁	
10	小组成员工作认真，分工明确，团队协作	

任务 2.4　汽车电源系统电路及故障诊断

【导引】

　　一辆 2007 年桑塔纳轿车在接通点火开关及发动机正常运行中，充电指示灯一直不亮，客户提出维修车辆要求。

　　另一辆 2005 年桑塔纳轿车在发动机起动后充电指示灯不熄灭；正常运行时，发电机充电指示灯常亮。车辆已经行驶了 160 000 km，没有对发电机进行过保养，提出维修车辆要求。

【计划与决策】

　　上述现象说明汽车电源系统出现了故障，要想排除电源系统的故障，必须要了解该车型的电源电路组成，了解发电机的搭铁类型，从电路组成去分析电源系统的电路故障原因，进而找出具体的故障原因所在。完成本任务所需的相关资料、设备以及工量具如表 2-13 所示。本任务的学习目标如表 2-14 所示。

表 2-13　完成本任务需要的相关资料、设备以及工量具

序号	名　　　称
1	桑塔纳轿车，维修手册，车外防护 3 件套和车内防护 4 件套若干套
2	课程教材，课程网站，课件，学生用工单
3	数字式万用表，拆装工具，跨接导线，试灯
4	电源系统试验台或示教板

表 2-14　本任务的学习目标

序号	学 习 目 标
1	了解电源系统的电路种类以及电源电路的故障类型
2	能够识读电源系统的电路图
3	能够进行整体式发电机的故障诊断
4	评估任务完成情况

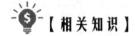【相关知识】

一、电源系统电路形式

目前汽车电源系统电路按照电压调节器的安装位置可分为外装调节器式电源系统电路和整体式硅整流发电机(内装调节器式)电源系统电路。轿车上多采用整体式硅整流发电机电源系统电路，其采用的硅整流发电机大多是外搭铁方式。

不论哪种类型的电源系统出现故障时，一定要从该系统的电路组成入手，认真分析其故障原因，才能找到具体的故障所在。因为即便是同一种故障现象，针对不同类型的电源电路时，诊断方法和步骤也会有所不同。本任务就是通过分析电源电路，进行电源系统的故障诊断。

二、电源系统常见的故障现象

根据电压调节器工作原理可知，正常情况下，起动发动机时，充电指示灯亮，表明发电机尚未进入正常发电状态；当发动机运转起来后，充电指示灯熄灭，表明发电机开始正常发电。所以根据充电指示灯的状态可以判断发电机是否发电，电源系统是否有故障。

电源系统常见的故障现象有充电指示灯不亮、充电指示灯时亮时灭、充电指示灯常亮、系统电压高、发电机噪声大等。

在判断电源系统故障之前应先检查充电指示灯电路是否正常。正常情况下，闭合点火开关，但不起动发动机，应看到充电指示灯亮，说明充电指示灯电路是正常的。若不亮，则应首先排除充电指示灯电路的故障。

三、桑塔纳轿车电源系统电路分析

1. 桑塔纳轿车电源系统电路和特点

桑塔纳轿车电源系统电路为外搭铁式控制电路，如图 2-59 所示。

桑塔纳轿车发电机采用 11 管整体式硅整流发电机(电压调节器装在其内部)。点火开关的"15"接线柱为工作挡(点火挡或 ON 挡)。安装在仪表板上的充电指示灯组件对电源系统进行监控和报警。充电指示灯组件由充电指示灯、两个并联的电阻和二极管组成。两个电阻采用并联方式主要是防止仅仅是充电指示灯的灯泡损坏而使充电系统不能正常工作的现象出现。采用中央线路板作为电路连接的中继元件。单端子连接器 T_1 为检测端子，仅仅为检测电路故障提供方便。

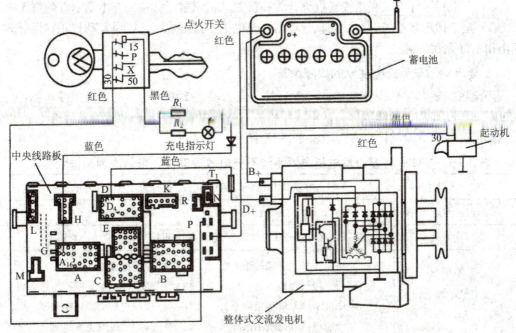

图 2-59　桑塔纳轿车电源系统电路

2. 工作过程

(1) 当点火开关处于"15"位置，而发动机(发电机)未运转时，发电机的励磁绕组电路导通，蓄电池向励磁绕组供电，实施他励使发电机内部建立磁场，其电流路径为：蓄电池正极→中央线路板单端子插座 P 端子→中央线路板内部线路→中央线路板单端子插座 P 端子→点火开关"30"端子→点火开关"15"端子→电阻 R_2 和充电指示灯(发光二极管)→二极管→中央线路板 A_{16} 端子→中央线路板内部线路→中央线路板 D_4 端子→单端子连接器 T_1→硅整流发电机 D_+ 端子→发电机的励磁绕组→电子调节器大功率三极管→搭铁→蓄电池负极。

此时，充电指示灯亮，说明蓄电池在向发电机的励磁绕组供电。

(2) 当点火开关处于"15"位置，发动机运转后，如果发电机工作正常，发电机取代蓄电池向励磁绕组供电，实施自励使发电机内部建立磁场。其电流路径为经整流器整流后的直流电直接向内装的电压调节器提供电源。

此时，发电机的 D_+ 和 B_+ 端的电压相同并施加在充电指示灯的两端，充电指示灯熄灭，说明电源系统工作正常。

(3) 当点火开关处于"15"位置，发动机(发电机)运转后，如果发电机不发电或发电电压低于蓄电池的端电压，蓄电池就会继续通过上述电路向励磁绕组供电，充电指示灯继续亮，说明电源系统的工作不正常。

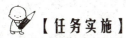 【任务实施】

桑塔纳轿车不充电现象的故障诊断

1. 故障现象

发电机不充电故障现象：

(1) 充电指示灯不点亮：接通点火开关和在发动机正常运行中，充电指示灯始终不亮。

(2) 充电指示灯不熄灭：发动机起动后，充电指示灯不熄灭，或在发动机正常运行时，充电指示灯亮起。

2. 桑塔纳轿车不充电现象的故障诊断

当桑塔纳轿车出现不充电的故障现象时，应当根据桑塔纳轿车的电源系统电路(见图 2-59)认真分析可能的故障原因，从电源系统的电路组成入手去判断故障的具体部位。故障所在部位、可能原因及排除方法如表 2-15 所示。

表 2-15　整体式硅整流发电机电源系统不充电故障部位、可能原因及排除方法

故障部位	可能原因	排除方法
连接导线	导线断开、短路或接触不良	重新接线
充电指示灯	损坏或所在电路有短路、断路现象	更换或查找短路、断路点
发电机不发电	① 发电机皮带断裂或松弛 ② 整流二极管短路 ③ 电刷发卡或与滑环接触不良 ④ 定子绕组或励磁绕组故障	① 更换或调整 ② 更换硅二极管或整流器总成 ③ 修理电刷架或更换电刷 ④ 修理绕组或更换总成
调节器故障	① 大功率三极管短路、断路 ② 其他元件损坏	更换电压调节器

具体的故障诊断流程参考图 2-60 所示的步骤进行。

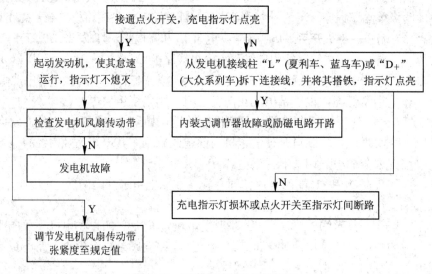

图 2-60　不充电故障诊断流程图

🔍【检查与评估】

在完成以上的学习内容后，可根据以下问题(见表 2-16)进行教师提问、学生自评或互评，及时评估本任务的完成情况。

表 2-16　检查评估内容

序号	评 估 内 容	自评/互评
1	能利用各种资源查阅、学习本任务的各种学习资料	
2	能够制定合理、完整的工作计划	
3	能够指出车辆上电源系统各部件的安装位置	
4	掌握电源系统电路的分析方法	
5	能够用万用表或试灯对电源系统进行故障诊断	
6	能够利用电源系统试验台进行故障设置和诊断	
7	能够详细记录测量数据，如期保质完成工作任务	
8	工作过程操作符合规范，能正确使用万用表和工具等设备	
9	工作结束后，工具摆放整齐有序，工作场地整洁	
10	小组成员工作认真，分工明确，团队协作	

任务 2.5　汽车电源智能管理系统

【导引】

　　一辆奥迪 Q7 多功能运动车，行驶里程 23 000 km，客户反映发电机不发电，车辆无法起动。

【计划与决策】

　　目前，越来越多的乘用车安装了电源智能管理系统。奥迪 Q7 多功能运动车在电能控制系统上设计了一个功能强大的电能管理控制单元 J644。该控制单元能够对蓄电池进行功能测试、记录过去供电状态的历史数据、检测发电机的功率、根据整车电网用电情况逐级切断各用电设备来保证车辆的起动性能。这些功能可以保证蓄电池一直保持在良好状态。因此，奥迪 Q7 车上由于蓄电池没电而导致车辆无法起动这种状况比较少见。由此可推断，导引所述故障现象很有可能是发电机不发电造成的。

　　要想诊断和排除本故障，我们就需要了解电源管理系统的功能和组成，分析该车电源管理电路，从电路组成去分析电源管理系统的故障，进而找出具体的故障原因。完成本任务所需的相关资料、设备以及工量具如表 2-17 所示。本任务的学习目标如表 2-18 所示。

表 2-17　完成本任务需要的相关资料、设备以及工量具

序号	名　　　称
1	奥迪 Q7 车辆，维修手册，车外防护 3 件套和车内防护 4 件套若干套
2	课程教材，课程网站，课件，学生用工单
3	数字式万用表，卸荷继电器，继电器拔取钳，专用诊断仪 V.A.S5051

表 2-18　本任务的学习目标

序号	学 习 目 标
1	认识双电池管理系统的功用和组成，掌握双电池管理系统的工作原理
2	了解电源智能管理系统的作用和组成，清楚电源智能管理系统的工作原理
3	能根据故障现象分析 Q7 汽车的电能管理电路图，并进行故障诊断和排除故障
4	评估任务完成情况

【相关知识】

近年来，随着电子技术的发展，越来越多的控制技术被应用到汽车电源系统中。本任务主要学习双电池管理系统和电源管理系统。

一、双电池管理系统

1. 双电池管理系统的功用

在传统的汽车上，只安装一个蓄电池，蓄电池需要保证有足够的电能用以起动发动机以及为电气设备供电。在采用双蓄电池设计理念的汽车上，安装有两个蓄电池：一个蓄电池为车身电器供电；一个起动蓄电池为起动系统供电，如图 2-61 所示。

起动电池

车身供电蓄电池

图 2-61　大众辉腾轿车的双蓄电池安装位置

采用双电池就是为了保证汽车电源系统更加安全可靠。对于采用电容储能点火系统的发动机来说，采用双电池供电控制系统，可以充分地保持蓄电池端电压的稳定性，从而保证点火的稳定性。在双电池管理系统中，当其中一套电源系统出现故障，另一套电源系统替换其工作，通过两套电源系统的相互配合，大大提高了整个电源系统的工作可靠性。

2. 双电池管理系统的组成

双电池管理系统主要由起动蓄电池、主蓄电池、电源供应控制单元、中央电气设备运行控制单元、静止电流控制单元、紧急运行模式单元、组合仪表显示单元等组成。

起动蓄电池只负责给起动机供电，但在特殊的情况下，其他个别用电设备也可以使用该电源。在发动机起动后，起动蓄电池由电源供应控制单元的转换电路控制，通过主蓄电池线路至少充电一个小时。

主蓄电池不向起动机供电，它和发电机共同为车身电气设备供电，并由发电机为其充电。

电源供应控制单元根据汽车电气设备用电的需要，调配汽车用电设备的电量供应，以及控制起动蓄电池和主蓄电池的充电状态。

中央电气设备运行控制单元的作用是在所有的运行条件下，防止蓄电池过放电，电源控制系统的充电状态被连续监测，车辆电源供应控制单元发出一个信号到用电设备，用电设备则会以特定的顺序，并且根据参数变化的时间、电压值来占用主蓄电池线路，个别控制单元会根据该信号切断电气设备或减少用电设备的电源需求。

静止电流控制单元的作用是在车辆静止的情况下，在预定的时间后，静止电流切断继电器闭合，断开用电设备与电源，将汽车静止电流减小到最小，从而延长蓄电池的使用寿命。

紧急运行模式单元的作用是如果蓄电池过放电，将启动紧急运行模式，会切断所有不重要的电气设备用电，仅 EIS 点火开关控制单元能够获取电能。

组合仪表显示单元的作用是车辆电源供应控制单元通过底盘 CAN 总线发送状态和故障信息到中央网关控制单元，并从中央网关控制单元通过中央 CAN 总线发送到组合仪表。当发动机处于运行状态，未收到发电机信号或者车辆电源供应控制单元出现故障时，在组合仪表显示红色蓄电池警示符号，提醒电源充电系统有故障。

如图 2-62 所示为大众、奥迪汽车上双电池管理系统的组成。该系统包括起动蓄电池(A)、主系统蓄电池(A1)、蓄电池并行开关继电器(J581)、蓄电池切换继电器 S(J580)、蓄电池切换继电器 B(J579)、蓄电池管理控制模块(单元)(J367)、起动机温度传感器(G331)。

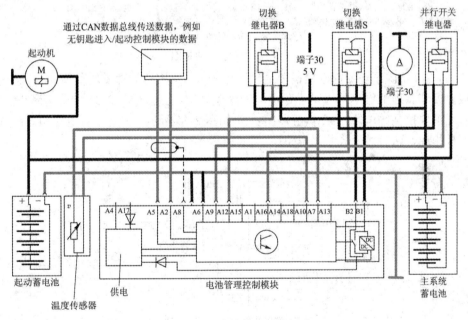

图 2-62　双电池管理系统组成

3. 双电池管理系统的工作原理

1) 起动过程管理

为了确保主系统蓄电池与起动蓄电池两个电路的电量供应充足，在起动过程中，蓄电池管理控制单元会实施不同的运行模式。

(1) 正常起动。如图 2-63 所示，主系统蓄电池已经充电，起动蓄电池和主系统蓄电池是独立的电路，"钥匙插入"信号、"点火开关已闭合"信号和"起动信号"从无钥匙进入/

起动控制单元传送到蓄电池管理模块。起动蓄电池为起动机 M 供电，起动过程中，蓄电池管理继电器(继电器 B)闭合，从主系统蓄电池给 T30 5 V 供电，T30 5 V 的正极线给起动有关的电气负载供电。

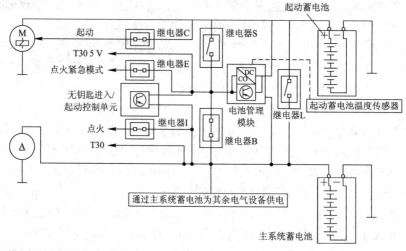

继电器B—蓄电池管理继电器2；继电器C—起动继电器；继电器E—发动机管理(点火供电)继电器；
继电器L—蓄电池并联电路继电器；继电器I—点火继电器；继电器S—蓄电池管理继电器1；
T30—给其他所有负载供电的蓄电池正极线；T30 5 V—起动有关的负载供电蓄电池正极线；
点火紧急模式—起动所需的电气设备

图 2-63　正常起动原理图

(2) 冷起动。除了正常起动所需要的输入信号外，蓄电池管理模块通过 CAN 总线接收冷却液温度和蓄电池温度信号。当蓄电池管理模块接收到低于−10℃的冷却液温度时，蓄电池管理模块控制继电器 L 工作(触点闭合)，如图 2-64 所示，使起动蓄电池和主系统蓄电池的正极相通，两者转变成并联电路。

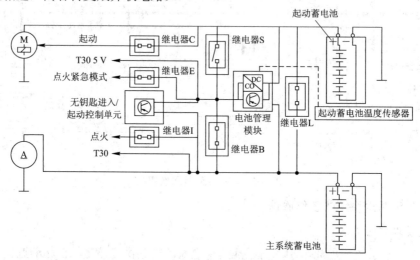

继电器B—蓄电池管理继电器2；继电器C—起动继电器；继电器E—发动机管理(点火供电)继电器；
继电器L—蓄电池并联电路继电器；继电器I—点火继电器；继电器S—蓄电池管理继电器1；
T30—给其他所有负载供电的蓄电池正极线；T30 5 V—起动有关的负载供电蓄电池正极线；
点火紧急模式—起动所需的电气设备

图 2-64　冷起动模式原理图

(3) 主系统蓄电池亏电时的起动循环。当电池管理模块接到主系统蓄电池的电压低于 11 V 时,点火开关闭合,无钥匙进入/起动控制单元给电池管理模块输送起动信号,电池管理模块就会激活"点火紧急模式"。

如图 2-65 所示,电池管理模块通过闭合继电器 S 电路,同时断开继电器 B 电路,由起动蓄电池给点火电路供电,如此可确保在主系统蓄电池亏电时起动蓄电池只给起动相关的电路供电。

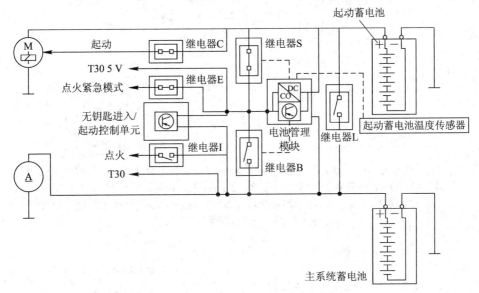

继电器B—蓄电池管理继电器2;继电器C—起动继电器;继电器E—发动机管理(点火供电)继电器;
继电器L—蓄电池并联电路继电器;继电器I—点火继电器;继电器S—电池管理继电器1;
T30—给其他所有负载供电的蓄电池正极线;T30 5 V—起动有关的负载供电蓄电池正极线;
点火紧急模式—起动所需的电气设备

图 2-65 主系统蓄电池亏电时原理图

另外,CAN 网络在此期间会进入不完全运行状态,以确保只有起动所需的控制单元参与通信。发动机起动后,舒适系统中的相关加热设备会关闭 2~5 min。当系统检测到发动机正在运行后,取消"点火紧急模式"大约 2 s。当电池管理模块监测到主系统蓄电池的充电电压足够时,通过闭合继电器 L 使起动蓄电池支援主系统蓄电池供电。

(4) 起动蓄电池亏电时的起动循环。如图 2-66 所示,当电池管理模块监测到起动蓄电池电压低于正常起动电压,且同时通过 CAN 网络得到无钥匙进入/起动控制单元传输的"起动请求"信号时,电池管理模块会发送"点火紧急模式"信号,此时会闭合继电器 B 的电路,断开继电器 S 的电路,闭合继电器 L 的电路,使主系统蓄电池给点火紧急模式供电,并且给起动机供电。

2) 监控碰撞

在车辆发生碰撞时,电池管理模块通过 CAN 网络接收碰撞信号,并取消给起动蓄电池的充电操作。此故障码 DTC 会一直保存,直到用 V.A.S5052 诊断测试和信息系统将其清除,如图 2-67 所示。每次打开点火开关时,都会测试起动机的电路是否短路。若检测到起动电路有短路情况,则会阻止起动循环开始。

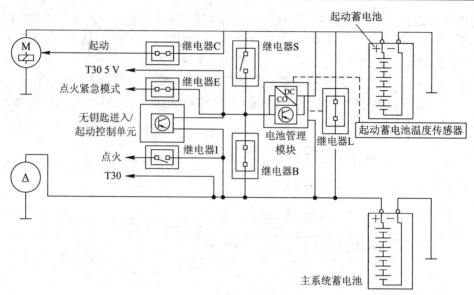

继电器B—蓄电池管理继电器2；继电器C—起动继电器；继电器E—发动机管理(点火供电)继电器；

继电器L—蓄电池并联电路继电器；继电器I—点火继电器；继电器S—蓄电池管理继电器1；

T30—给其他所有负载供电的蓄电池正极线；T30 5 V—起动有关的负载供电蓄电池正极线；

点火紧急模式—起动所需的电气设备

图 2-66 起动蓄电池亏电时原理图

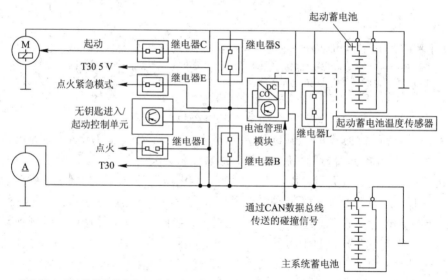

继电器B—蓄电池管理继电器2；继电器C—起动继电器；继电器E—发动机管理(点火供电)继电器；

继电器L—蓄电池并联电路继电器；继电器I—点火继电器；继电器S—蓄电池管理继电器1；

T30—给其他所有负载供电的蓄电池正极线；T30 5 V—起动有关的负载供电蓄电池正极线；

点火紧急模式—起动所需的电气设备

图 2-67 发生碰撞后进行监控原理图

3) 充电过程的管理

(1) 起动蓄电池的充电过程。蓄电池管理控制模块可以在两个模式下控制起动蓄电池的充电过程：一个是通过晶体管控制，另一种是通过 DC/DC 转换器控制。

如果主系统蓄电池低于正常充电电压值，DC/DC 转换器就会提供充电电流。如果此时起动蓄电池没有达到规定参数内的要求电压，DC/DC 转换器就会取消并禁用主系统蓄电池的充电过程。这意味着故障蓄电池没有连续充电，并在蓄电池管理控制模块存储器中输入故障信息：起动蓄电池的充电监控已超过上限值。

(2) 监控主系统蓄电池的供电电压。前部车身控制模块监控主系统蓄电池的电荷状态，以避免过度放电。

如图 2-68 所示，发动机控制单元从交流发电机的 DF 端子接收有关交流发电机容量利用的脉冲宽度调制信息 PWM 信息。该信息通过动力 CAN 数据总线和仪表板中的网关到达舒适 CAN 数据总线。前部车身控制模块通过比较 DF 信号和主系统蓄电池供电电压来评估主系统蓄电池供电电压的状态。如果检测到主系统蓄电池的供电状态不足时，则紧急提高怠速转速，关闭舒适电气设备。

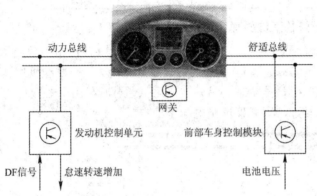

图 2-68　怠速控制

(3) 提高怠速转速。如图 2-68 所示，如果电池管理控制模块监测到主系统蓄电池的电压低于 12.7 V 10 s 以上，则把电源的状态归类为危急状态，并提高怠速转速，前部车身控制模块通过舒适总线、网关和动力总线，将请求提速的信号发送到发动机控制单元，当自动变速器位于 P 或 N 位置时，提高怠速转速。如果过渡到汽车操作时，发动机转速事先较高，怠速转速就保持增高的水平。如果电压高于 12.7 V 至少 2 s，则主系统蓄电池的供电状态被检测为非危急，会取消怠速转速提高请求。发动机控制单元根据定义值调节对发动机转速的修改。发动机控制单元可以在很大程度上抑制波动电压造成的发动机转速波动。

二、电源管理系统

电源管理系统的主要任务是监控蓄电池的负荷状态，在特殊的情况下利用 CAN 总线来调节用电设备，通过功能切换或切断，将电流消耗控制到最小，以保持最佳的充电电压，从而防止蓄电池过度放电，保证车辆能随时起动。

1. 电源管理系统的组成

奥迪 A6L 汽车的电源管理控制单元(J644)安装在后备箱内右侧蓄电池附近，它主要由蓄电池管理、静态电流管理、动态用电管理 3 个功能模块组成。

蓄电池管理功能模块的功能：负责蓄电池诊断，该模块一直处于工作状态。

静电电流管理功能模块的功能：负责在发动机停转时，随时关闭驻车后的用电设备。

动态用电管理功能模块的功能：负责调节充电电压，使其始终处于标准的数值；关键时关闭用电器的数量，降低用电负荷来实现此功能。

在奥迪 A6L 汽车的电源管理系统中，管理控制单元 J644 的以上这 3 个功能模块在一定状态下才会激活，如表 2-19 所示。

表 2-19　奥迪 A6L 车辆状态和 J644 各功能模块激活条件表

功能模块	车 辆 状 态		
	点火开关关闭 (15 号线无电)	点火开关接通发动机不运转 (15 号线有电)	点火开关接通发动机运转 (15 号线有电)
蓄电池管理功能模块	激活	激活	激活
静电电流管理功能模块	激活	激活	
动态用电管理功能模块			激活

2. 电源管理系统的工作原理

如图 2-69 所示，奥迪 A6L 汽车的电源管理系统是利用电能管理控制单元 J644 持续监控蓄电池的状况，检测蓄电池充电状态 SOC 和起动能力。在发动机运转时，该单元会将发电机的充电电压调节到最佳状态。另外，还可以通过减少用电器数量的形式，卸掉载荷或提高发动机怠速的转速，用来保证充电电压稳定。

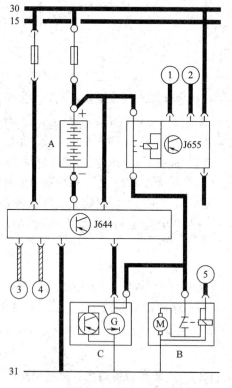

A—蓄电池；
B—起动机；
C—交流发电机；
J644—电源管理控制单元；
J655—蓄电池切断继电器；
①—安全气囊控制单元J234；
②—安全气囊控制单元J234；
③—舒适CAN总线High；
④—舒适CAN总线Low；
⑤—接线柱50

图 2-69　奥迪 A6L 汽车的电源管理系统原理图

为了避免在发动机关机的情况下，出现静电流消耗，该控制单元还能够利用 CAN 来关闭用电器，从而避免蓄电池过度放电。如图 2-70 所示是电能管理工作原理图。

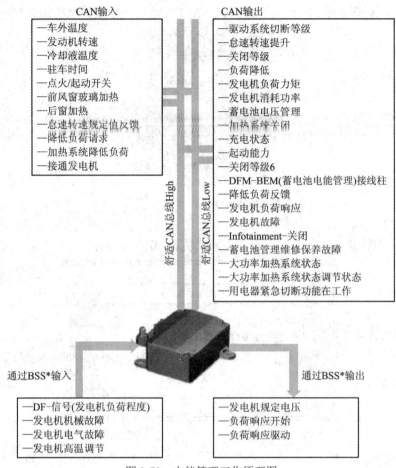

图 2-70 电能管理工作原理图

1) 蓄电池管理模块

如图 2-71 所示，电源管理控制单元 J644 要想对蓄电池执行检测，控制单元 J644 内的蓄电池管理模块必须获取蓄电池的温度、电压、电流和工作时间。其中，蓄电池电流、工作时间在控制单元内测量；蓄电池电压是通过蓄电池正极接线柱来获取；蓄电池的温度则是经过一种算法来折算的。

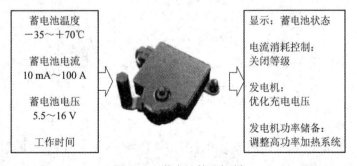

图 2-71 蓄电池管理控制

如图 2-72 所示，当蓄电池管理模块获得蓄电池温度、电压、电流和工作时间的信息后，经过计算，在组合仪表上显示出蓄电池的起动能力和当前的充电状态，同时，这两个量又是静态电流管理和动态用电管理的基础数据,发电机通过一个接口来提供最佳的充电电压。

图 2-72　电源管理控制——组合仪表显示

如图 2-73 所示,通过 MMI 上 CAR 功能还可以调出蓄电池的充电状态,该状态用方格图来显示,每格步长为 10%,正常充电状态值为 60%~80%。

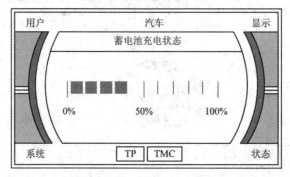

图 2-73　电源管理控制——蓄电池充电状态 MMI 显示

发动机熄火后,如果还有用电器长时间工作,则会消耗蓄电池的电能。如果蓄电池管理模块监测到这些消耗影响了发动机的起动能力,则 MMI 上会发布提示:请起动发动机,否则 3 min 后系统会关闭,如图 2-74 所示。如果得不到响应,3 min 后系统即可自行关闭。

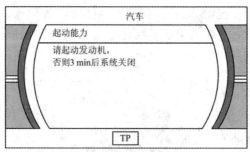

图 2-74　电源管理控制——起动能力 MMI 显示

2) 静态电流管理模块

电源管理控制单元 J644 内的静态电流管理模块在 15 号接线柱关闭或 15 号接线柱接通,且发动机停转时才工作。

当车辆已经停止时,必须尽量减小静电流,用以降低蓄电池的放电量,从而保证在长时间停车后仍然能起动车辆。

当蓄电池的电量不足以给所有驻车用电器供电时，静态电流管理模块就会有所选择地关闭用电器，同时，在"车辆信息"下的故障导航中显示出被关闭的信息。选择关闭哪个用电器是由用电器关闭等级来决定的。在奥迪A6L轿车中，用电器的关闭等级分为6级，蓄电池的充电量越少，关闭的等级就越高，如表2-20所示，关闭等级由J644经数据总线系统来提供。

表 2-20　用电器关闭等级与内容

关闭等级	关闭项目
1	部分舒适系统用电设备
2	全部舒适系统用电设备
3	减小静态电流
4	运输模式
5	辅助采暖设备
6	总线唤醒系统

关闭等级1～3是通过车上的控制单元来关闭用电器，以避免蓄电池在发动机熄火后继续放电。

关闭等级4是运输模式，需要通过V.A.S505X诊断仪来启动，通过管理控制单元J644无法启动。该模式的作用是在车辆长时间停放或长途运输过程中大大降低蓄电池放电。在运输模式下，几乎所有的舒适功能都被关闭，以保证在尽可能长的时间内蓄电池不放电，这一功能在车辆出口运输中尤其有用。

关闭等级5启动后，会关闭驻车加热功能。

关闭等级6启动后，只有当点火开关接通和进入车内时，总线上的控制单元才能够被唤醒。在关闭等级6状态时，还要保持车辆的起动能力，所以为了节省电能，总线系统的其他唤醒均被抑制。该状态下会影响到信息娱乐系统，电话也无法使用。

电源管理控制单元J644"关闭等级"越高，车辆静态电流就越小。如图2-75所示为关闭等级与静态电流停车时间之间的关系。

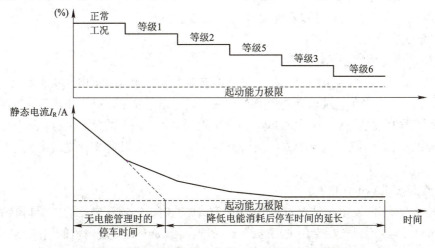

图 2-75　关闭等级与静态电流、停车时间之间的关系

从图 2-75 中可以看出，关闭等级越高，车辆停放的时间就更长，但无法计算车辆停放的时间可延长多久。当车主上车后，所有功能立即恢复。

当车辆停放时间超过 3 h，若此时静态电流超过 50 mA，关闭等级 2 会立即启动。发动机起动后，所有原来正在工作的关闭等级都被撤销。将充电器接到车上的蓄电池上时，也会关闭所有的关闭等级。但关闭等级 4 除外。

以上关闭等级的优先顺序是 1—2—5—3—6，这是在开发电源管理控制系统时就设定好的。

3) 动态用电管理模块

动态用电管理模块的任务是将产生的电能按实际需要分配给各个系统，并给蓄电池提供足够的充电电流。

动态用电管理模块通过测量电气系统电压、蓄电池电流和发电机负载情况来监视电气系统的工作。

发动机开始运转后，动态用电管理模块才开始工作，具体任务包括蓄电池电压调节、减少负载、大功率加热系统调节、发动机怠速转速提升、接通发电机和发电机动态调节。

 【任务实施】

故障现象：一辆奥迪 Q7 多功能运动车，行驶里程 23 000 km，客户反映发电机不发电，车辆无法起动。

故障诊断过程：经检查，该车蓄电池已经严重亏电，亏电是造成车辆无法起动的直接原因。但该车配有电源管理控制单元 J644，J644 可以保证蓄电池一直保持一个良好的状态，因为电池没电导致车辆无法起动的故障是很少见的。之所以出现这种故障现象，可能的故障原因有以下几点。

(1) 蓄电池本身质量问题无法存电。

(2) 车辆自身静电流过大，电能消耗严重。

(3) 发电机发电不足，导致蓄电池长期处于亏电状态。

下面分三步检查：

(1) 检查蓄电池状态和静电流。

给电池充电后，用专用的电池测试仪对蓄电池进行检测，显示电池状态良好。然后用专用的诊断仪 V.A.S5051 对车辆进行静态电流测试，结果显示，静态电流测试正常，没有漏电现象。读取电源管理控制单元 J644 的历史数据显示，该车的蓄电池存在多次长时间的大电流放电，并且一直无电流输入。从历史数据来看，该车故障应该是发电机不发电而引起的。

(2) 检查发电机工作情况。

奥迪 Q7 汽车的发电机是 VLEO 生产的 TG16 发电机。该发电机的主控制器是电源控制单元 J644。J644 通过一根专门的信号线(比特同步接口)BSS 和发电机的调节器直接相连，如图 2-76 和图 2-77 所示。

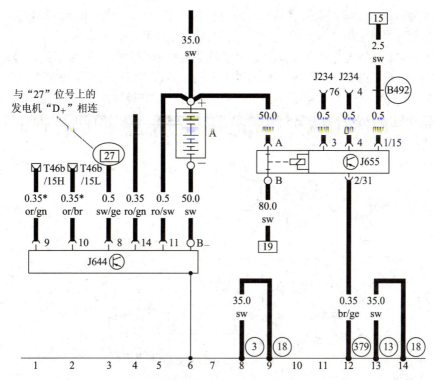

A—主蓄电池；J644—电源管理控制单元；J655—蓄电池断路继电器；J234—安全气囊控制单元

图 2-76　奥迪 Q7 电能管理电路图(一)

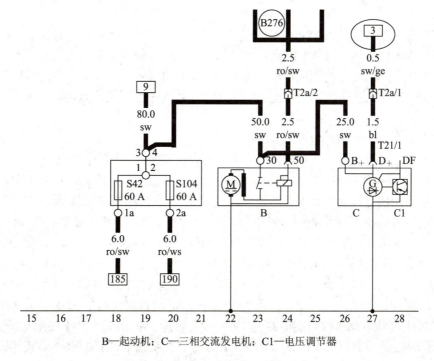

B—起动机；C—三相交流发电机；C1—电压调节器

图 2-77　奥迪 Q7 电能管理电路图(二)

J644 利用该信号线发送数字信号到发电机的调节器，调节器利用该信号来控制发电机的励磁电流和输出电压，从而实现对发电机的输出电压和功率的调节。

起动车辆，观察发电机的指示灯，发现发电机指示灯常亮。奥迪新款 Q7 多功能车的发电机控制比较复杂。首先，发电机通过比特同步接口把发电机的状态信息发送给 J644，其中包含有发电机指示灯的信息。该信息是发电机指示灯控制的基础，发电机指示灯的信息，通过 J644 发送到舒适系统 CAN 总线，并通过数据总线诊断接口(网关)把信息输送至组合仪表 J285 上，组合仪表内的控制单元读取来自 CAN 的信息，并控制发电机指示灯点亮或熄灭，如图 2-78 所示。

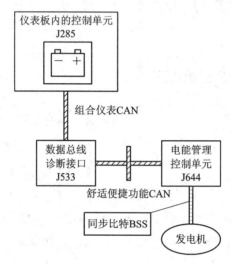

图 2-78　发电指示灯控制功能

通常会有两类故障导致发电机指示灯常亮：一种是发动机运转，并且发电机出现机械故障持续至少 10 s；另一种是发电机或者 BSS 出现电气故障，持续至少 10 s。

观察发电机的运转，发现发电机运转平稳，无异常噪声，由此可排除发电机机械故障的可能。接下来使用诊断仪对"发电机电压控制元件"进行测试。测试结果显示，发电机功能正常。

(3) 检查电源管理系统的电路。

既然发电机机械和电气部分都没有问题，那发电机不发电的原因是什么呢？因此怀疑电源控制单元 J644 有问题，但是 J644 内没有任何故障记录，并且 J644 也不容易损坏。

再仔细查询所有控制单元的诊断记录，发现在进入和起动授权控制单元 J518 内有故障记录：继电器 J694 无信号。检查维修资料得知，J694 指 75X 供电继电器，即卸荷继电器。

因此怀疑有可能是卸荷继电器工作不良，导致发电机不发电。于是，查阅 Q7 的技术资料。发现 Q7 的卸荷继电器由进入和起动授权控制单元控制，同时在继电器的 87 端子又引出一条线作为反馈信号线，如图 2-79 所示，进入和起动授权控制单元利用这根反馈线上的电位来判断卸荷继电器是否正常工作。如果进入和起动授权控制单元 J518 未接到此反馈信息，则 J518 会认为此时卸荷继电器工作不正常，可能会导致在起动时无法切断部分用电器，影响起动性能。同时 J518 把该信息发送到数据总线系统上，各控制单元为了保证起动，会切断大的用电气设备。这时，J644 也会阻止发电机工作。

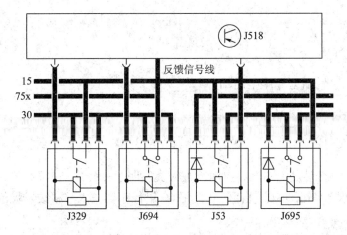

J518—进入和起动授权单元;
J694—卸荷继电器;
J329—15号挡板供电继电器;
J53—起动继电器;
J695—起动继电器

图 2-79 卸荷继电器 J694 功能原理图

在认真分析电源管理控制系统的原理后,检查卸荷继电器,发现卸荷继电器触点吸合有问题,更换卸荷继电器后,起动车辆,发电机指示灯工作正常,在发电机输出接线柱 B+ 上测量其电压(见图 2-77),发电机的输出电压为 14.5 V,发电机工作正常,故障彻底排除。

 【检查与评估】

在完成以上的学习内容后,可以根据以下问题(见表 2-21)进行教师提问、学生自评或互评,检查本任务的完成情况。教师可以根据学生回答和解决问题的正确情况、是否能正确选择、使用工具和检测设备,是否遵守操作规程、清洁并归还相关设备等方面,给予相应的分值。

表 2-21 检查评估内容

序号	评估内容	自评/互评
1	能利用各种资源查阅、学习本任务的各种资料	
2	能够制订合理、完整的工作计划	
3	认识双电池管理系统和电源管理系统的组成和作用	
4	能够正确识读奥迪 Q7 汽车电源管理系统电路图	
5	能够使用万用表正确检查卸荷继电器的好坏	
6	能够更换继电器,能正确使用诊断仪 V.A.S5051	
7	能如期按要求完成工作任务	
8	工作过程操作符合规范,能正确使用万用表和工具等设备	
9	工作结束后,工具摆放整齐有序,工作场地整洁	
10	小组成员工作认真,分工明确,团队协作	

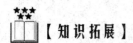

【知识拓展】

新型车用电池简介

一、燃料电池

1. 燃料电池概述

早在 1839 年，利用氢气作为燃料发电的燃料电池就被人类发明了。然而，在很长的一段时间里面，燃料电池技术的发展都很缓慢。直到 20 世纪 60 年代初期在太空科技发展的推动下，才开始了燃料电池技术的高速发展。

燃料电池是一种使用燃料进行化学反应产生电能的装置。所用燃料包括纯氢气、甲醇、乙醇、天然气，以及现在运用最广泛的汽油，最常见的是以氢氧为燃料的质子交换膜燃料电池。由于燃料价格便宜、无化学危险、对环境无污染，发电后产生纯水和热，这是目前其他所有动力来源无法做到的。

由于燃料电池产生的电量较小，无法瞬间提供大量电能，因此只能用于平稳供电。

燃料电池用可燃性的燃料与氧反应产生电力。通常可燃性燃料包括瓦斯、汽油、甲烷、乙醇、氢等，这些可燃性物质都要经过燃烧来加热水，使水沸腾产生水蒸汽并推动涡轮进行发电。采用这种转换方式，大部分的能量通常都转为无用的热能，转换效率相当低，只有 30%左右；而燃料电池能量转换效率则高达 70%左右，比一般的能源利用方式高出 40%，且二氧化碳排放量比一般方法低许多，水又是无害的产物，因此也是一种低污染性的能源。

燃料电池工作时燃料并非直接燃烧而是通过电化学发电装置发电。工作时将燃料气体与氧化剂(氧气)分别输送到电池的阳极与阴极，发生氧化与还原反应，总电池反应的初终态与燃烧反应相同，化学能转变成电能输出。只要连续不断地供应燃料气与氧气，燃料电池就可以连续不断地工作下去。这种方式发电不需要经过热/机(热能/机械能转换)环节，因而不受卡诺循环效率的限制，所以能量转换效率高，理论上可以高达 83%，一般实际效率可达 60%，远高于普通火力发电效率，是普通工作条件下内燃机实际效率的 2～3 倍。而火力发电或内燃机工作时都必须经过热/机环节，其效率受卡诺循环的限制，不可能太高。

2. 燃料电池的分类

(1) 按电解质的种类不同，燃料电池可分为碱性燃料电池、酸性燃料电池、熔融碳酸盐燃料电池、固体氧化物燃料电池、质子交换膜燃料电池等。在燃料电池中，磷酸燃料电池、质子交换膜燃料电池可以冷起动和快起动，可以作为移动电源。

(2) 按燃料类型分，有氢气、甲烷、乙烷、丁烯、丁烷和天然气等气体燃料，也有甲醇、甲苯、汽油、柴油等有机液体燃料。有机液体燃料和气体燃料必须经过重整器"重整"为氢气后，才能成为燃料电池的燃料。

(3) 根据对燃料的处理方式，燃料电池分为直接式和重整式。直接式就是对燃料不加转化处理，直接送入电池进行电化学发电，如氢气燃料电池或氨气燃料电池等。重整式是将难以直接进行电化学反应的燃料如乙醇或煤等进行化学处理，转化成氢气或一氧化碳后再送入电池进行电化学发电。有些燃料，既可以直接进行电化学反应发电，也可以先转化成反应活性更高的气体后再进行电化学反应发电。

(4) 按燃料电池工作温度分为低温型燃料电池、中温型燃料电池、高温型燃料电池3 种。

低温型燃料电池的工作温度低于 200℃，如在常温下工作的燃料电池和质子交换膜燃料电池，但这类燃料电池通常需要采用贵金属作为催化剂。

中温型燃料电池的工作温度为 200～750℃。

高温型燃料电池的工作温度高于 750℃。例如，熔融碳酸盐燃料电池和固体氧化物燃料电池在 600～1000℃的高温下工作。这类电池不需要采用贵金属作为催化剂，但由于工作温度高，需要采用复合废热回收装置来利用废热，体积大，质量重，只适合用于大功率的发电厂中。

3. 氢—氧燃料电池的工作原理

氢—氧燃料电池是一种最普通的燃料电池，它的燃料是氢气，氧气作为氧化剂，氢气与氧气分别在电池的两极发生氧化和还原反应，从而产生电能。氢—氧燃料电池的结构如图 2-80 所示。

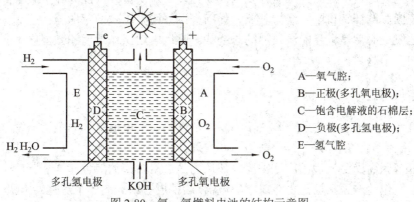

A—氧气腔；
B—正极(多孔氧电极)；
C—饱含电解液的石棉层；
D—负极(多孔氢电极)；
E—氢气腔

图 2-80　氢—氧燃料电池的结构示意图

A 是氧气腔，氧气由高压氧气筒供给，工作压力为 666～1333kPa；E 是氢气腔，氢气由高压氢气筒供给；正极 B 是多孔性的氧电极(活性炭电极)，由包在塑料中的银粉制成，并用钴和钯的混合物作催化剂；负极 D 是多孔氢电极(活性炭电极)，用铂或钯作催化剂；C 是饱含电解液的石棉填充物，电解液是 30%～35%的氢氧化钾(KOH)溶液，由液压泵使其循环。

其化学反应过程为

$$KOH \rightleftharpoons K^+ + OH^-$$

电解液中 KOH 不断电离和化合形成相对平衡状态，即放电时，在负极 D 处的氢与氢氧根离子化合生成水，并放出电子；电子通过外电路送到正极，即

$$2H_2 + 4OH^- \rightarrow 4H_2O + 4e$$

在正极 B 处，氧气与水及外电路流来的电子起作用，生成氢氧根离子，进入电解液，即

$$O_2 + 2H_2O + 4e \rightarrow 4OH^-$$

电池的总反应为

$$2H_2 + O_2 \rightarrow 2H_2O$$

在反应过程中，氢气和氧气不断地消耗并生成水，所以只要不断地供给氢气和氧气，就能使反应持续进行，并不断地产生电能向外电路供电。

4. 燃料电池的发展趋势和应用前景

燃料电池的比能量已达 $200 \sim 350\ W \cdot h/kg$，是铅酸蓄电池的 4～7 倍，且不需要充电，只要不断地供应燃料就可以继续使用，而且能量转换效率高，无排放污染，适合作为电动汽车的电源。目前以氢为燃料的电动汽车在性能上已经基本与燃油汽车不相上下。但是，它需要贵重金属作催化剂，成本高，并且燃料的储存和运输都有一定困难，制约了其发展。目前，国内车用燃料电池系统质量比功率仅为 $300\ W/kg$，而国际先进水平的系统质量比功率已经达到 $650\ W/kg$。

目前燃料电池研究与开发集中在电解质膜、电极、燃料、系统结构 4 个方面。日美欧各厂家开发面向便携电子设备的燃料电池，尤其重视电解质膜、电极、燃料方面的材料研究与开发。前 3 个方面是构成燃料电池的必要准备，而系统结构是燃料电池的最终结果。

固体氧化物燃料电池的开发研究以及商业化，是解决世界节能和环保的重要手段，受到了包括美国、欧洲、日本、澳大利亚、韩国等世界诸多国家的普遍重视。加快固体氧化物燃料电池发展必然是世界能源发展的总趋势。降低电池操作温度和微型化是固体氧化物燃料电池的发展趋势。

二、锌—空气电池

以空气作为阴极活性物质，金属作为阳极活性物质的电池统称为金属—空气电池。研究的金属一般有镁、铝、锌、镉、铁等，其中碱性锌—空气电池性能最好，并且成本低，和环境友好，因而受到人们的广泛关注，被认为是大有希望的能量储存装置。

锌—空气电池的正极板是由金属网集电器、活性层等组成的一个薄空气电极，纯锌(Zn，锌粒、锌粉或锌片)作为负极活性物质，氢氧化钾(KOH)水溶液作为电解液，其结构如图 2-81 所示。这种电池的工作电压在 1.4 V 左右。

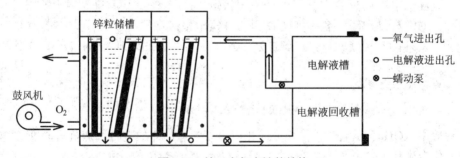

图 2-81　锌—空气电池的结构

放电时正极板上的反应式为

$$O_2 + 2H_2O + 4e \rightarrow 4OH^-$$

放电时负极板锌的氧化过程为

$$Zn + 2OH^- \rightarrow ZnO + H_2O + 2e$$

充电时按上述过程反向进行。

这种电池的总反应式为

$$2H_2 + O_2 \rightarrow 2H_2O$$

锌—空气电池比能量可达到 $150\sim400$ W·h/kg，不仅具有高比能量，还具有放电电压稳定、免维护、耐恶劣工作环境、清洁安全可靠等优点。但是工作时用于清除空气中的二氧化碳、滤清、通风等需要消耗一定能量，还要限制放电电流。另外它的比功率较小，不能存储再生制动的能量，寿命较短。一般为了弥补它的不足，使用锌—空气电池的电动汽车还会装有其他电池(如镍镉蓄电池)以帮助起动和加速。

三、锂电池

锂电池(Lithium Battery，LB)是指电化学体系中含有锂(包括金属锂、锂合金和锂离子、锂聚合物)的电池。

锂电池大致可分为锂金属电池和锂离子电池两类。锂金属电池通常是不可充电的，且内含金属态的锂。锂离子电池不含有金属态的锂，并且是可以充电的。

1. 锂离子电池

锂离子电池使用锂碳化合物作负极，锂化过渡金属氧化物作正极，液体有机溶液或固体聚合物作为电解液。在充放电过程中，锂离子在电池正极和负极之间往返流动。放电时，锂离子由电池负极通过电解液流向正极并被吸收，充电时，过程正好相反。

锂离子电池根据其正极材料的不同又分为钴酸锂电池、锰酸锂电池、磷酸铁锂电池以及镍钴酸锂三元材料电池等。

磷酸铁锂电池、锰酸锂电池由于各自性能的优越性广泛被各大汽车厂所采用。目前在充电站、换电站营运的电动汽车大多采用磷酸铁锂电池或者锰酸锂电池。

锂离子电池基本上解决了蓄电池的 2 个技术难题,即安全性差和充放电寿命短的问题。同时锂离子电池具有比能量高、循环寿命长、充电功率范围宽、倍率放电性能好、污染小等优良特性，被电动汽车广泛采用，也是现今国家电网力推的一种电动汽车充电电池类型。它的性能指标都可以满足 USABC 制定的电动车中期目标。锂离子电池的缺点是自放电率高，初始成本较高。

2. 锂聚合物电池

锂聚合物电池又称高分子锂电池，也是锂离子电池的一种，与液锂电池(Li-ion)相比具有能量密度高、更小型化、超薄化、轻量化以及高安全性和低成本等多种明显优势。在形状上，锂聚合物电池具有超薄化特征，可以配合各种产品需要制作成任何形状与容量的电池。锂聚合物电池所用的正负极材料与液态锂离子都是相同的，电池的工作原理也基本一致。它们的主要区别在于电解质的不同，锂离子电池使用的是液体电解质，而锂聚合物电池则以固体聚合物电解质来代替，这种聚合物可以是"干态"的，也可以是"胶态"的，目前大部分采用聚合物胶体电解质。锂聚合物电池可以采用高分子材料作正极，其质量比能量将会比目前的液态锂离子电池提高 50%以上。此外，锂聚合物电池在工作电压、充放电循环寿命等方面都比锂离子电池有所提高。基于以上优点，锂聚合物电池被誉为新一代锂离子电池。

四、钠—硫电池

钠—硫电池是美国福特(Ford)公司于 1967 年首先发明公布的，至今 40 年左右的历史。

钠—硫电池的结构如图 2-82 所示。在钠—硫电池中，阴极的反应物质是熔融的钠，阳极反应物质是带有一定导电物质的硫，电解质为 β—氧化铝($NaAl_{11}O_7$)固体电解质，它既是绝缘体，又能传导钠离子。

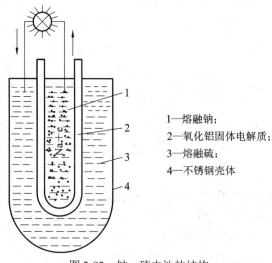

1—熔融钠；
2—氧化铝固体电解质；
3—熔融硫；
4—不锈钢壳体

图 2-82　钠—硫电池的结构

钠—硫电池的工作原理：当接通外电路时，阴极处不断产生钠离子并放出电子，即

$$Na \rightarrow Na^+ + e$$

电子 e 通过外电路移向阳极，而钠离子 Na^+ 通过 β—氧化铝电解质与阳极的反应物质硫发生作用，生成钠的硫化物，即

$$2Na + xS \rightarrow Na_2S_x$$

式中，Na_2S_x 可以是 Na_2S_2、Na_2S_4、Na_2S_5 等。

以上的反应不断进行，电路中就能获得电流。这种电池理论上的比能量可达到 660 W·h/kg，效率可达 100%(即放电量＝充电量)，并且充电时间短、无污染、原材料丰富；其缺点是硫化钠易燃烧、工作温度高达 250～300℃，使用寿命短，而且其内阻与工作温度、电流和充电状态有关，因此需要有加热和冷却管理系统。

小　　结

蓄电池是一种化学电源，既可以将电能转变为化学能储存起来，又可以将化学能转变为电能，向用电设备供电，是一种可逆的直流电源。

蓄电池主要由极板、隔板、电解液、外壳、连接条、加液孔盖等组成。

蓄电池的充电方法有定电流、定电压和快速脉冲充电。

正确使用和维护蓄电池，可延长蓄电池的使用寿命。掌握蓄电池的检测方法，可以准确了解蓄电池的技术状况。

目前发动机启停功能配备的新型蓄电池类型主要有玻璃纤维板(AGM)蓄电池、EFB 蓄电池。

汽车用硅整流发电机是由三相同步交流发电机和硅二极管整流器两部分组成，是汽车的主要电源，由发动机曲轴通过 V 型带驱动。正常工作时，向除起动机以外的所有用电设备供电，同时还向蓄电池充电，以补充蓄电池在使用中所消耗的电能。

汽车用硅整流发电机按照总体结构不同分为普通式、整体式、带泵式、无刷式、永磁式；按照发电机的磁场绕组搭铁方式不同分为内搭铁式、外搭铁式；按照发电机装用的二极管数量不同可分为 6 管式、8 管式、9 管式、11 管式。

硅整流发电机由转子、定子、整流器、端盖及电刷总成等部分组成。转子是用来建立旋转磁场的。定子是用来产生交变感应电动势的。硅整流器的作用是将三相定子绕组中产生的交流电变成直流电对外输出。

硅整流发电机的工作特性有空载特性、输出特性和外特性，其中输出特性最为重要。

硅整流发电机的检修包括整机检测和零部件的检修。整机检测即发电机不解体检测，包括静态检测法、万能试验台检测法、示波器检测法和就车检测法等，这些方法均可用于修前故障诊断或修后性能检查。

晶体管式电压调节器是利用晶体管的开关特性控制发电机的励磁电流，使发电机的输出电压保持恒定。由于晶体管式电压调节器有内、外搭铁之分，所以在对其检测之前应先了解其搭铁极性，再确定相应的检测方法。

集成电路电压调节器将二极管与三极管及电阻集成在一块基片上，使调节器小型化，可装于发电机的内部，减少了外部连线，减少了故障，提高了使用寿命。

在进行集成电路电压调节器检测时，必须先弄清楚调节器各引脚的含义，保证接线正确，否则，将因接线错误而损坏调节器。可以采用就车检测法，也可以拆下调节器进行检测。

电源系统常见的故障现象有充电指示灯不亮、充电指示灯时亮时灭、充电指示灯常亮、系统电压高、发动机噪声大等。

故障原因有多种可能：电源系统各连接导线断路、短路或接触不良；蓄电池性能不佳；风扇传动带打滑；发电机、调节器、磁场继电器有故障，或电流表、充电指示灯、点火开关等有故障。

汽车电源系统电路按照电压调节器的安装位置可分为外装调节器式电源系统电路和整体式硅整流发电机(内装调节器式)电源系统电路。轿车上多采用整体式发电机电源系统，其采用的硅整流发电机大多是外搭铁方式。

在采用双蓄电池设计理念的汽车上，安装有两个蓄电池：一个蓄电池为车身电器供电；一个起动蓄电池为起动系统供电。

电源管理系统的主要任务是监控蓄电池的负荷状态，在特殊的情况下利用 CAN 总线来调节用电设备，通过功能切换、切断，将电流消耗控制到最小，以保持最佳的充电电压，从而防止蓄电池过度放电，保证车辆能随时起动。

练 习 题

一、判断题

1. 在单格电池中，正极板总是比负极板多一片。   （   ）
2. 蓄电池的放电电流越大，蓄电池的容量也就越大。   （   ）
3. 对蓄电池用定电流方法充电时，蓄电池应采用并联连接。   （   ）
4. 免维护蓄电池主要是在使用过程中不需要进行补充充电，所以称它为免维护电池。

（   ）

5. 蓄电池在补充充电过程中，定电流充电时第一阶段的充电电流应该选取其额定容量的 1/10。   （   ）
6. 在蓄电池放电过程中，正、负极板上的活性物质发生电化学反应后都生成硫酸铅。

（   ）

7. 6 管发电机的后端盖上压装的 3 个硅整流二极管是 3 个负二极管。   （   ）
8. 硅整流发电机的中性点相对搭铁点是没有电压的，所以称其为中性点。   （   ）
9. 内、外搭铁式的电压调节器在使用过程中是可以互换的。   （   ）
10. 硅整流发电机的三相定子绕组中所感应出的电动势是直流电，可以直接向汽车供电。   （   ）
11. 从硅整流发电机的输出特性可以知道，发电机的输出电流随着发电机转速的升高而不断升高。   （   ）
12. 汽车正常行驶时，充电指示灯突然变亮，表明充电系统有故障。   （   ）

二、单项选择题

1. 在一个单格电池中，将多片正极板并联在一起形成正极板组，将多片负极板并联在一起形成负极板组，其目的是（   ）。
   A. 增大蓄电池容量   B. 提高蓄电池电压
   C. 提高蓄电池电动势   D. 增加机械强度
2. 定电压方法充电时，要求各并联支路的蓄电池应满足的条件是（   ）
   A. 蓄电池电压总和相等，型号相同
   B. 蓄电池电压总和相等，容量、放电程度可以不一致
   C. 蓄电池型号相同，放电程度不同
   D. 蓄电池型号不同，蓄电池电压总和不相等
3. 蓄电池电解液液面高度一般应高出极板顶部（   ）mm。
   A. 20～30   B. 30～40   C. 10～15   D. 5～10
4. 对 12 V 的蓄电池用定电压方法进行补充充电时，应采用的充电电压是（   ）。
   A. 7.5 V   B. 30 V   C. 12.5 V   D. 15 V
5. 铅蓄电池以 20 h 放电率放电时，当放电终了时，其单格电压和电解液密度分别是（   ）。

A. 1.75 V 和 1.11 g/cm^3 B. 1.85 V 和 1.24 g/cm^3

C. 1.65 V 和 1.30 g/cm^3 D. 1.55 V 和 1.11 g/cm^3

6. 在讨论蓄电池电极桩的连接时,甲说"脱开蓄电池电缆时,始终要先拆下负极电缆",乙说"连接蓄电池电缆时,始终要先连接负极电缆",你认为谁说的正确?(　　)

A. 甲对   B. 乙对   C. 甲乙都对   D. 甲乙都不对

7. 在讨论电压调节器原理时,甲说"汽车上的电压调节器是通过改变流经转子的励磁绕组的电流而完成的",乙说"汽车上的电压调节器可以通过调节与励磁绕组串联的电阻,或者改变励磁绕组的电压来完成",你认为谁说的正确?(　　)

A. 甲对   B. 乙对   C. 甲乙都对   D. 甲乙都不对

8. 检测发电机的励磁绕组绝缘性能是否好时,要将数字万用表(欧姆挡)两个表笔分别接在(　　)之间。

A. 铁心和转子轴   B. 滑环和转子轴   C. 滑环和电刷   D. 两个滑环

9. 检测发电机的励磁绕组电阻值时,要将数字万用表(欧姆挡)两个表笔分别接在(　　)之间。

A. 铁心和转子轴   B. 滑环和转子轴   C. 滑环和电刷   D. 两个滑环

10. 各种类型的电压调节器都是通过控制硅整流发电机的(　　)来实现电压调节的。

A. 转速   B. 励磁电流   C. 电流方向   D. 电枢电流

11. 判断一个整流二极管的好坏时,用二极管挡,将数字式万用表的红表笔接中心引线,黑表笔接管子的外壳,显示 0.567 V 左右;对换表笔后显示 1,请判断二极管是否损坏?这个管子是正二极管还是负二极管?(　　)

A. 否(没损坏),负二极管;   B. 是(损坏),正二极管

C. 否(没损坏),正二极管;   D. 是,负二极管

12. 发电机正常工作后,其充电指示灯熄灭,这时充电指示灯两端的(　　)。

A. 电位相等   B. 电压相等   C. 电动势相等   D. 电位差相等

13. 硅整流发电机的三相桥式整流电路中,3 对二极管(1 个正二极管、1 个负二极管)轮流导通,因此通过每 1 个二极管的平均电流仅为负载电流的(　　)。

A. 三分之一   B. 二分之一   C. 六分之一   D. 四分之一

14. 甲说"发动机正常工作时,充电指示灯不熄灭或突然发亮,说明充电系统有故障";乙说"发动机正常工作时,充电指示灯不熄灭或突然发亮,说明指示灯的两端维持着一定的电位差"。你认为谁的说法正确?(　　)

A. 甲对   B. 乙对   C. 甲乙都对   D. 甲乙都不对

15. 硅整流发电机中产生磁场的元件是(　　)。

A. 定子   B. 转子   C. 整流器   D. 端盖

16. 硅整流发电机的励磁方式是(　　)。

A. 他励   B. 自励

C. 先他励,后自励   D. 自励和他励同时存在

17. 判断 1 个整流二极管的极性时,用二极管挡测量,将数字式万用表的红表笔接中心引线,黑表笔接管子的外壳,显示 0.567 V 左右,则红表笔接的是二极管的(　　)。

A. 正极   B. 负极   C. 不能确定

三、简答题

1. 普通铅酸蓄电池是由哪些部分组成的？为什么负极板比正极板多一片？

2. 简述免维护蓄电池的使用特点。

3. 简述蓄电池的工作原理，并写出其化学反应方程式。

4. 简述蓄电池的充电特性与放电特性。

5. 什么是蓄电池的额定容量？影响蓄电池容量的使用因素有哪些？

6. 蓄电池有几种充电方法？

7. 对蓄电池放电程度的检测可以采用哪些方法？

8. 硅整流发电机的主要部件有哪些？它们各有什么作用？

9. 简述硅整流发电机的发电原理。

10. 何谓硅整流发电机的输出特性、空载特性和外特性？

11. 硅整流发电机的中性点输出电压有何功用？

12. 简述 JFT106 型晶体管电压调节器的工作原理。

13. 如何检测晶体管电压调节器的搭铁类型和性能好坏？

项目三 起动系统的检修

发动机是没有自起动能力的，需要借助外力起动。汽车起动系统早已从原始的人工手摇起动发展到现代的电力起动。起动电机控制方式也发生了巨大变化，从最初的点火开关直接控制发展成为智能一键起动和无钥匙起动。

在车辆使用过程中，有时会出现发动机不能起动或起动机运转无力等故障现象，因此起动系统的检修已经成为汽车维修技师必须掌握的一项实用技能。

任务 3.1 起动机的更换与检修

【导引】

一辆汽车在起动时，有时会听到起动机刺耳的金属尖叫声，这说明起动机工作异常。有时还会遇到起动机不转，不能起动发动机的现象，这也是由于起动系统存在故障造成的。起动机是起动系统的核心部件，其正常工作与否关系到发动机的起动。当出现上述故障现象时，需要拆下起动机进行检修和调整。

【计划与决策】

目前车用发动机广泛采用的起动方式是电力起动(发动机靠起动机起动)。起动发动机时，必须克服气缸内被压缩气体的阻力和发动机本身及其附件内相对运动零件之间的摩擦阻力。克服这些阻力所需的力矩称为起动转矩，保证发动机顺利起动所必须的曲轴转速称为起动转速。

要想完成本任务，需要的相关资料、设备以及工量具如表 3-1 所示。本任务的学习目标如表 3-2 所示。

表 3-1 完成本任务需要的相关资料、设备以及工量具

序号	名 称
1	轿车，维修手册，车外防护 3 件套和车内防护 4 件套若干套
2	课程教材，课程网站，课件，学生用工单
3	数字式万用表，拆装工具
4	汽车电器万能试验台，起动系统示教板，拆装用的起动机(多台)

表 3-2　起动机的更换与检修学习目标

序号	学　习　目　标
1	了解起动系统的组成和作用
2	认识起动机的安装位置、起动机的分类和型号
3	能够进行起动机的更换
4	了解起动机的结构，掌握其工作原理和工作特性
5	能够正确拆解起动机，学会起动机零部件的检测和起动机的装复
6	掌握起动机的测试方法和步骤
7	评估任务完成情况

【相关知识】

一、汽车起动系统的功用和组成

根据有无起动继电器及其外部电路连接方式，可以将起动系统分为两种：一种是由蓄电池、起动机、起动继电器、点火开关等组成的有起动继电器的起动系统(间接起动系统)，如图 3-1 所示，其电路如图 3-2(b)所示；另一种是由蓄电池、起动机、点火开关等组成的直接起动系统，如图 3-2(a)所示。

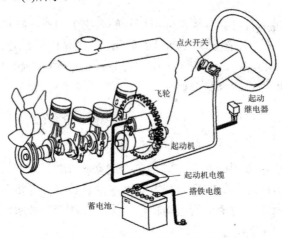

图 3-1　有起动继电器的起动系统

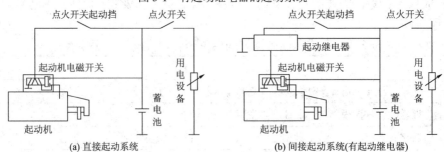

图 3-2　汽车起动系统电路

　　起动系统的功用是提供外力克服发动机的起动转矩,满足发动机必需的起动转速的要求,使发动机由静止状态过渡到工作循环。发动机起动后,起动机便立即停止工作。

1. 点火开关

　　点火开关一般安装在方向盘右下方,一般设有起动挡(ST)。起动发动机时,通过扳动点火开关,接通起动挡,控制起动系的起动电路和相关部件工作,使起动机带动曲轴旋转;因为起动挡工作电流大,开关不直接通火,在这个挡位操作时,必须用手克服弹簧弹力,扳住钥匙,一旦松手,点火开关就弹回点火挡(工作挡),起动过程结束。起动挡是不能自行定位的。

2. 蓄电池

　　在起动发动机时,蓄电池在短时间内(5～10 s)向起动机连续提供强大的起动电流。汽油机一般为200～600 A,柴油机一般为800～1000 A。

　　蓄电池一般安装在发动机舱内,也有的车型把蓄电池安装在后备厢中。

3. 起动机

　　起动机是起动系统的核心部件。起动机都由直流电动机、传动机构和控制装置3大部分组成。起动机的作用在于将蓄电池的电能转换为机械能,产生电磁转矩。

　　起动机安装在发动机后端的飞轮壳前端的座孔上。发动机对起动机的要求是:

　　(1) 起动机的驱动齿轮和飞轮齿圈啮合要容易,尽量避免轮齿冲击、啮合不可靠现象的发生。

　　(2) 发动机起动后,驱动齿轮应能自动打滑或脱离啮合,以免发动机起动后带动电动机电枢高速运转,造成起动机的损坏。

　　(3) 起动机的结构简单、工作可靠。

　　(4) 发动机工作时,驱动齿轮不能再次啮入齿圈,防止发生冲击。

4. 起动继电器

　　起动系统的起动开关一般都设在点火开关上。在起动发动机时,流经电磁开关的电流较大,一般为35～40 A。在起动时,如果直接由起动开关控制流经电磁开关的电流,起动开关会因为通过的电流过大而容易烧蚀。因此,一些汽车的起动机控制电路中装有起动继电器,由起动继电器触点的开闭控制起动机电磁开关电路的通断,起动开关只是控制起动继电器线圈电路的通断,因而减小了通过起动开关的电流,起到保护点火开关的作用。起动继电器一般安装在发动机罩内的中央配电盒中。

二、起动机的分类和型号

1. 起动机的分类

　　起动机的种类很多,直流串励式电动机一般没有大的区别,只是传动机构和控制装置的区别较大。目前现代汽车传动机构广泛使用强制啮合方式,车辆的啮合方式都是电磁吸力拉杠杆机构,拨动驱动齿轮强制啮入飞轮齿圈。

　　车用起动机一般是按传动机构、控制装置、磁场产生的方式不同来分类的。

1) **按电动机磁场产生方式不同分类**

(1) 励磁式起动机：一般采用串励式直流电动机，磁场由励磁绕组产生，各种型号的起动机结构相差不大。

(2) 永磁式起动机：以永磁材料(几块永久磁铁)为磁极，电动机中无励磁绕组，所以可以使起动机的结构简化，体积和质量都可以相应地减小。

2) **按控制方式分类**

(1) 直接操纵式：由手拉杠杆或脚踩联动机构直接控制起动机的开关来接通或切断起动机的主电路，也称为机械式起动机。这种起动机结构简单，但安装受到限制，操作不便，已很少采用。

(2) 电磁操纵式：通过旋动点火开关或按下起动按钮控制电磁开关电路，再由电磁开关接通或切断起动机主电路。这种控制方式因操作方便省力，可靠性好，所以被现代汽车广泛使用。

3) **按照有无减速机构分类**

(1) 普通起动机：不带减速机构的起动机。

(2) 减速式起动机：减速式起动机的结构特点是在电枢和驱动齿轮之间装有一组或多级减速齿轮(一般减速比为 3～4)。它的优点是可采用小型高速低转矩的电动机，使起动机的体积减小、质量减轻，并便于安装；提高了起动机的起动转矩，有利于起动机的起动；减速齿轮的结构简单、效率高，保证了良好的机械性能，同时拆装维修方便。

减速式起动机的减速机构根据减速结构不同，又可以分为外啮合齿轮式、内啮合齿轮式和行星齿轮式 3 种类型。

外啮合齿轮式减速机构有两种，一种是单级式的(无惰轮)，如图 3-3(a)所示。另一种是双级式的，如图 3-3(b)所示。双级式的减速机构是在电枢轴主动轮和被动轮之间利用中间惰轮作减速传动，且起动机电磁开关铁心与驱动小齿轮同轴心，直接推动驱动小齿轮进入啮合，无需拨叉，一般用在小功率的起动机上。这种外啮合式减速起动机与普通起动机的外形有很大差别。

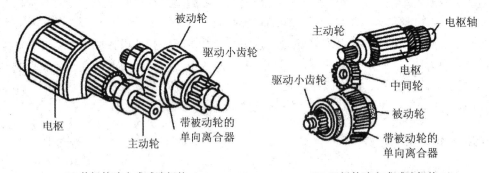

(a) 单级外啮合式减速机构　　　　(b) 双级外啮合式减速机构

图 3-3　外啮合式减速机构

内啮合式减速机构如图 3-4 所示，具有传动中心距小，减速比大的特点，所以适用于较大功率的起动机。除减速机构以外，内啮合式减速起动机其他结构与普通起动机相同，外形与普通起动机几乎没有区别。

行星齿轮式减速机构如图 3-5 所示，该减速机构中有 3 个或 4 个行星齿轮，一个太阳轮(电枢齿轮)，还有一个固定的内齿轮组成。它具有结构紧凑、传动比大、效率高等优点。由于输出轴与电枢轴同心、同旋向，电枢轴无径向载荷，可使整机尺寸减小。此外，由于行星齿轮式减速起动机的轴向位置结构与普通起动机相同，因此配件可以通用。

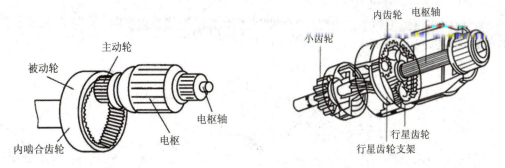

图 3-4　内啮合式减速机构　　　　　　图 3-5　行星齿轮式减速机构

综上所述，目前汽车上用到的起动机都是电磁操纵控制、强制啮合方式，有减速式起动机和普通起动机两种。

2. 起动机的型号

根据中华人民共和国行业标准 QC/T　73－1993《汽车电气设备产品型号编制方法》的规定，国产起动机的型号表示如下：

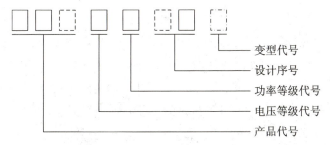

- 变型代号
- 设计序号
- 功率等级代号
- 电压等级代号
- 产品代号

(1) 产品代号：起动机的产品代号 QD、QDJ、QDY 分别表示起动机、减速起动机及永磁起动机。

(2) 电压等级代号：用 1 位阿拉伯数字表示，1 表示 12 V，2 表示 24 V，6 表示 6 V。

(3) 功率等级代号：用 1 位阿拉伯数字表示，其含义如表 3-3 所示。

(4) 设计序号：按产品设计先后顺序，以 1~2 位阿拉伯数字表示。

(5) 变型代号：在主要电器参数和基本结构不变的情况下，一般电器参数的变化和某些结构改变称为变型，以大写字母 A、B、C 等顺序表示。

表 3-3　起动机功率等级代号

功率等级代号	1	2	3	4	5	6	7	8	9
功率/kW	~1	>1~2	>2~3	>3~4	>4~5	>5~6	>6~7	>7~8	>8~9

例如：QD122E 型表示额定电压为 12 V，功率为 1~2 kW，第 2 次设计，第 5 次变型的起动机。

QD27E 型表示额定电压为 24 V，功率为 6～7 kW，第 5 次变型的起动机。

3D 演示起动机的
结构和工作原理

三、起动机的组成

下面以励磁式起动机为例说明起动机的结构组成。励磁式起动机一般由直流电动机、传动机构(或称啮合机构)、控制装置(或称电磁开关)3 部分组成，如图 3-6 所示。

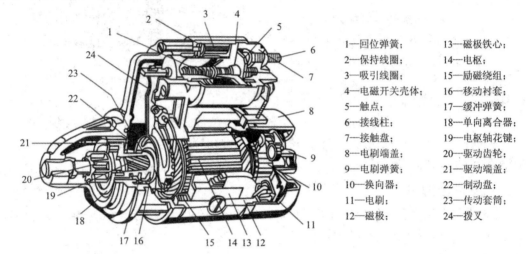

1—回位弹簧；	13—磁极铁心；
2—保持线圈；	14—电枢；
3—吸引线圈；	15—励磁绕组；
4—电磁开关壳体；	16—移动衬套；
5—触点；	17—缓冲弹簧；
6—接线柱；	18—单向离合器；
7—接触盘；	19—电枢轴花键；
8—电刷端盖；	20—驱动齿轮；
9—电刷弹簧；	21—驱动端盖；
10—换向器；	22—制动盘；
11—电刷；	23—传动套筒；
12—磁极；	24—拨叉

图 3-6　起动机的组成

1. 直流串励式电动机

为了获得较人的起动转矩，车用起动机一般米用直流串励式电动机，也有采用永磁直流电动机的。电动机的作用是将电能转换为机械能，产生转矩。直流串励式电动机一般由电枢(转子)、磁极(定子)、电刷和壳体等组成，如图 3-7 所示。

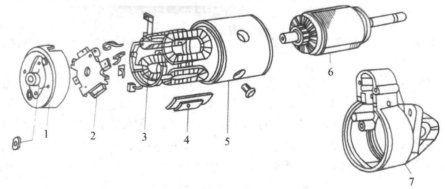

1—电刷端盖；2—电刷和电刷架；3—磁场绕组；4—磁极铁心；5—机壳；6—电枢；7—驱动端盖

图 3-7　直流串励式电动机的组成

1) 电枢

电枢由外缘带槽的硅钢片(电枢叠片)叠成的铁心、嵌装在铁心槽内的电枢绕组、电枢轴和换向器等组成，如图 3-8 所示。

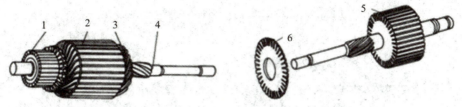

1—换向器；2、5—电枢铁心；3—电枢绕组；4—电枢轴；6—电枢叠片

图 3-8　电枢结构图

电枢轴用以安装电枢铁心和换向器，其前端加工成外花键，与传动机构的内花键相结合，传动机构可在电枢轴上前后移动。

电动机工作时，流经磁场绕组和电枢绕组的电流一般为 200～600 A，因此电枢绕组都采用较粗的横截面呈矩形的裸铜线绕制而成。为了防止裸铜线的短路，在铜线与铁心之间用绝缘纸隔开，并在槽口的两侧轧稳挤紧，防止在电动机工作时由于离心力的作用而使绕组甩出。

换向器由许多铜制换向片组成，换向片的内侧制成燕尾状，嵌装在轴套上，并与电枢轴之间绝缘，其外圈车成圆形。电枢绕组各线圈的端头均焊接在换向片上，换向片与换向片之间用云母绝缘。换向器的作用是将来自固定不动的电刷上的电流输出给旋转的电枢绕组，并实现旋转的电枢绕组在不同位置时电流方向的换向，其结构如图 3-9 所示。

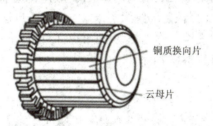

铜质换向片

云母片

图 3-9　换向器结构图

2) 磁极

磁极由固定在壳体内圆周上的铁心和绕在铁心上的磁场绕组组成，如图 3-10 所示。电动机一般有 4 个磁极，有的多至 6 个。以 4 个磁极的电动机为例，磁场绕组按照一定规律绕制后，使 4 个磁极的同性磁极相对安装，即 S 极对 S 极，N 极对 N 极。4 个磁场绕组相互串联，或者是两个绕组串联后再并联。磁场绕组的一端接在外壳的接线柱上，另一端通过电刷与换向器串联，其连接方式如图 3-11 所示。

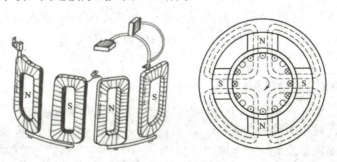

图 3-10　磁极与磁路图

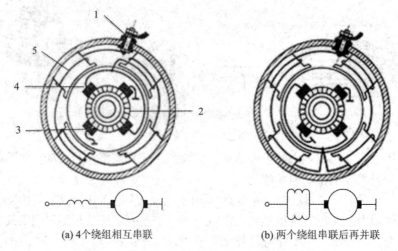

(a) 4个绕组相互串联　　　　　　　　(b) 两个绕组串联后再并联

1—接线柱；2—换向器；3—负电刷；4—正电刷；5—磁场绕组

图 3-11　电动机磁场绕组的连接方式

3) 电刷

电刷由铜粉与石墨粉压制而成，以减少电阻，并增加耐磨性。4 个磁极的电动机有 4 个电刷，装在端盖上的电刷架中，通过电刷弹簧(盘形弹簧)压紧在换向器上；其中两个电刷与壳体绝缘，称为正电刷，接在磁场绕组的末端，电流通过这两个正电刷进入电枢绕组；另两个电刷与壳体相连直接搭铁，称为搭铁电刷(也称负电刷)，通过电枢绕组的电流最后通过这两个负电刷搭铁，如图 3-12 所示。

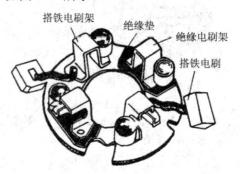

图 3-12　电刷与电刷架

4) 壳体

壳体一般做成圆筒状，是起动机的磁极和电枢的安装机体。壳体上一般有一个与壳体绝缘的接线柱(见图 3-11)，此接线柱与磁场绕组的首端相连。起动机的电磁开关一般也安装在壳体上。

2. 传动机构(或称啮合机构)

传动机构的作用是将起动机的电磁转矩传递给发动机的飞轮，发动机起动后，可防止起动机高速运转而发生"散架"现象，又能以打滑方式自动切断发动机与起动机之间的传递路径，防止发动机驱动电枢轴高速转动。

传动机构由驱动齿轮、单向离合器、拨叉、啮合弹簧等组成，传动机构一般通过其内花键套装在起动机轴的外花键上,并可沿轴向移动。

传动机构中的关键部件是单向离合器,传动机构中的其他部分如驱动齿轮、拨叉、啮合弹簧等结构大体是相同的,因此这里主要介绍常见的几种单向离合器。

1) 滚柱式单向离合器

如图3-13所示,滚柱式单向离合器主要由驱动齿轮、外壳、十字块、滚柱、啮合弹簧、传动套筒和移动衬套等组成。十字块与传动套筒刚性连接,驱动齿轮与单向离合器壳体刚性连接。传动套筒的外圈装有缓冲弹簧及卡簧,末端安装有用以卡装拨义的移动衬套。整个离合器总成是套在电动机轴的外花键上的,可作轴向移动和随轴转动。

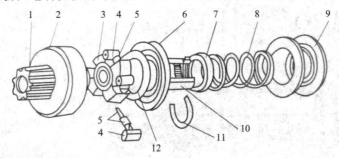

1—驱动齿轮;2—单向离合器外壳;3—十字块;4—滚柱;5—弹簧及压帽;6—护盖;
7—弹簧座;8—缓冲弹簧;9—移动衬套;10—传动套筒;11—卡簧;12—垫圈

图3-13　滚柱式单向离合器

滚柱式单向离合器装配后,十字块与外壳之间形成4个楔形空间,滚柱分别安装在4个楔形空间内。弹簧及压帽的作用是使滚柱处在楔形空间的窄端。

起动发动机时,外力使传动拨叉推动移动衬套沿轴向移动,从而使驱动齿轮啮入飞轮齿圈。此时,转矩传递过程是:电动机电枢轴→传动套筒→十字块→滚柱(滚柱在摩擦力矩的作用下,滚入楔形槽的窄端,通过滚柱将十字块和外壳卡死)→外壳→驱动齿轮→飞轮(驱动齿轮与飞轮啮合),起动机带飞轮转动。其原理如图3-14(a)所示。

当发动机起动后,飞轮齿圈带动驱动齿轮和壳体旋转,因其转速高于十字块,于是在摩擦力矩的作用下,滚柱就移动到宽端,使十字块和壳体间不再卡紧,切断了动力传送路径,防止了发动机飞轮带动电枢超速运转的危险,其原理如图3-14(b)所示。

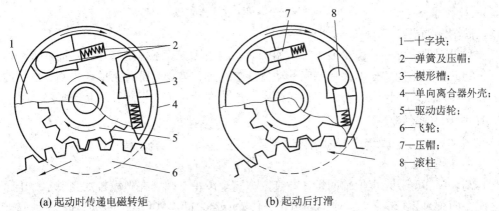

1—十字块;
2—弹簧及压帽;
3—楔形槽;
4—单向离合器外壳;
5—驱动齿轮;
6—飞轮;
7—压帽;
8—滚柱

(a) 起动时传递电磁转矩　　　　(b) 起动后打滑

图3-14　滚柱式单向离合器工作原理图

滚柱式单向离合器具有结构简单、体积小、重量轻、在小功率的起动机上使用工作可靠等优点。但在传递较大转矩时，滚柱易变形卡死，所以滚柱式单向离合器不适用于功率较大的起动机。

2) 摩擦片式单向离合器

如图 3-15 所示，摩擦片式单向离合器主要由驱动齿轮、主动盘、弹性圈、主动摩擦片、从动摩擦片、被动盘等组成。

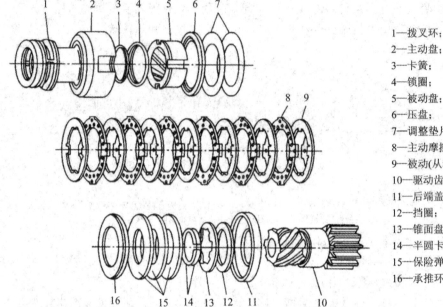

1—拨叉环；
2—主动盘；
3—卡簧；
4—锁圈；
5—被动盘；
6—压盘；
7—调整垫片；
8—主动摩擦片；
9—被动(从动)摩擦片；
10—驱动齿轮轴套；
11—后端盖；
12—挡圈；
13—锥面盘；
14—半圆卡环；
15—保险弹簧性垫圈；
16—承推环

图 3-15 摩擦片式单向离合器

主动盘上有 4 个缺口，与主动摩擦片外缘上的 4 个凸齿嵌合，以带动主动摩擦片转动。被动盘外圆有 4 条键槽，与被动摩擦片内缘的 4 个凸起嵌合。另外，被动盘内制造有左螺旋线槽，与驱动齿轮轴套一端的螺旋花键相匹配。

起动发动机时，当驱动齿轮啮入飞轮齿圈后，起动机主电路接通使电动机旋转产生电磁转矩，转矩的传递路径是"电枢轴→主动盘→主动摩擦片→被动摩擦片(主、被动摩擦片压紧)→被动盘→驱动齿轮轴套→驱动齿轮→飞轮(驱动齿轮与飞轮啮合)"，电动机带动飞轮转动，起动发动机。

发动机起动后，驱动齿轮被飞轮齿圈带动，因其转速高于电枢转速，从而使被动盘在螺旋花键的作用下向放松摩擦片方向移动，施加在主、被动摩擦片上的压力消失，这时驱动齿轮虽然高速旋转但不会将动力传递给电枢，从而避免了电枢超速飞转的危险。

3) 弹簧式单向离合器

如图 3-16 所示，弹簧式单向离合器主要由驱动齿轮、离合器弹簧、传动套筒、缓冲弹簧、拨叉环等组成。

传动套筒 3 套装在电枢轴的螺旋花键上，驱动齿轮 1 则套在电枢轴的光滑部分上，两者之间由两个月牙形键连接，使驱动齿轮与传动套筒之间不能作轴向移动，但可相对转动。驱动齿轮的套筒与传动套筒外圆上包有离合器弹簧，弹簧两端的内径较小，各有 1/4 圈，并分别箍紧在齿轮套筒和传动套筒上。

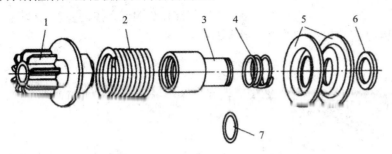

1—驱动齿轮及其套筒；
2—离合器弹簧；
3—传动套筒；
4—缓冲弹簧；
5—拨叉环；
6—锁片挡圈；
7—锁环

图 3-16　弹簧式单向离合器

当起动机带动飞轮旋转时，离合器弹簧扭紧，包紧驱动齿轮柄和传动套筒，将转矩传递给驱动齿轮。转矩的传递路径是"电枢轴→传动套筒→扭紧的离合器弹簧→驱动齿轮→飞轮(驱动齿轮与飞轮啮合)"，起动发动机。

发动机起动后，驱动齿轮的转速高于电枢，使离合器弹簧放松，这样飞轮齿圈的转矩便不能传给电枢，驱动齿轮只能在电枢轴的光滑部分上空转。

弹簧式单向离合器具有工艺简单、寿命长、成本低等优点，但由于扭力弹簧圈数多，轴向尺寸较长，故很少用在小型起动机上，一般只应用在大功率的起动机上。

3. 电磁控制装置

电磁控制装置也称为操纵机构，其作用是控制起动机驱动齿轮与发动机飞轮齿圈的啮合与分离，控制电动机主电路的接通与切断。对电磁控制装置的基本要求是驱动齿轮与飞轮齿圈的啮合时间在前，直流电动机主电路的接通时间在后，以保证啮合可靠，防止"打齿"现象产生。

如图 3-17(b)所示，控制装置主要由吸引线圈、保持线圈、回位弹簧、活动铁心、接触片(盘)等组成。控制装置利用电磁线圈产生的电磁吸力驱动拨叉，再由拨叉拨动传动机构在电枢轴上作轴向移动，使驱动齿轮与飞轮齿圈啮合或分离，同时，控制电动机的主电路。所以起动机的电磁控制装置又称为电磁开关，其外壳上一般有 3 个接线柱：30 端子(或 B 端子)，接蓄电池正极；C 端子(或 M 端子)接起动机励磁绕组；50 端子(或 S 端子)接点火开关起动挡或起动继电器，如图 3-17(a)所示。

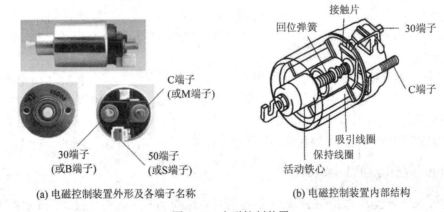

(a) 电磁控制装置外形及各端子名称　　　(b) 电磁控制装置内部结构

图 3-17　电磁控制装置

如图 3-18 所示为 QD124 型起动机电磁控制装置的控制电路。从图 3-18 可以看出，吸引线圈接在控制装置的 50 端子和 C 端子之间，保持线圈接在 50 端子和控制装置的外壳(搭铁)之间。下面以 QD124 型起动机为例说明控制装置的工作过程。

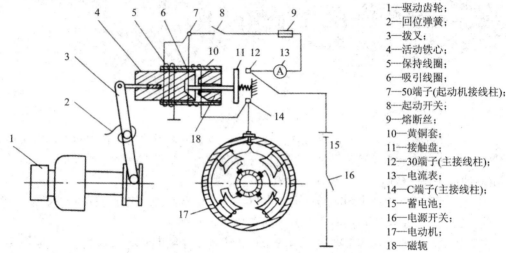

图 3-18　QD124 型起动机电磁控制装置的控制电路

1—驱动齿轮；
2—回位弹簧；
3—拨叉；
4—活动铁心；
5—保持线圈；
6—吸引线圈；
7—50端子(起动机接线柱)；
8—起动开关；
9—熔断丝；
10—黄铜套；
11—接触盘；
12—30端子(主接线柱)；
13—电流表；
14—C端子(主接线柱)；
15—蓄电池；
16—电源开关；
17—电动机；
18—磁轭

起动发动机时，点火开关上的起动开关 8 接通，控制装置(电磁开关)通电，电流路径：蓄电池正极→30 端子 12→电流表 13→熔断丝 9→起动开关 8→50 端子，50 端子以后电流分成两路：一路经过吸引线圈 6→C 端子 14→电动机 17→搭铁→蓄电池负极；另一路电流经保持线圈 5→搭铁。

吸引线圈和保持线圈通电产生相同方向的磁场，电磁吸力克服回位弹簧 2 的弹力使活动铁心 4 向右移动，同时，通过拨叉拨动传动机构移动使驱动齿轮与飞轮齿圈啮合，这时由于吸引线圈接入电动机的电路(分压)，电动机产生的转矩小，电动机会缓慢转动，以便于驱动齿轮与飞轮齿圈可靠啮合。另一方面，推动推杆使接触盘接通起动机的 30 端子和 C 端子两个主接线柱，接通起动机的主电路。

起动机的主电路电流路径：蓄电池正极→30 端子 12→接触盘 11→C 端子 14→电动机 17→搭铁→蓄电池负极。起动机的主电路接通后，吸引线圈不再接入电动机，使电动机产生较大电磁转矩，通过单向离合器带动曲轴旋转，起动发动机。

在起动机的主电路接通后，由于吸引线圈被短路而不产生电磁吸力，此时，保持线圈所产生的电磁吸力使驱动齿轮和飞轮齿圈继续保持啮合，使接触盘继续保持在两个主接线柱的接通位置。

发动机起动后，松开起动开关的瞬间(图 3-18 中的起动开关 8 是断开的)，由于惯性作用，接触盘还保持两主接线柱的接通位置，使通过吸引线圈和保持线圈的电流产生的电磁吸力大小相等、方向相反，相互抵消，在回位弹簧的作用下，活动铁心回位，带动接触盘左移，从而切断电动机的主电路，同时也使驱动齿轮退出与飞轮齿圈的啮合，起动过程结束。

四、起动机的工作原理和工作特性

起动机是依靠直流电动机通电产生的电磁转矩来起动发动机的，因此起动机的工作原理和特性是可以通过直流电动机的工作原理和特性来说明的。

1. 工作原理

直流电动机是将电能转变为机械能的设备，它是根据载流导体在磁场中受电磁力作用发生运动的原理而制成的。其工作原理如图 3-19 所示。

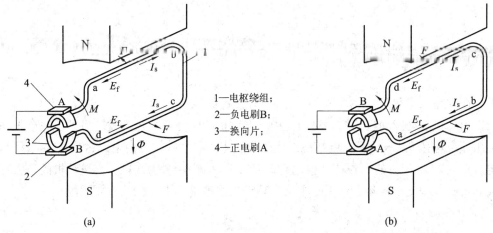

1—电枢绕组；
2—负电刷B；
3—换向片；
4—正电刷A

(a)   (b)

图 3-19 直流电动机工作原理图

在如图 3-19(a)所示位置时，线圈内电流方向为 a→b→c→d，根据左手定则可以确定导体 ab、cd 受到的作用力方向，整个线圈受到逆时针方向的力矩作用而转动。当线圈转过半圈，在如图 3-19(b)所示位置时，因不转的电刷 A 和 B 与转动的换向片的接触位置发生变化，线圈的电流方向变为 d→c→b→a，根据左手定则可以确定线圈继续受到逆时针方向的力矩作用而转动。如此，通过电刷和换向器的作用不断改变通过线圈中心电流方向，使线圈按同一方向转动。

为了增大电动机的输出力矩和使其运转均匀，电动机的电枢绕组都是由很多线圈组成的。换向片的数量也随线圈的增多而增加，从而保证产生足够大的转矩和稳定的转速。

2. 工作特性

汽车用的起动机中大都采用了直流串励式电动机，直流串励式电动机的工作特性主要包括转矩特性、转速特性和功率特性，如图 3-20 所示。

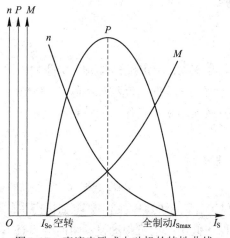

图 3-20 直流串励式电动机的特性曲线

1) 转矩特性

转矩 M 随电枢电流 I_S 变化的规律称为转矩特性。

串励式直流电动机的励磁绕组和电枢绕组串联，两者的电流相等，在磁路未饱和时，磁通为

$$\Phi = C_1 I_S$$

串励式直流电动机的转矩为

$$M = C_M I_S \Phi = C_M C_1 I_S^2$$

可见，在磁路未饱和时，M 与 I_S 的平方成正比(见图 3-20)。

在起动机起动发动机的初始瞬间，由于发动机的阻力矩很大，发动机处于完全制动状态。此时，电枢转速 n 为零，电枢绕组产生的反电动势为零，电枢电流达到最大值(称为制动电流)，电动机产生的电磁转矩也达到最大值(称为制动转矩)，以克服发动机的阻力矩，使发动机的起动变得容易。这就是车用起动机采用串励式电动机的主要原因。

2) 转速特性

串励式直流电动机的转速 n 随电枢电流 I_S 变化的规律称为转速特性。

由图 3-20 可知，车用起动机在轻载时，电枢电流小，转速高；而在重载时，电枢电流大，转速低。车用起动机的这一机械特性称为软机械特性，能保证发动机既安全又可靠地起动。这是车用起动机采用直流串励式电动机的又一主要原因。但是，电动机在轻载或空载时转速很高，容易造成"飞车"现象，因此，车用起动机不宜在轻载或空载下长时间运转。

3) 功率特性

串励式直流电动机的功率 P 随电枢电流 I_S 变化的规律称为功率特性。电动机的功率计算公式为

$$P = \frac{Mn}{9550}$$

式中：

M——电动机的输出转矩(N·m)；

n——电动机转速(r/min)；

P——电动机功率(kW)。

从上式可以看出，在完全制动($n = 0$)和空载($M = 0$)两种情况下，起动机的输出功率 P 均为零。在 I_S 接近全制动电流的一半时，起动机的输出功率最大。因为车用起动机的使用时间很短，所以可以允许在最大功率下工作，通常把起动机的最大输出功率称为起动机的额定功率。

3. 影响起动机功率的主要因素

1) 蓄电池的容量

蓄电池的容量越小，供给起动机的电流越小，电动机产生的转矩 M 也越小，从而使起动机的输出功率变小。所以在使用起动机起动发动机时要保证其充满电。

2) 接触电阻和导线电阻

蓄电池的极桩与起动机电缆线、起动机电缆线与搭铁、电刷与换向器的接触不良，电刷弹簧弹力不足，导线与起动机的接线柱连接松动，电磁开关的接触盘烧蚀等都会使起动电路电阻增加，起动电流下降，使起动机的输出功率和转矩减小。

另外，起动机电缆线不要随意更换，最好使用与车型配套的电缆线，否则起动机电缆线过长、过细都会使电阻增大，使起动机功率下降。

3) 温度

环境温度主要是通过影响蓄电池的内阻而影响起动机功率的。温度降低，蓄电池内阻增加，容量减小，起动机的功率下降。故冬季应对蓄电池采取有效的保温措施，以提高起动机的输出功率，改善起动性能。

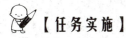 【任务实施】

起动机的调整、更换及检测

1. 起动机的调整与更换

1) 起动机的调整

起动机经过拆装或使用一段时间后，需要对某些间隙进行调整。不同型号的起动机需要调整的内容和技术参数不尽相同。一般情况下要调整两个间隙。

(1) 起动机驱动齿轮端面与端盖突缘间距的调整。

QD124 型起动机对这个间距的规定值为 29～32 mm。间距不当，可通过定位螺钉和调节螺杆配合进行调整，如图 3-21 所示。

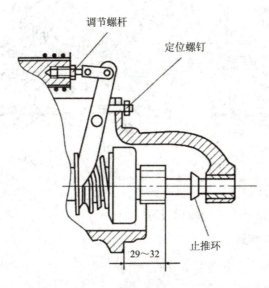

图 3-21　驱动齿轮端面与端盖突缘间距的调整

(2) 驱动齿轮极限位置的调整。

将驱动齿轮用拨叉推到离电枢最远的位置，检查驱动齿轮外端面与止推环之间的间隙，

QD124 型起动机对这个间距的规定值为 4.5±1 mm，如图 3-22 所示。如间隙不当，可先脱开连接片与调节螺杆之间的连接，然后旋入或旋出调节螺杆进行调整。

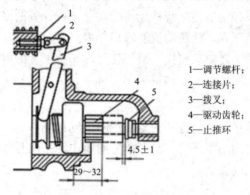

1—调节螺杆；
2—连接片；
3—拨叉；
4—驱动齿轮；
5—止推环

图 3-22　驱动齿轮极限位置的调整

2) 起动机的更换

(1) 从发动机上拆下起动机。

首先断开蓄电池负极电缆。在断开负极电缆之前，要对存储在 ECU 等器件内的信息(如诊断故障代码、收音机频道、有记忆功能的座椅位置、转向盘位置)做好记录。

拆下起动机电缆的步骤：先拆下防短路盖，再拆卸起动机电缆定位螺母，最后拆下起动机 30 端子的起动机电缆。

按如图 3-23 所示，断开插接器。按图 3-24 所示，拆下起动机安装螺栓，然后滑动起动机，将其拆下。

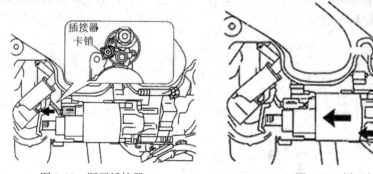

图 3-23　断开插接器　　　　　　　图 3-24　拆下起动机

(2) 安装起动机。

起动机的安装顺序与起动机的拆卸顺序相反。接上蓄电池的负极电缆，完成检查后要注意复原所记录的车辆信息，进行时钟设置。

2. 起动机的解体与检测

以 QD124 型起动机为例来说明起动机的解体与检测。

1) 起动机的解体

解体起动机前应清洁外部的油污和灰尘，然后按下列步骤进行解体。

(1) 拆卸电刷。旋出防尘盖固定螺钉，取下防尘盖，并用专用钢丝

实操：起动机的
拆装与检测

钩取出电刷，拆下电枢轴上止推环处的卡簧，如图 3-25 所示。

1—卡簧；
2—止推环；
3—钢丝钩；
4—固定帽钉

图 3-25　拆卸电刷

(2) 拆卸电刷端盖和电枢。用扳手旋出两个紧固穿心螺栓，取下电刷端盖，旋出拨叉销螺钉，抽出电枢，如图 3-26 所示。

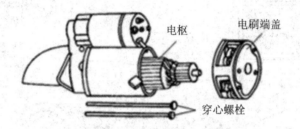

图 3-26　拆卸电刷端盖和电枢

(3) 拆卸电磁开关。拆下电磁开关主接线柱与电动机接线柱之间的导电片，旋出驱动端盖上的电磁开关紧固螺钉，使电磁开关与壳体分离，如图 3-27 所示。

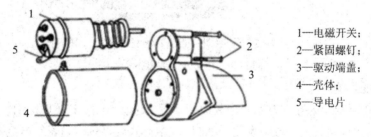

1—电磁开关；
2—紧固螺钉；
3—驱动端盖；
4—壳体；
5—导电片

图 3-27　拆卸电磁开关

(4) 拆卸传动机构。从后端盖上旋下中间支承板紧固螺钉，取下中间支承板，取出传动机构，如图 3-28 所示。

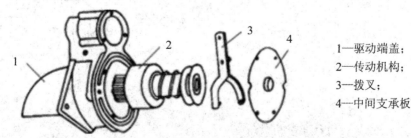

1—驱动端盖；
2—传动机构；
3—拨叉；
4—中间支承板

图 3-28　拆卸传动机构

(5) 如有必要可以分解电磁开关。

2) 起动机主要零部件的检测

(1) 直流电动机的检测。

① 定子的检测。

如图 3-29 所示，用数字万用表"导通"挡(或指针式表的 $R \times 1 \Omega$ 挡)，检测励磁绕组的外接线柱和电刷之间的电阻(即磁场绕组电阻)，数字万用表应该有"响声"，表示导通(或电阻接近于零)；用数字万用表最大欧姆量程(或指针式表 $R \times 10 \mathrm{k}$ 挡)检测外壳与励磁绕组外接线柱之间的电阻，数字万用表应显示"1"(或指针式表显示∞)，表示磁场绕组绝缘良好，否则说明磁场绕组有故障。

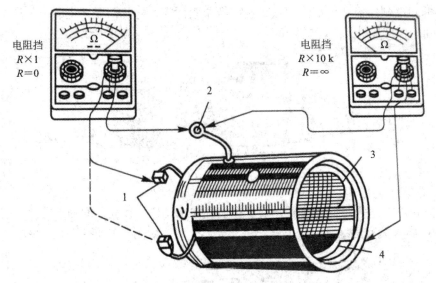

1—正电刷；2—外接线柱；3—磁场绕组；4—定子壳体

图 3-29　定子(磁场绕组)的检测

② 电枢的检测。

如图 3-30 所示，用数字万用表最大欧姆量程(或指针式表 $R \times 10 \mathrm{k}$ 挡)，检测电枢绕组与电枢轴之间的电阻。数字万用表显示"1"(或指针式表显示∞)，表示电枢绕组绝缘良好。用数字万用表(或指针式表 $R \times 1$ 挡)检测电枢绕组的电阻，正常值为接近于 0，如图 3-31所示。

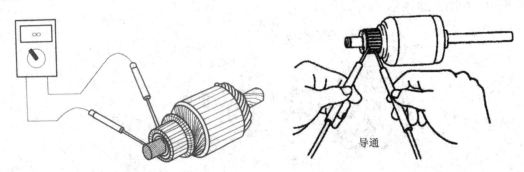

图 3-30　电枢绕组绝缘性的检测　　　　图 3-31　电枢绕组(换向片之间)的电阻检测

电枢绕组为高速运转部件，换向器与电刷之间存在磨损，因此，在检测其电阻值正常与否的同时，一般还要检测以下内容：

(a) 电枢绕组短路的检测：使用短路测试仪进行检查。转动电枢，当铁片在某一部位产生振动时，表明该处电枢绕组短路。

(b) 电枢轴圆度检测：使用偏摆仪进行检查。对于 QD124 型起动机而言，其跳动量不应大于 0.08 mm，否则应进行校正或更换电枢。

(c) 换向器圆度检测：使用 V 形铁和百分表或偏摆仪进行检查。对于 QD124 型起动机而言，其跳动量不应大于 0.03 mm，否则应进行校正或更换电枢。

(d) 换向器绝缘片检测：如图 3-32 所示，对于 QD124 型起动机而言，绝缘(云母)片的深度为 0.5～0.8 mm，最浅为 0.2 mm；如果太高应使用锉刀等工具进行修整。

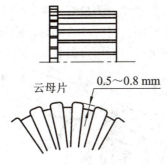

图 3-32 换向器绝缘片的检测

③ 电刷及电刷弹簧的检测。

如图 3-33 所示，检查电刷架与端盖间的电阻。正电刷的电刷架应与端盖间绝缘；负电刷的电刷架应与端盖间保持连通。

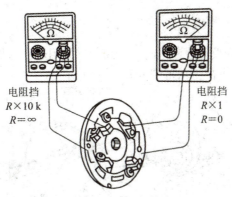

图 3-33 电刷架的检查

用弹簧秤拉动电刷弹簧。将电刷弹簧压在电刷的一端，拉离电刷所需的弹簧秤力不应低于规定值。

(2) 传动机构的检修。

传动机构的检修主要包括检查传动机构在电枢轴上的自由移动能力和传动机构的单向传动能力。

单向离合器式传动机构在电枢轴上的自由移动能力的检查如图 3-34 所示，将单向离合器装到电枢轴上，握住电枢，当转动单向离合器外座圈时，单向离合器总成应能沿电枢轴滑动自如。

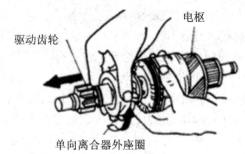

图 3-34   单向离合器式传动机构在电枢轴上自由移动能力检查

单向离合器式传动机构单向传动能力的检查如图 3-35 所示，握住单向离合器外座圈，顺时针转动驱动齿轮，应能自由转动；逆时针转动时，应能锁止，不能转动，此为正常；否则说明单向离合器有故障，应更换单向离合器总成。

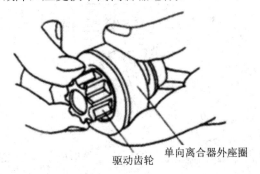

图 3-35   单向离合器式传动机构单向传动能力检查

(3) 控制装置的检测。

① 检查电磁开关。

如图 3-36 所示，检测吸引线圈电阻时，用数字万用表欧姆挡最小量程检测 50 端子和 C 端子之间的电阻，阻值应在正常范围内。

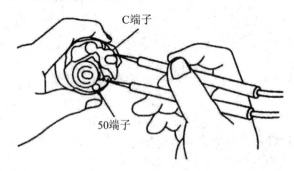

图 3-36   吸引线圈电阻的检测

如图 3-37 所示，检测保持线圈电阻时，用数字万用表欧姆挡最小量程检测 50 端子和壳体之间的电阻，阻值应在正常范围内。

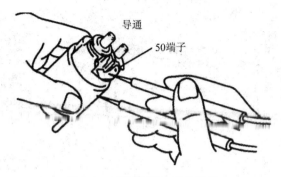

图 3-37　保持线圈电阻的检测

② 检测主电路的接触电阻。

如图 3-38 所示，沿图示方向将电磁开关的活动铁心向里推到底，使电磁开关的接触盘与 30 端子和 C 端子接触，这时再用数字万用表导通挡检测 30 端子和 C 端子之间的电阻，听到"响声"(导通)，表明接触电阻为 0 Ω。否则说明其接触电阻过大，应予以修理。

图 3-38　主电路接触电阻的检测

3) 起动机的装复

装复起动机时，一般情况下按照分解起动机时的相反步骤进行，但应注意对运动部位的润滑和起动机间隙的调整。

3. 起动机的简易测试

通过起动机的简易测试可以判断电磁开关的功能是否正常。

1) 电磁开关吸引线圈功能测试

如图 3-39(a)所示，拆下起动机 C 端子 2 上的励磁绕组电缆引线端子，将蓄电池正极接到起动机 50 端子上，蓄电池负极上连接一个双连接线，将双连接线的一条线接到起动机 C 端子，另一线接到起动机的"−"接线柱(壳体)上，此时，驱动齿轮应被强有力地推出，这说明电磁开关吸引线圈功能正常。

2) 电磁开关保持线圈功能测试

如图 3-39(b)所示，在上述"电磁开关吸引线圈功能测试"步骤的基础上，移走起动机 C 端子的连接线，此时，驱动齿轮应保持在原来的位置不动，这说明电磁开关保持线圈功能正常。

3) 电磁开关复位功能测试

如图 3-39(c)所示，在上述"电磁开关保持线圈功能测试"步骤的基础上，继续移走起动机的"−"接线柱的连接线，此时，驱动齿轮被拉回，说明电磁开关复位功能正常。

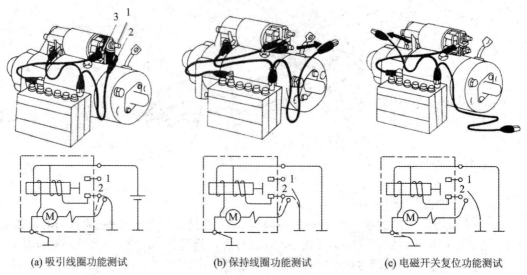

(a) 吸引线圈功能测试　　　　(b) 保持线圈功能测试　　　　(c) 电磁开关复位功能测试

1—主接线柱；2—C端子；3—50端子(电磁开关接线柱)

图 3-39　起动机电磁开关功能测试

【检查与评估】

在完成以上的学习任务后,可根据以下问题(见表 3-4)进行教师提问、学生自评或互评,及时评估本任务的完成情况。

表 3-4　检查评估内容

序号	评 估 内 容	自评/互评
1	能够利用各种资源查阅、学习汽车起动系统的相关知识	
2	能够制订合理、完整的工作计划	
3	就车认识汽车起动系统的组成及每个部分的作用,熟悉起动机和起动继电器的安装位置	
4	掌握起动机的结构、工作原理和工作特性	
5	能够完成起动机的更换和调整	
6	能够正确地进行起动机的解体、零部件的检测、装复等操作	
7	认识起动机减速机构的不同类型	
8	能够进行起动机的吸引功能、保持功能、复位功能的简易测试	
9	能够利用电器万能试验台进行起动机的空载试验和全制动试验	
10	能如期保质完成工作任务	
11	工作过程操作符合规范,能正确使用万用表和工具等设备	
12	工作结束后,工具摆放整齐有序,工作场地整洁	
13	小组成员工作认真,分工明确,团队协作	

任务 3.2　无钥匙进入/起动系统

【导引】

一辆别克君越轿车配置有无钥匙进入/起动系统(PEPS)，有时不能着车，显示"未发现钥匙"；熄火时仪表显示"未发现钥匙，请踩刹车点火"。但把钥匙放到备用天线上时，可着车。

【计划与决策】

随着人们对车辆的舒适性和智能化要求越来越高，目前许多车辆上配备了无钥匙进入/起动系统，用以取代传统的遥控门禁系统，给用户带来了舒适和便利的全新体验。那么无钥匙进入/起动系统有哪些具体的功能？无钥匙进入/起动系统由什么元件组成？它是如何实现车辆起动、上锁和开锁的呢？如何对该系统进行诊断呢？要想完成此任务，并排除无钥匙进入/起动系统故障，需要的相关资料、设备以及工量具如表 3-5 所示。本任务的学习目标如表 3-6 所示。

表 3-5　完成本任务需要的相关资料、设备以及工量具

序号	名　称
1	配置有无钥匙进入/起动系统的君越轿车，遥控钥匙，维修手册，车外防护 3 件套和车内防护 4 件套若干套
2	课程教材，课程网站，课件，学生用工单
3	电磁干扰测试仪，诊断仪 GDS

表 3-6　本任务的学习目标

序号	学　习　目　标
1	了解无钥匙进入/起动系统的功能，并能正确使用
2	清楚无钥匙进入/起动系统的组成和控制逻辑
3	熟悉无钥匙进入/起动系统的工作过程
4	能够进行无钥匙进入/起动系统的故障诊断
5	评估任务完成情况

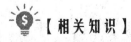
【相关知识】

无钥匙进入/起动系统是一种非接触式的中控门锁和警报系统。车主无需"主动"使用车辆钥匙，就能够打开车门，发动车辆。下面以上汽通用公司车辆装备的无钥匙进入/起动系统为例，说明该系统的功能、组成和工作过程。

一、无钥匙进入/起动系统的功能和正确使用

无钥匙进入/起动系统功能如下：

1) 无钥匙开锁

驾驶员只要随身携带钥匙，在靠近车外天线 1 m 以内时，直接拉动车门，车门门锁自动解锁。

2) 无钥匙上锁

驾驶员在车外天线 1 m 以内，直接按动门把手的上锁按键后，自动上锁或上死锁。

3) 无钥匙起动

钥匙在车内，驾驶员踩制动踏板后，直接按下起动开关即可起动车辆。不踩制动踏板时，按动点火开关，点火开关在 ACC、ON、OFF 各个挡位切换。

4) 无钥匙开启后备厢

驾驶员随身携带钥匙，在离后保险杠天线 1 m 以内，直接拉开后备厢。

5) 钥匙无电时也能起动车辆

遥控钥匙电池电量不足或无电时，可以通过备用天线起动模式来起动车辆。

无钥匙进入和起动并非取消了钥匙，而是具有只要携带钥匙在身，不必使用钥匙就可以开闭车门及起动发动机。相比用钥匙控制的门禁系统，它具有以下两个优势：

(1) 不必使用钥匙，携带即可，使车辆开门、上锁更加方便。

(2) 采用双向通信认证，在抗干扰和防盗方面更安全。

二、无钥匙进入/起动系统的组成

上汽通用无钥匙进入/起动系统又称为 PEPS(Passive Entry Passive Start)系统，PEPS 系统的主要组成有车身控制模块(简称 BCM)、无钥匙进入/起动系统控制模块(简称 PEPS 模块)、带 UID(User Identification Device)的遥控钥匙、遥控接收器模块(简称 RFA)、天线、车门开锁开关、车门上锁开关、门锁电动机、备用天线等。

1. 车身控制模块

车身控制模块 BCM 是一个多功能控制模块，如图 3-40 所示。

图 3-40　车身控制模块

BCM 一般安装在驾驶室内仪表台的下方，它有两个作用：

(1) 车身控制模块接收遥控接收器 RFA 传来的钥匙身份验证信息，并验证该钥匙与车辆的身份信息是否一致。若验证通过，则允许车辆起动；否则，车辆将无法起动。

(2) 当驾驶员按下遥控钥匙上的上锁按键时，BCM 会确认该钥匙和车辆的身份信息是否一致，若验证通过，BCM 将执行上锁请求，控制车辆的各个门锁电动机工作，完成车辆的上锁动作。

2. 无钥匙进入/起动系统控制模块

无钥匙进入/起动系统控制模块一般装在驾驶室内仪表台内部，如图 3-41 所示。其主要作用是利用 6 个分布在车上不同区域的天线，来识别遥控钥匙的具体位置，并控制相关门锁电动机打开相应的车门锁栓。

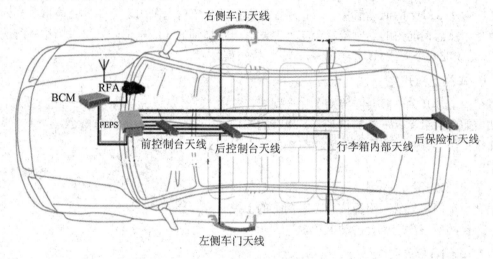

图 3-41　PEPS 系统各个组成部分在车上的位置

3. 遥控钥匙

遥控钥匙(见图 3-42)是一个多功能遥控器，内含天线接收器和天线发射器，其主要功能是遥控车门上锁或开锁；接收天线发出的钥匙身份识别请求信号，并发射反馈信号；钥匙内含有阻断式防盗芯片，可以在钥匙电量不足的情况下利用备用天线起动车辆。

图 3-42　遥控钥匙

4. 遥控接收器模块

如图 3-41 所示，遥控接收器模块 RFA 一般位于驾驶室内前挡风玻璃上方或顶棚上，其主要功能是接收遥控钥匙发来的无线电信号，并对无线电信号进行处理后，以数据信息的方式通过车载网络传送给车身控制模块 BCM。

5. 天线

无钥匙进入/起动系统共有 6 个发射天线，包括 3 个车内天线和 3 个车外天线，如图 3-41 所示。

3 个车内天线分别是前控制台天线、后控制台天线、行李箱内部天线。这 3 个天线的主要作用是负责车辆左侧门、右侧门、后备厢门的开和闭。

3 个车外天线分别是左侧车门天线、右侧车门天线、后保险杠天线。这 3 个天线的主要作用是负责起动。

以上 6 个天线都与 PEPS 模块相连，其作用是接收 PEPS 模块指令，并向 1 m 范围内发送约为 125 kHz 的低频信号。若有遥控钥匙在信息辐射范围内，则钥匙就能接收到该低频信号，然后钥匙内的发射器就会向外界发射一个高频的无线电信号。这里应该提醒的是 PEPS 系统的 6 个天线只能发射信号，不能接收信号。

6. 车门上锁开关

车门上锁开关一般会安装两个，分别装在左前门和右前门把手上，如图 3-43 所示。也有的车辆会有 4 个车门上锁开关，分别安装在车辆的 4 个车门把手上。

车门上锁开关的作用是驾驶员下车后，可以不用钥匙锁车门，只要随手轻按一下车门上的上锁开关，车辆的所有车门就会自动上锁。

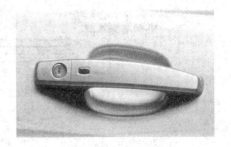

图 3-43　车门上锁开关

7. 车门开锁开关

车门开锁开关分别安装在 4 个车门的门把手内部，它是一个微动开关。当车门把手被拉起时，该开关信号会传送到 PEPS 模块，PEPS 模块控制同侧车门的天线开始发射低频无线电信号搜寻钥匙的位置。

8. 门锁电动机

门锁电动机有 4 个，分别安装在每个车门的门锁总成上，由车身控制模块 BCM 控制实现开门和锁门动作。

9. 备用天线

备用天线(防盗模块天线线圈)总成位于中央控制台中，钥匙插槽的正下方，如图 3-44 所示。

若钥匙电池没电、电弱或无线电频率信号受干扰，则可将钥匙置于槽内，以便在钥匙发射器和防盗模块天线间生成一个低功率耦合，允许出现通信并使车辆起动。

备用天线也由车身控制模块控制。

无钥匙进入/起动系统锁车后，转向柱电子锁

图 3-44　备用天线

(ESCL)会在锁车后由 PEPS 控制转向管柱的电子锁上锁，防止转向盘转动。

三、无钥匙进入/起动系统控制逻辑

无钥匙进入/起动系统控制逻辑框架如图 3-45 所示。

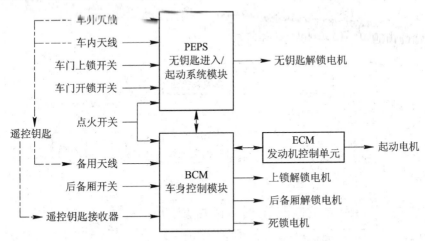

图 3-45 无钥匙进入/起动系统控制逻辑框架

从图 3-45 中可以清楚地看出无钥匙进入/起动系统的控制逻辑，详述如下：

(1) 点火开关不仅向车身控制模块 BCM 输送信号，用以确定当前点火开关的状态，还向 PEPS 模块输送信号，在按动点火开关时使 PEPS 模块通过车内天线激活遥控钥匙，让遥控钥匙发送信息给 RFA 模块，并转送给 BCM，BCM 经过防盗验证之后，才允许起动或者实现点火开关的循环功能。

(2) 与 PEPS 连接的部件有 3 个车内天线、3 个车外天线、车门上锁开关、车门开锁开关以及 4 个无钥匙解锁电机，其中并没有负责上锁的电动机。这说明无钥匙进入/起动系统在上锁时，是由 BCM 来控制其上锁解锁电机、死锁电机的。

实际上 PEPS 模块并不储存遥控钥匙的信息，不对遥控钥匙进行合法性的验证，而只是负责启动天线，激活遥控钥匙。

(3) 后备厢开关的无钥匙开启信号是直接送至 BCM 的，PEPS 的后备厢天线只是负责激活遥控钥匙发出信息，后备厢解锁电机也是由 BCM 直接控制的。

(4) BCM 作为车身各个电气系统的控制模块在此显得特别重要，如果没有 BCM 参与，无钥匙进入/起动系统是根本无法独立工作的。

虽然无钥匙解锁电机并不是由 BCM 直接控制，但是必须由 BCM 进行遥控钥匙信息的验证与信号的传递这个重要步骤，BCM 模块同时在无钥匙上锁、无钥匙起动、无钥匙开启后备箱中作为信号接收、输出控制的驱动模块，因此 BCM 也是无钥匙进入/起动系统的主控模块。

另外，BCM 在处理遥控钥匙信息、控制驱动时，需要对车内物品防盗进行设定及解除、阻断防盗系统的判断与验证以及门锁系统的级别操作，此功能是其他模块无法替代的。

(5) 由逻辑图中可以看出，备用起动功能完全由 BCM 接收备用天线的信号，此时并不是该备用天线激活遥控钥匙给遥控钥匙接收器信号，而是直接由备用天线激活遥控钥匙内

阻断器芯片，再将信号反馈给 BCM 之后，由 BCM 进行防盗验证的。此项功能与不带有 PEPS 功能车辆的防盗线圈功能完全一致。

四、无钥匙进入/起动系统的工作过程

1. 无钥匙进入/起动系统开锁的过程

无钥匙开锁的工作过程如图 3-46 所示。

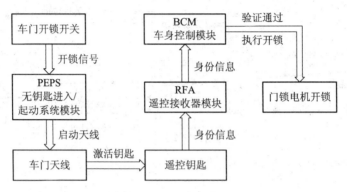

图 3-46　无钥匙开锁的工作过程

当驾驶员携带有效遥控钥匙靠近车辆左前门，并拉动门把手时，左前车门开锁开关闭合，左前门把手开关闭合的信号(即电位信号)传递给 PEPS 模块。

PEPS 模块开始激活同侧(左侧)车门内置的车外天线(使该天线有电流)，发射低频无线信号来寻找钥匙的位置。

如果钥匙处于天线发射范围内(约 1 m)，则遥控钥匙会接收到该钥匙身份识别的请求信号。钥匙收到该信号后，向外发送一个高频加密的无线电信号。

RFA 模块接收到钥匙发射的高频加密的无线电信号后，通过 LIN 数据线将钥匙信息发送给车身控制模块 BCM。

车身控制模块 BCM 判断该钥匙为有效钥匙后，就会控制 4 个门锁电动机实现开锁。

同理，当驾驶员拉动车辆右前门把手时，PEPS 系统的工作过程基本是相同的，不同的是被激活的天线不同。

无钥匙进入/起动系统开锁时，如果有效的遥控钥匙在左侧，有人去拉右侧的门把手，此时，右侧的车门开锁开关的开锁触点闭合，PEPS 模块激活右侧车门天线搜寻钥匙，但是，如果没有检测到钥匙，是不允许开锁的，车门也不会被拉开。因为右侧车门天线向外发射的低频信号范围约为 1 m。

2. 无钥匙进入/起动系统上锁的过程

当驾驶员携带有效钥匙下车，并关闭所有车门后，只要遥控钥匙处于车门天线 1 m 以内，无钥匙进入/起动系统就能够允许驾驶员使用无钥匙上锁功能，其工作过程如图 3-47 所示。

此时，驾驶员按下左侧或右侧门把手上的上锁开关后，该开关信号送给 PEPS 模块，PEPS 模块会激活左前侧或右前侧的车门天线，天线发射低频无线电信号寻找遥控钥匙，然后遥控钥匙向 RFA 模块发送一个高频加密的无线电信号，RFA 模块将信息处理后通过

LIN 数据线将钥匙信息发送给 BCM。如果车身控制模块 BCM 判断该钥匙为合法的有效钥匙，将会控制门锁电机上锁。在上锁时，如果备用钥匙留在车内，则备用钥匙将被 PEPS 模块临时停用，直到解除安全防盗系统后，备用钥匙才可以使用。

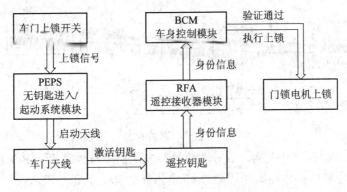

图 3-47　无钥匙上锁的工作过程

3. 无钥匙起动的工作过程

无钥匙起动的工作过程如图 3-48 所示。无钥匙起动是无钥匙进入/起动系统最重要的一个功能。

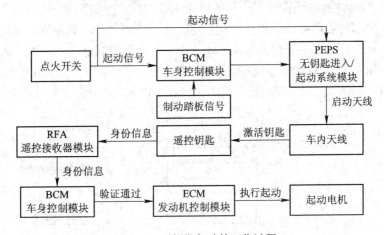

图 3-48　无钥匙起动的工作过程

当驾驶室内至少有 1 把有效钥匙时，驾驶员踩下制动踏板并按动点火开关，则 PEPS 模块和 BCM 模块共同接收点火开关的起动信号。PEPS 模块起动 3 个车内天线，并激活该有效钥匙。在此过程中，3 个室内天线没有位置之分，只要有 1 个天线激活有效的钥匙就可以。遥控钥匙接收到天线发出的低频信号后，向 RFA 模块发送一个高频加密的无线电信号。RFA 模块再将遥控钥匙信息，通过 LIN 数据线传递给车身模块 BCM，BCM 验证完钥匙的合法性以后，继续进行下一步的防盗验证(验证总线上的关键模块是否齐全，涉及防盗信息几个模块的防盗密码是否通过)，验证全部通过后，通过数据总线允许发动机控制单元 ECM 控制起动机运转，进行起动。

4. 无钥匙开启后备厢的工作过程

无钥匙开启后备厢的工作过程如图 3-49 所示。

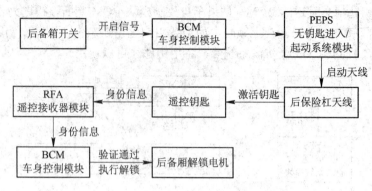

图 3-49　无钥匙开启后备厢的工作过程

当驾驶员按动后备厢开关后，该开关信号首先送给车身控制模块 BCM，BCM 接收此开启信号后，将请求信号传递给无钥匙进入/起动系统模块 PEPS。PEPS 模块开始激活后保险杠天线，天线发射低频信号寻找钥匙，钥匙向遥控接收器 RFA 模块发送一个钥匙信息。RFA 模块通过 LIN 数据线将钥匙信息发送给车身控制模块 BCM。车身控制模块 BCM 判断该钥匙合法后，将控制后备厢继电器吸合，后备厢开锁电机通电，打开后备箱。

5. 备用天线起动车辆的过程

无钥匙进入/起动系统还设计了一个备用天线起动模式，如图 3-50 所示。当钥匙电池没电、电弱或钥匙被强电磁波干扰后，钥匙将无法被车内 3 个天线激活，车辆可能会无法起动。此时，把钥匙放在扶手内的备用起动天线中，当驾驶员起动车辆时，备用天线可以激活并检测到钥匙，将钥匙中的阻断器芯片信息发给 BCM，BCM 经过阻断式防盗验证后，最终由发动机控制单元 ECM 控制起动机工作，就可以起动车辆了。

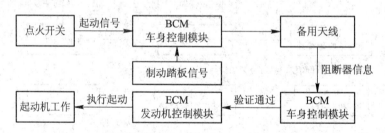

图 3-50　备用天线起动车辆的过程

五、无钥匙进入/起动系统的诊断

1. 无钥匙进入/起动系统的其他特殊功能说明

(1) 如果发动机在运转状态，将钥匙带下车后，车不会熄灭。但发动机一旦熄火后，没有有效钥匙就无法再次起动车辆；另外，当点火开关在打开或附件位置时，无钥匙开锁、上锁的功能是禁用的。

(2) 若发动机熄火后，有效钥匙留在车上，当打开车门并关闭所有车门后，喇叭会响 3 声，信息显示"遥控钥匙尚在车内"，提醒拿遥控钥匙。

若将遥控钥匙丢在车上，车门不会自动上锁，只能使用另一把有效遥控钥匙完成上锁。

使用无钥匙系统打开后备厢后，若将遥控钥匙放入后备厢内，再关闭后备厢时，此时后备厢开关会处在禁用状态。

(3) 无钥匙系统出现故障后，可以实现机械钥匙解除防盗警戒状态并打开门锁包括死锁，机械钥匙可以控制上锁，但无法进入防盗警戒状态或进入死锁状态。

(4) 将遥控钥匙放到备用线圈槽中可以实现着车。但是各个车型对遥控钥匙的方向有严格的要求，不是随意放在槽内，要按照钥匙槽内固定形状放入，才可起动车辆或打开点火开关。

(5) 遥控钥匙其他的功能。按一次上锁时，所有车门上锁。再按一次，死锁。长按遥控钥匙上锁时天窗可自动关闭，室外后视镜可以自动折叠。常按解锁后，仅后视镜折叠可以打开。

(6) 不拿遥控钥匙上车，起动或打开点火开关时，信息显示屏会显示"未发现遥控钥匙"。如果此时按点火开关且未踩制动踏板时，显示"未发现钥匙，请踩刹车点火"。

2. 无钥匙进入/起动系统的诊断

在诊断无钥匙进入/起动系统时，诊断仪能够提供该系统储存的故障码、诊断数据、控制无钥匙进入功能和执行编程程序，可以对无钥匙进入/起动系统进行全面的检查。

如果无钥匙进入/起动系统操作范围缩小或者功能失效，则可能是由以下因素引起的：

(1) 遇到下雨或下雪等恶劣天气时，会减少遥控钥匙的有效操作范围。

(2) 当其他车辆或者物体可能阻挡信号时，可以稍微向左或者向右移动几步，并且把遥控钥匙拿高一点，就会帮助信号顺利到达遥控接收器。

(3) 遥控钥匙电池电量较弱时，钥匙接收和发射信号的能力就会明显地减小。

(4) 产生无线电频率信号的电器，如蜂窝电话、电源线、无线电发射塔等，会产生电磁干扰，影响遥控钥匙信号的传递。

(5) 一旦中断遥控钥匙电池电源，就会要求执行发射器同步或者编程程序。否则无钥匙进入/起动系统将无法正常工作。

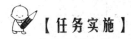 【任务实施】

无钥匙进入/起动系统故障诊断

故障诊断：用诊断仪 GDS 检测故障码，显示故障码 B097B(电动模式起动开关回路，性能信号无效)；故障码 B101E(电子控制元件软件，安全代码没有编程)。通过与其他车辆对调 BCM 模块和 PEPS 模块、对调车内天线、对 PEPS 编程、更换遥控钥匙这些操作后，故障依旧未排除。

重新在故障车上核对故障现象，车辆有时显示"未发现遥控钥匙"，但无钥匙进入/起动系统工作正常，基本可以排除 PEPS 模块和 RFA 模块有问题。

由于使用车内备用天线可以起动车辆，说明车身控制模块 BCM 及起动控制部分相关部件正常，使用诊断仪 GDS 监测未发现有内部天线相关故障代码。因此怀疑车辆内部存在信号干扰源。

将车开到空旷处排除电磁干扰。利用信号干扰测试设备进行测试，并将钥匙内电池取出，切断钥匙信号发射功能。按下起动按钮后发现，当按钮在"ON"位置时，起动车辆显示"未发现遥控钥匙"，同时干扰测试仪指示灯点亮到最高状态。关闭点火到"OFF"位置，并打开车门后，干扰降低，信号降到较低数值。

初步判断：车内有强干扰源。由于干扰信号与点火开关通、断电状态有较明显的联系，初步排除门禁卡之类的外界干扰。开始逐步断开车内的用电设备，当将车上音响彻底拆除后干扰消失了。同时发现音响后部有加装线路，发现在中控台左侧饰板内加装有一个集成模块。

故障排除：断开模块，并恢复原车音响设备，干扰信号消失，车辆起动正常。

该装置为新车销售时加装的倒车影像设备，由于以前很多车辆都加装了相同产品，并且从未发现有干扰问题，因此忽略了该设备引发 PEPS 系统的故障可能。

 【检查与评估】

在完成以上的学习内容后，可以根据以下问题(见表 3-7)进行教师提问、学生自评或互评，及时评估本任务的完成情况。

表 3-7   检查评估内容

序号	评 估 内 容	自评/互评
1	能利用各种资源查阅、学习该任务的各种学习资料	
2	能够制订合理、完整的工作计划	
3	能够认识并指出轿车上无钥匙进入/起动系统中各个控制模块的安装位置，并能说明其作用	
4	能正确指出无钥匙进入/起动系统中车内和车外天线的位置和作用	
5	清楚无钥匙进入/起动系统的各项功能及使用方法	
6	能够说明无钥匙进入/起动系统的每个工作过程	
7	能够正确使用诊断仪对无钥匙进入/起动系统进行测试	
8	工作过程操作符合规范，能正确使用万用表和工具等设备	
9	工作结束后，工具摆放整齐有序，工作场地整洁	
10	小组成员工作认真，分工明确，团队协作	

任务 3.3   发动机自动启停系统

 【导引】

一辆 2016 款凯迪拉克 ATS-L 轿车，行驶了 79 km，客户反映发动机故障灯亮，没有启停功能，新买的车就出现了这种故障，于是车主来到 4S 店维修。

【 计 划 与 决 策 】

随着汽车排放法规和环保要求的日趋严格，最近几年，越来越多的车型都配备了发动机自动启停系统。发动机自动启停系统可以说是这几年来发展迅猛的汽车环保技术，特别适用于拥堵的城市路况。发动机自动启停功能是电控发动机根据车上的传感器信号和发动机自身工作信息来控制发动机自动熄火和重新起动的功能。自动启停功能可以减少不必要的燃油消耗，降低排放，提高燃油经济性。对发动机自动启停系统进行故障诊断，有必要了解自动启停系统的组成和控制逻辑。

完成本任务，需要的相关资料、设备以及工量具如表 3-8 所示。

表 3-8　完成本任务需要的相关资料、设备以及工量具

序号	名　称
1	装备启停功能的轿车，维修手册，车外防护 3 件套和车内防护 4 件套若干套
2	课程教材，课程网站，课件，学生用工单
3	诊断仪

要想完成发动机自动启停系统的故障诊断任务，应该达到的学习目标如表 3-9 所示。

表 3-9　发动机自动启停系统的学习目标

序号	学 习 目 标
1	了解自动启停系统的组成
2	清楚自动启停系统的工作条件
3	熟悉自动启停系统的控制策略
4	能够对自动启停系统进行故障诊断
5	评估任务完成情况

【 相 关 知 识 】

早在 1958 年，日本西铁巴士公司就开始将发动机自动启停功能应用在公共汽车上了。1973 年世界石油危机以后，日本九州岛各地的巴士公司也都看到了这项技术可以节油而争相效仿。到 1980 年前后，先是在公共运输领域普及了这项技术。第四代日本皇冠轿车当年以试验性质装备了发动机启停系统后，发现节油效果确实立竿见影，可以称得上民用车装配启停系统的始祖，但是因为解决不了重启抖动问题和电器供电的问题，未能大批量应用。1984 年，发动机自动启停技术首次应用于大众公司高尔夫柴油发动机上。随后，很多汽车厂商都对该项节油环保技术产生了浓厚的兴趣，开始小批量地在自己生产的汽车品牌上试装该系统，如菲亚特、马自达、本田、雪铁龙、美国通用公司等。

伴随着欧盟日益严苛的法规限制，世界各大汽车企业不得不想办法节能减排。同时随着起动机技术和蓄电池技术的发展，到 2006 年自动启停系统才开始了汽车上的普及之路。2007 年这项技术开始在宝马车型上实现大批量应用。

美国、日本、英国、法国、德国、意大利、中国台湾等国家和地区都已有立法监管停车熄火。怠速停车熄火立法正在全球成为惯例。

一、发动机自动启停系统的类型

目前，汽车上发动机启停技术主要有 4 种类型。

1. 采用分离式起动机和发电机的启停系统

采用分离式起动机和发电机的启停系统是最常见的一种形式。例如，宝马轿车 1、3、5 系、X3；大众车系的帕萨特、高尔夫轿车；奔驰轿车 A、B、C、E 系列(部分)；奥迪轿车 A6、A8 等。该系统中起动机和发电机是独立设计。这种启停系统主要包括增强型起动机、增强型阀控电池(AGM)、可控发电机、集成起动/停止协调程序的发动机控制单元(ME7)、电池感应器、制动踏板传感器等，如图 3-51 所示。

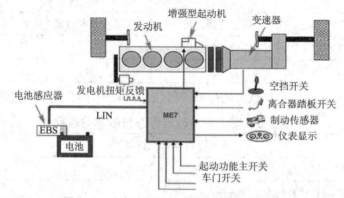

图 3-51　分离式起动机和发电机的启停系统

2. 采用集成起动机/发电机的启停系统

如图 3-52 所示为集成起动机/发电机的启停系统。该系统采用的集成起动机/发电机是一个通过永磁体内转子和单齿定子来激励的同步电机。当汽车行驶时充当发电机，产生电能；当汽车起动时又充当起动机，带动发动机运转。i-start 系统的电控装置集成在发电机内部，在车辆遇红灯停车时发动机停转，只要一挂挡，并松开制动踏板汽车会立即自动起动发动机。

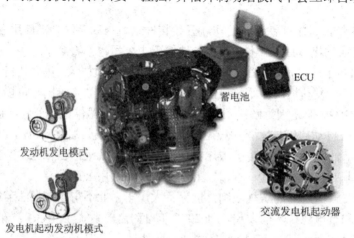

图 3-52　集成起动机/发电机的启停系统

集成式起动机/发电机的启停系统的主要特点有：

(1) 在车辆加速或爬坡时可提供部分辅助力矩，可灵活高效地利用车载能源，对电动汽车性能提高有帮助。

(2) 回馈电能。汽车在减速或者制动时，可以将动能转换为电能，对蓄电池充电，既节约了能源，又提高了燃油经济性。

3. 马自达 SISS 智能启停系统

马自达智能启停系统的英文全称为 Smart Idle Stop-Start，简称为 SISS 系统，又称为 i-stop 智能怠速停止系统。发动机上的传统起动机在发动机起动时可以起到辅助作用。该系统最早装配在日本市场销售的 Mazda 2、Mazda 3 和 Mazda 6 部分车型，现在国产车型也开始配备，如长安马自达 CX-5。

马自达 i-stop 系统并不依靠电动起动机来重新起动发动机，而是世界首次采用预先控制活塞停止位置的电控技术，在发动机重新点火初始阶段即通过燃料喷射进行燃烧来重新起动发动机的节能技术。

i-stop 系统与前两种启停系统不同。前两种启停系统是单纯靠起动机来起动发动机；i-stop 智能启停系统控制更加智能，效率更高，无需起动机就能实现 start-stop 的功能，发动机在最短 0.35 s 内就能起动，比单纯使用起动机起动要快。

i-stop 智能启停系统的控制过程(见图 3-53)如下：

(1) i-stop 系统起动后，发动机停止运作，节气门打开，活塞内充满空气，为下一步点火做准备。

(2) 在发动机停止过程中，由交流发电机进行辅助控制，将活塞停在目标位置。

(3) 发动机恢复运作主要通过点火膨胀，同时起动电机起辅助作用。

(4) 发动机进行正常循环工作。

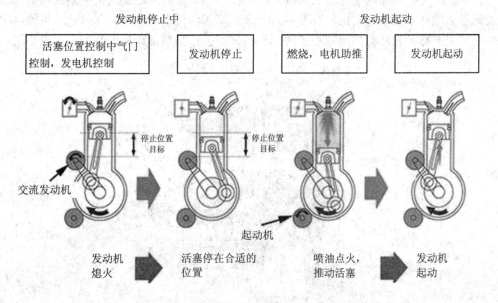

图 3-53 i-stop 智能启停系统的控制过程

4. 滑行自动启停系统

前 3 种启停系统只能在车辆完全停下来时才关闭发动机。德国博世公司推出全新滑行自动启停功能。车辆滑行时即可关闭发动机(如高速下坡时)。同时，在自动挡车型中使用控制系统自动控制离合器，将发动机与传动系统分离，以延长滑行距离。当滑行中驾驶员操作油门或刹车踏板时，发动机迅速起动。

滑行自动启停系统最大的创新是仅通过软件系统提升和采用现有的各个传感器数据实现车辆滑行功能。同时，起动—停止起动机可以承受更大的负荷，更快速地起动发动机。另外，系统几乎不需额外的零部件，就可安装在绝大部分车型上。

为预防车辆在熄火期间溜车，产生安全隐患，博世公司为启停系统设定了 5～10 km/h 的发动机重起的临界速度。当车辆溜车速度达到临界值时，发动机会迅速起动以保障安全。

二、发动机自动启停系统的组成与控制策略

本部分以最常见的分离式起动机和发电机的启停系统为例，说明自动启停系统的组成与控制策略。上汽通用公司科鲁兹轿车装备的发动机自动启停系统采用了分离式起动机和发电机的启停系统。

1. 发动机自动启停系统的组成

上汽通用公司科鲁兹轿车装备的发动机自动启停系统主要由空挡位置传感器、离合器踏板位置传感器、电流传感器、制动真空度传感器、发动机舱盖开关、阀控蓄电池 AGM、冷却液循环泵、增强型起动机、发动机电子控制单元 ECM、自动启停控制开关、电源稳压装置、仪表等组成。

1) 增强型起动机

传统的起动机显然已不能适应高频率的工作，为了能够满足发动机频繁起动的需求，必须配备高性能增强型起动机，如图 3-54 所示。该起动机中的电刷比普通起动机的电刷更长些；采用了行星齿轮机构，减小了传动比；采用了加强型轴承和加强型小齿轮。

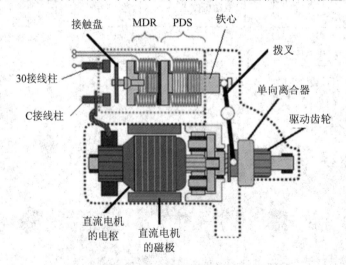

图 3-54　自动启停系统使用的增强型起动机

增强型起动机在结构上与普通起动机更大的不同是，其电磁开关中有两个电磁线圈，一个是 MDR 线圈，另一个是 PDS 线圈。MDR 线圈通电后，产生磁场，控制电磁开关中的接触盘向左运动，接通 30 和 C 接线柱(见图 3-54)，从而接通起动电机的主电路，电机运转。PDS 线圈通电后，产生电磁吸力，使铁心向左运动，带动拨叉向右运动，使单向离合器和驱动齿轮向右运动，控制驱动齿轮与飞轮的啮合和分离。

增强型起动机的 PDS 和 MDR 两个电磁线圈的控制电路如图 3-55 所示，从图中可以看出，两个线圈分别由 PDS 继电器和 MDR 继电器来控制。

在带自动启停功能的自动挡车辆上，当发动机处于停机状态，点火开关处于"起动挡"时，发动机电子控制单元 ECM 接到起动信号请求后，ECM 会同时给 PDS 继电器的线圈和 MDR 继电器的线圈供电，从而使继电器的触点闭合，接通起动机的 PDS 和 MDR 两个电磁线圈电路，使驱动齿轮与飞轮啮合，并接通起动机的主电路，起动机工作，带动发动机工作。

当发动机处于启停系统工作阶段，发动机由自动熄火状态转变为起动状态时，ECM 会根据发动机转速信号，先接通 MDR 继电器，使起动机具备一定转速后，再接通 PDS 继电器，以实现驱动齿轮和飞轮的啮合。这种设计可以减少起动机小齿轮的磨损，使起动噪声降低，也延长了起动机的使用寿命。

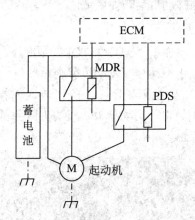

图 3-55 增强型起动机两个电磁线圈的控制电路

增强型起动机与传统起动机相比有以下几个优势：

(1) 直流电动机的设计使用寿命长达 350 000 次(传统的起动机的直流电机寿命约 46000 次)，25 万次起动不会出现故障。

(2) 起动时间更短，要求小于 550 ms。

(3) 直流电动机的体积和功率增加了，电机噪声更小些。

2) 发动机舱盖开关

发动机舱盖开关是 3 线的梯形电阻开关。在自动启停系统中，该开关是作为安全开关使用的。当机舱盖打开时，系统禁用自动启停功能

3) 离合器踏板位置传感器

离合器踏板位置传感器是一个滑变电阻器，离合器踏板踩下时，大约输出电压为 1 V，

离合器踏板松开时，产生的电压为 4 V 左右。该电压信号输送给发动机控制单元 ECM，有两个功能：一是保证发动机安全起动；另一个是参与启停控制。

4) 空挡位置传感器

空挡位置传感器是 3 线的霍尔传感器，其作用是判断是否处于空挡位置。若非空挡位置，发动机会禁止进入自动停机状态。

5) 制动真空度传感器

制动真空度传感器安装在真空助力器上，它实际是一个压敏电阻型压力传感器，其作用是检测助力器内的真空度，在发动机停机期间，当真空度不足时，起动发动机。

6) 冷却液循环泵

有的车型自动启停系统中配有冷却液循环泵，在发动机自动停机期间，它的作用是维持冷却液的循环，尽量保持驾驶室内的暖风需求。

7) 电源稳压装置

有的配有自动启停功能的车型配备有电源变压器，它可以保证发动机在起动时各个控制模块和附件的电源供应稳定。

有的配有自动启停功能车型配备有电容器及其控制模块，它可以在发动机自动起动瞬间与蓄电池接通，用以弥补因起动机运转而降低的电压。

8) 仪表上的启停指示刻度

在发动机转速表刻度盘中增加了"AUTOSTOP"刻度线，如图 3-56 所示。当车辆行驶遇到红灯，踩刹车至车辆停止不动时，发动机就会自动停止。在自动启停期间，仪表控制模块从低速 GMLAN 网络总线获取信息，控制转速表指针并不指向 0，而是指向"AUTOSTOP"刻度线。驾驶员松开制动踏板，发动机就会重新起动，此时转速表的指针也会从 AUTOSTOP 恢复到怠速。

图 3-56　仪表上的"AUTOSTOP"刻度线

9) 自动启停开关

自动启停开关一般位于中控台或换挡杆附近，如图 3-57 所示。打开点火开关(ON)，自动启停系统默认为启用状态，指示灯会亮起。按下此开关，可以手动解除自动启停功能，指示灯会熄灭，启停功能解除。

图 3-57　自动启停开关

10) 自动启停功能用蓄电池

装配自动启停功能的车辆行驶在拥堵路段时，发动机会频繁地起动，蓄电池会频繁地给起动机供电。自动启停系统若配备普通的蓄电池显然不能满足需要，通用公司具有自动启停功能的科鲁兹轿车一般会配备 AGM 蓄电池，不仅能满足启停系统的需要，也可以显著降低极板的硫化程度，延长蓄电池的使用寿命。也有的车型的自动启停系统配备的是 EFB 蓄电池。

11) 电流传感器

电流传感器是 3 线霍尔式的，它产生一个 128 Hz 的 5 V 左右脉宽调制信号，占空比为 0%～100%。

电流传感器的作用是监测流入或流出蓄电池的电流，监测蓄电池的电压和温度，并通过 LIN 总线送给 BCM 信号，以此作为识别电池运行状态的重要依据。一般装在电池负极处，如图 3-58 所示。

图 3-58　电流传感器

12) 发动机控制单元 ECM

发动机控制单元 ECM 接收 P/N 挡信号，同时接收到点火开关的起动信号后，才会接通起动机继电器，使起动机工作。手动挡的车辆，ECM 还需要收集离合器踏板位置信号和点火开关的起动信号才能接通起动继电器，控制起动机工作。

2. 自动启停系统的控制策略

1) 自动启停系统的自动停机控制策略

如图 3-59 所示为通用科鲁兹轿车的自动启停系统的自动停机控制策略。当驾驶员输入 3 个操作信号，且车辆状态判定符合图 3-59 所示的要求时，发动机自动停机。

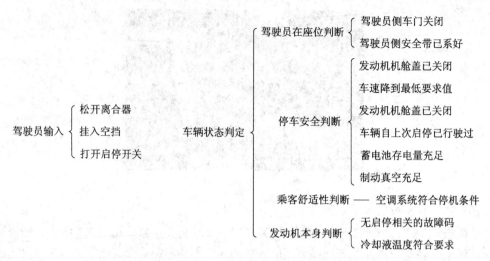

图 3-59 自动停机控制策略

2) 自动启停系统的自动起动控制策略

如图 3-60 所示为通用公司科鲁兹轿车的自动启停系统的自动起动控制策略。当驾驶员进行"踩下离合器"或"关闭启停开关"操作，且车辆状态判定符合图 3-59 所示的要求时，发动机会自动起动。

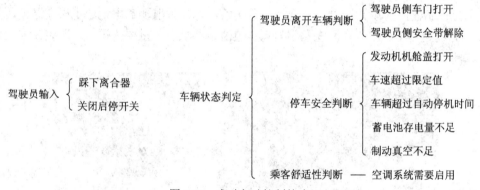

图 3-60 自动起动控制策略

3. 自动启停系统的工作条件

科鲁兹轿车启停功能的工作条件包括：发动机停机前以高于 3 km/h 的速度行驶了一段距离；环境温度高于−5℃；驾驶员车门关闭或者驾驶员安全带系好；发动机机舱盖关闭；制动踏板踩下一定值(约 30%)；制动真空度高于 45 kPa；加速踏板处于初始位置；变速器位于 D 挡；车速低于 5 km/h；发动机转速低于 1500 r/min；发动机冷却液温度低于 120℃；没有空调请求信号；蓄电池电压高于 12 V；蓄电池充电状态高于 75%。

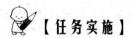【任务实施】

凯迪拉克无启停功能的诊断

故障诊断与排除： 售后人员接车后，路试故障车，刚开始启停功能工作正常；路试一段里程后，发动机故障灯亮，启停功能停机失效。

用 GDS2 检测车辆，输出故障码 P107500，其含义为停止/起动电容器检测电路电压过低。

故障码 P107500 产生的条件是停止/起动电容器控制模块检测到电容器中点线处于开路状态、对搭铁短路或电容器有缺陷。

根据故障码 P107500 进行检查发现：电源正负极未松动；电容器连接线也正常；行李箱左侧启停控制模块连接线也没有松动。

接下来查看"停止/起动电容器健康状态"数据。GDS 显示的电容器健康状态是 45%，正常车应是 100%。于是，就决定与正常车辆对换停止/起动电容器控制模块，对换模块后，试车，故障消失。这说明本故障是由于停止/起动电容器控制模块故障导致的。

故障分析： 如图 3-61 所示为停止/起动电容器控制模块电路图。

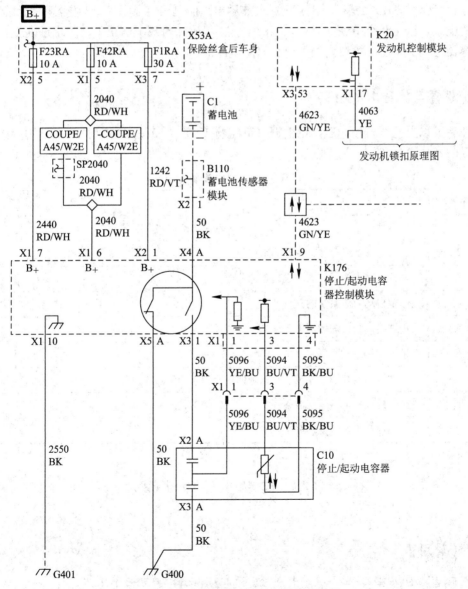

图 3-61　停止/起动电容器控制模块电路图

停止/起动电容器控制模块(K176)中的停止/起步电容器控制开关(见图3-61中圈住部分)是用来控制电容器的接通和断开，控制电容器的充电和放电，确保发动机起动期间供电网络电压的稳定的。

停止/起动电容器(C10)中包含两个双层电容器，位于蓄电池负极电缆处，并串联到蓄电池上，以获得较大的蓄电池放电电流(自动起动)。在发动机起动期间，两个双层电容器可以为大电流放电导致的高电压降提供额外电压补偿。发动机起动时，模块将电容器充电至5 V；在正常工作模式下，模块将蓄电池连接至底盘搭铁；在自动起动期间，模块则断开连接至搭铁的开关，并闭合连接至电容器的开关，以向车辆全部电气系统提供增加电压。

电容式停止/起动系统的功用是在自动起动期间提供额外增加电压，以防止车辆模块电压过低，并为起动电机提供更高的电压以使发动机更快、更平稳地起动。

停止/起动电容器控制模块(K176)通过热敏电阻监测电容器温度，它还监测停止/起动电容器的电压，以及两个串联电容器之间的电压，以确保负载平衡正常，防止过度充电。两个电容器之间的电压应始终为两个电容器总电压的一半。

 【检查与评估】

在完成以上的学习任务后，可根据以下问题(见表 3-10)进行教师提问、学生自评或互评，及时评估本任务的完成情况。

表 3-10　任务的检查评估内容

序号	评 估 内 容	自评/互评
1	能否利用各种资源查阅、学习汽车发动机自动启停系统的相关知识	
2	是否能够制订合理、完整的工作计划	
3	能够说明启停系统的组成和各部分的作用	
4	了解自动启停系统的几种形式	
5	能够用诊断仪进行启停系统的故障诊断	
6	能如期保质按要求完成工作任务	
7	工作过程操作符合规范，能正确使用万用表和工具等设备	
8	工作结束后，工具摆放整齐有序，工作场地整洁	
9	小组成员工作认真，分工明确，团队协作	

任务3.4　起动系统的故障诊断

 **【导引】**

一辆迈腾 B8 轿车，客户将点火开关旋到起动位置，起动机不运转。

【计划与决策】

起动系统经常会出现故障，要排除起动系统故障，需要掌握起动系统常见故障诊断方法。起动系统不同，其控制电路也会不同。不同的控制电路，同样的故障现象，其原因也会不同，诊断步骤也不尽相同。完成本任务，需要的相关资料、设备以及工量具如表3-11所示。

表3-11 完成本任务需要的相关资料、设备以及工量具

序号	名　　称
1	迈腾 B8 轿车，维修手册，车外防护 3 件套和车内防护 4 件套若干套
2	课程教材，课程网站，课件，学生用工单
3	数字式万用表，12 V 试灯，拆装工具
4	起动系统示教板，起动继电器(多个)

要想完成起动系统的故障诊断任务，应该完成表3-12中学习目标。

表3-12 起动系统故障诊断的学习目标

序号	学 习 目 标
1	了解起动系统的常见故障及可能的故障原因
2	能够识读起动机的几种控制电路，会分析起动电路
3	能够进行起动机不转的故障诊断
4	能够进行起动系统运转无力的故障诊断
5	评估任务完成情况

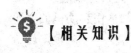

【相关知识】

一、起动系统的起动控制电路类型

不同的车型，汽车电子控制系统和汽车电气设备的配置不同，起动系统的控制电路也会有所不同。下面介绍汽车上几种常见的起动控制电路。

1. 点火开关直接控制的起动电路

在一些起动机功率小于 1.2 kW 的轿车电路中，大都用点火开关的起动挡直接控制起动机的吸引线圈和保持线圈电路，控制起动机。起动控制电路中没有起动继电器，是最简单的起动控制电路，如图 3-62 所示。

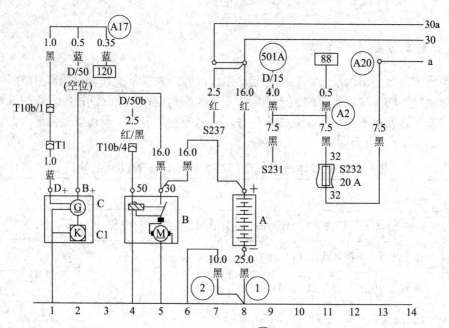

A—蓄电池；
B—起动机；
C—发电机；
C1—发电机调压器；
D—点火开关；
S231—熔断器(在熔断器架上)；
S232—熔断器，20 A(在熔断器架上)；
S237—熔断器(在熔断器架上)；
T1—单针插头，在发动机缸体的右侧，蓝色；
T10b—10针插头，在发动机室中的控制单元防护罩内的左侧，黑色(1号位)；
T10b—10针插头，在发动机室中的控制单元防护罩内的左侧，棕色(2号位)；

(A2) 正极连接点(15号火线)，在仪表板线束内；

(A17) 连接点(51)，在仪表板线束内；

(A20) 连接点(51a)，在仪表板线束内；

(501A) 螺栓连接点2(303号火线)，在继电器板上；

(1) 接地点，蓄电池至车身；

(2) 接地点，变速器至车身

图 3-62　上海帕萨特 B5 轿车起动系统电路

　　起动电路：当扳转点火开关至起动挡时，电流路径为：蓄电池正极→点火开关→中央配电盒→"D/50b"端子→起动机的"50"接线柱→起动机电磁开关的保持线圈和吸引线圈→电动机→搭铁，两线圈产生电磁吸力，使电磁开关的铁心移动，接触盘使起动机的主电路导通。

　　起动机的主电路：蓄电池正极→起动机 30 接线柱→接触盘→电动机→搭铁。主电路接通后，电动机运转，带到发动机的飞轮旋转，发动机在外力带动下被起动。

　　当松开点火开关后，点火开关的"D/50b"端子断电，起动机 50 端子断电，起动机停止工作。

2. 带起动继电器(或复合继电器)的起动控制电路

　　如图 3-63 所示，起动机工作时电流较大，所以为了保护点火开关，许多车辆在起动电路中增加了起动继电器，从而减小了起动时流过点火开关的电流。这种起动系统在起动时有 3 条电路：

(1) 起动继电器线圈的电路。

(2) 起动继电器触点控制的吸引线圈和保持线圈的电路(见图 3-63)。

(3) 起动机的主电路。

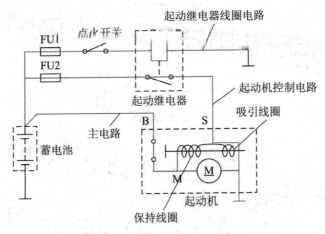

图 3-63　带起动继电器的起动控制电路

3. 具有安全开关的起动电路

在装配有自动变速器的车辆起动电路中，有的汽车上将安全开关直接串联在起动继电器线圈和点火开关的线路中，如图 3-64 所示。起动时一定要将换挡杆置于 P 挡位或 N 挡位，安全开关才能控制起动继电器线圈的搭铁电路接通，点火开关才能控制起动继电器线圈电路接通，从而接通起动机电路。起动时，如果自动变速器不在 P 挡或 N 挡，即使点火开关拧到起动挡，也无法起动发动机。

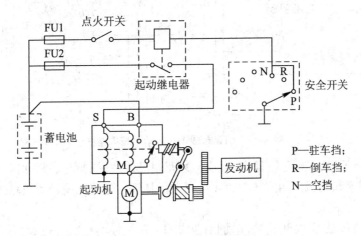

图 3-64　具有安全开关的起动电路

4. 具有防盗功能的起动控制电路

有些轿车的起动电路还带有保护/防盗功能。这种起动电路中加装有一个起动切断继电器，它受到发动机电脑或防盗单元控制，防止非法起动。如图 3-65 所示是别克君威轿车(2.5GL 发动机、3.0GS 发动机)起动系统电路图。

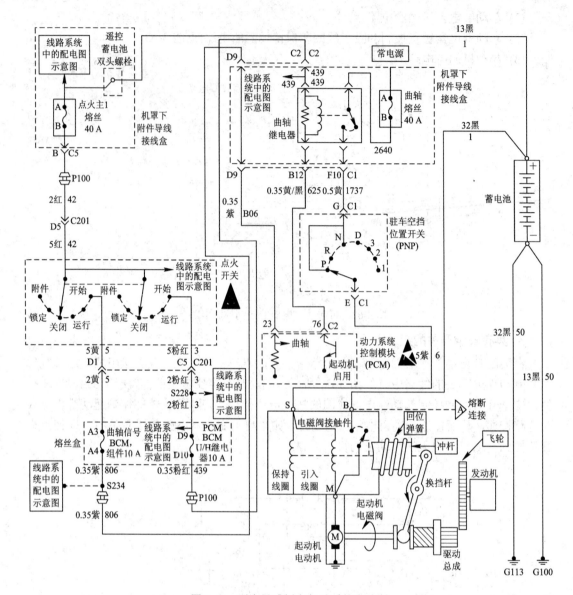

图 3-65　别克君威轿车起动系统电路图

别克君威轿车起动电路具有防盗功能，只有用经过适配的点火开关时，动力系统控制模块(PCM)内的"起动机启用"功率管才会导通而搭铁，起动系统控制电路才能正常工作。

起动电路的控制过程为：

当旋转经适配的点火开关至起动挡(见图 3-65 中的"开始"位置)时，起动继电器(图 3-65 中的"曲轴继电器")的线圈电路导通，其电路为"蓄电池正极→机罩下附件导线接线盒→点火开关'开始'位置(导通)→熔丝盒(内的 PCM、BCM、U/H 继电器用)的 10A 易熔丝→机罩下附件导线接线盒(图中右侧)内的'曲轴继电器'→动力系统控制模块(PCM)的 C2 插接器的 76 号脚→PCM 内的'起动机启用'功率管→搭铁→回蓄电池负极"。

上述电路导通，且自动变速器处于"P"或"N"挡位时，起动机的电磁开关电路导通，电路为"常电源→机罩下附件导线接线盒的 40A 起动熔断器(图中的曲轴熔丝)→自动变速器的 PNP 开关的'P'或'N'挡(导通)→起动机的'S'接线柱"，从此点起，一路经过保持线圈直接搭铁；另一路经过吸引线圈(见图 3-65 中的引入线圈)而搭铁。

起动机的电磁开关电路导通使起动机的主电路导通，电路为"蓄电池正极→起动机的'B'接线柱→电动机→搭铁→回蓄电池的负极"。此电路导通，电动机运转，经驱动总成(传动机构)带动发动机飞轮旋转，发动机被起动。

当松开点火开关后，点火开关的起动挡被断开，上述相关电路断开，起动机停止工作。

5. 具有安全带监控功能的起动电路

如图 3-66 所示，只有当驾驶员将安全带系上后，安全带扣上的开关才会闭合，会给舒适性控制模块输入一个信号，舒适性控制模块输出信号给放大器，点火开关拧到"Start"挡，才会控制起动继电器的触点接通，通过驻车空挡位置开关(P 位时接通电路)，接通起动继电器线圈的搭铁，从而控制起动机工作。驾驶员若不系安全带，是不能起动车辆的，这也可以帮助驾驶员养成上车系安全带的好习惯。

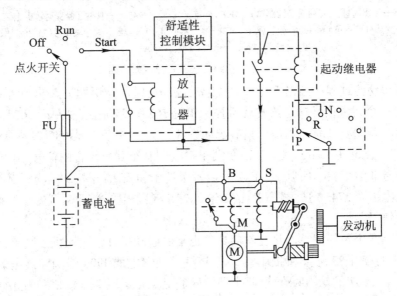

图 3-66　具有安全带监控功能的起动电路

6. 带无钥匙进入/起动系统的控制电路

目前许多车辆都配备了无钥匙进入/起动系统，这种车辆的起动工作原理与其他车辆起动工作原理有所不同，控制电路和控制逻辑也不尽相同。一汽大众生产的第八代迈腾(MAGOTAN)轿车配备了无钥匙进入/起动系统。

如图 3-67 所示为迈腾 B8 起动电路控制逻辑图。迈腾 B8 轿车的起动电路中有无钥匙进入/起动系统控制单元 J965。该车正常起动时需要满足以下 3 个条件：

(1) J965 要给发动机发出一个起动请求信号；

(2) 换挡杆挡位处于 P 或 N 挡；

(3) 刹车踏板踩下信号。

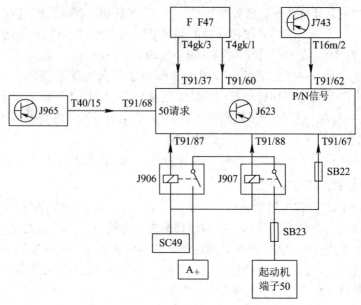

J965—无钥匙进入/起动系统控制单元；F F47—制动信号；J743——双离合器变速箱机电装置；
J623—发动机控制单元；J906—继电器；J907—继电器；SC49—来自点火开关15号线供电的保险丝；
"A+"—来自蓄电池＋供电

图 3-67　迈腾 B8 起动电路控制逻辑

发动机起动的过程：当按下点火开关起动发动机时，无钥匙进入/起动系统控制单元 J965 会发射一个请求信号输送给发动机控制单元 J623。发动机控制单元 J623 接收到请求起动信号后，首先要判断车辆是否具备起动条件：第 1 个条件是判断驾驶员是否踩住刹车踏板，J623 会通过 T91/37 和 T91/60 端子接收到刹车开关闭合的信号。由于起动时，踩刹车的信号非常重要，所以 F F47 采用两个端子和 J623 相接。第 2 个条件是双离合器变速箱机电装置 J743 通过端子 T91/62 给 J623 传输车辆换挡杆是否处于 P 挡或 N 挡的换挡杆位置信号。

如果以上两个条件满足，并且车辆具备正常的起动条件，发动机控制单元 J623 会通过控制 J623 的 T91/87 端子和 T91/88 端子搭铁，使继电器 J906 线圈和继电器 J907 线圈通电，J906 和 J907 的触点吸合(这两个继电器的触点是串联关系)，汽车上由蓄电池正极出来的 30(A+) 12 V 电压将会通过熔断丝 SB23 到达起动机的起动接线端子 50，从而接通吸引线圈和保持线圈电路，电磁开关动作，接通起动机的主电路，起动机工作，带动发动机运转，完成起动过程。

在继电器 J906 和 J907 的触点正常吸合后，有一个反馈信号通过 SB22 保险丝传送给发动机控制单元 J623 的 T91/67 端子，该端子接到 12 V 电压信号后，J623 则会知道起动机线路及起动机工作正常。

由上述可知，汽车起动系统中的起动控制电路类型很多，即便是起动系统出现同一种"起动机不转"故障现象，如果起动系统控制电路不同，在诊断与排除起动系统的故障时的步骤也会有区别。因此一定要根据具体的起动控制电路情况来具体分析故障原因。

二、起动系统的日常检查

1. 蓄电池的检查

起动机是依靠蓄电池的电能进行工作的，如果起动系统无法起动，首先应该查看蓄电池的电量是否充足，检查蓄电池的极柱是否氧化、腐蚀；查看蓄电池电缆接头是否松动。

2. 保险丝和继电器的检查

起动系统都有保险丝，有的还有起动继电器。如果起动系统无法正常工作，在排除蓄电池故障之后，应该检查保险丝和继电器的工作状态。保险丝的检查可以借助万用表进行。继电器的线圈可以用万用表的欧姆挡来检测，通过给继电器线圈两端通电可以检测继电器触点的闭合状况是否良好。

保险丝和继电器是起动系统线路经常出现故障的部件，也是容易检测的部件。当起动系统不正常工作时，应本着由简到繁的原则进行检查。首先应从保险丝和继电器的检查着手。

3. 起动机的检查

起动机由控制装置、传动机构、直流电动机 3 个部分组成，其中每一部分工作不正常，都可能引起起动系统故障。目前，在汽车维修过程中很少进行解体检修，特别是针对直流串励式电动机定子总成和转子总成的绕组检修，即使拆检发现断路、短路，将线圈绕组再重新缠绕的工时费也很高，因此，在维修过程中大都是通过更换部件来排除故障。

4. 起动线路的检查

将起动机接入电路，起动机才可以完成其功能。在保证蓄电池、保险丝和继电器、起动机本身都完好的情况下，起动系统故障检测应当从检查起动线路开始。线路的检查重点是线路的断路、短路故障，以及线路和部件的连接情况。接触不良经常是造成故障难以排除的原因之一。

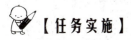【任务实施】

迈腾 B8 汽车起动机故障诊断与排除

1. 迈腾 B8 汽车起动机不转(故障码：03BB9)

故障诊断：

如图 3-68 所示，用诊断仪进行故障诊断，显示 03BB9，"启动起动继电器断路"。

控制单元	结果

0001-发动机电控系统(UDS/ISOTP/3VD906259/0002/H13/EV_ECM20TFS0203VD906259/001004)

故障代码	SAE代码	故障文本
03BB9 [15289]	P061500	启动，起动机继电器，断路

图 3-68　发动机电脑 J623 中的故障码显示

如图 3-69(a)所示，发动机控制单元 J623 通过 T91/87 脚和 T91/88 脚分别控制 J906 继电器和 J907 继电器的搭铁。如果 J623 的 T91/87 脚和 J623 连接断路，J906 继电器就不会吸合，J907 继电器的火线断路，起动机端子 50 没电，起动机不工作。

如图 3-69(b)所示，在 J623 的电路内部(T91/87 脚和 T91/88 脚相接的地方)均有一个触发三极管，三极管基极与 J623 内的 CPU 相连。当发动机的起动条件满足时，J623 内的 CPU 会给两个三极管的基极发射一个起动触发信号，三极管导通。三极管导通后 T91/87 脚和 T91/88 脚电位变成 0 V，J623 在 CPU 电压监测点检测到的电压为 0 V。

当发动机的起动条件满足时，CPU 会触发三极管导通。如果此时电压监测点的电压为 12V，说明三极管是不导通的，这说明起动电路不正常。此时，J623 根据三极管触发前、后的监测点电压来判断 J623 与继电器 J906、继电器 J907 的线路连接是否正常。电压监测点电压及线路连接情况如表 3-13 所示。

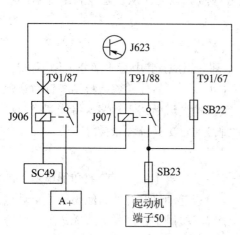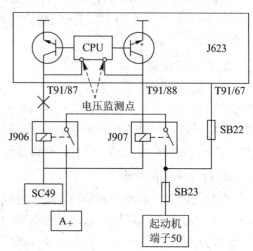

(a) 迈腾B8汽车起动控制电路　　　　　　(b) 迈腾B8汽车起动控制电路J623内部电路

图 3-69　迈腾 B8 起动控制电路

表 3-13　电压监测点电压及线路连接情况

监测点电压	监测点(左)电压	监测点(左)电压	监测点(右)电压	监测点(右)电压
触发前	12 V	12 V	12 V	12 V
触发后	0 V	12 V	0 V	12 V
线路情况	T91/87 脚连接正常	T91/87 脚连接断路	T91/88 脚连接正常	T91/88 脚连接断路

故障排除：

根据故障码提示，检测 J623 的 T91/87 端子与 J623 的连接情况，并重新连接好 J623 的 T91/87 端子接线，起动机工作恢复正常。

故障反思：

当起动系统出现故障时，要针对故障现象，认真研究该车辆起动系统的控制电路，从起动系统的控制电路入手进行故障诊断，才可以迅速找到故障原因，快速准确地排除故障。

2. 迈腾 B8 起动机不转，故障码不同

故障诊断与排除:

用诊断仪读取的数据流显示 2 个故障码，分别是：03BB9，"启动起动机继电器断路"；03BBD，"起动机继电器 2 启动断路"，如图 3-70 所示。

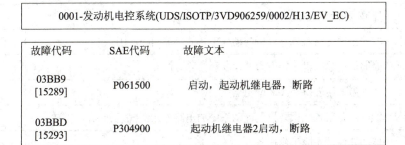

图 3-70　数据流显示

当诊断仪显示上述故障码时，说明 J906 继电器和 J907 继电器没有正常工作(见图 3-69)。如果 J906 继电器、J907 继电器与 J623 的连接端子断路，则起动机端子 50 没有电，起动机不工作。

如图 3-69(b)所示，起动时，发动机控制单元 J623 给内部的两个继电器的触发三极管基极输出触发信号。在正常情况下，当满足起动条件时，三极管导通，点火开关 15 号电通过 SC49 保险丝供电，使两个继电器电路接通。

SC49 保险电路正常时，发动机控制单元 J623 内部的电压监测点由触发前的 12 V 变为触发后的 0 V。

但是，若 SC49 保险断开后，其电压监测点就会收不到相应的电压变化信号，触发前后电压都为 0 V，此时发动机控制单元 J623 会显示 03BB9 起动机继电器断路、03BBD 起动机继电器 2 启动断路。

检测保险 SC49，发现损坏。更换新保险丝后试车，起动机工作恢复正常。

故障反思:

引起起动机不转的故障原因很多，控制单元 J623 会根据不同的故障部位显示不同的故障码。因此，当起动系统出现故障时，一定要根据故障现象，认真研究该车辆起动系统的控制逻辑，从起动系统的控制电路入手，结合数据流提示信息，去分析产生此故障可能的故障原因，这样才能快速准确地排除故障。

【检查与评估】

在完成以上的学习任务后，可根据以下问题(见表 3-14)进行教师提问、学生自评或互评，及时评估本任务的完成情况。

表 3-14　任务的检查评估内容

序号	评估内容	自评/互评
1	能够利用各种资源查阅、学习汽车起动系统的相关知识	
2	能够制订合理、完整的工作计划	
3	能够画出点火开关直接控制的起动系统电路图、带起动继电器控制的起动系统电路图	
4	能够分析起动系统的电路原理	
5	能够根据电路组成,分析起动机不转的可能故障原因	
6	能够简述起动机运转无力的诊断和排除方法	
7	能够用万用表检测起动继电器	
8	能够用万用表或试灯检测起动系统的电路连接情况	
9	能如期保质完成工作任务	
10	工作过程操作符合规范,能正确使用万用表和工具等设备	
11	工作结束后,工具摆放整齐有序,工作场地整洁	
12	小组成员工作认真,分工明确,团队协作	

小　　结

　　电力起动系统一般由蓄电池、点火开关、起动机、起动继电器等组成,基本功用是提供外力克服发动机的起动转矩,满足发动机必需的起动转速的要求,使发动机由静止状态过渡到工作循环。

　　汽车起动系统常见的控制电路有直接控制式、带起动继电器控制式和带复合继电器式等几种形式。

　　起动机一般由直流电动机、传动机构和控制装置 3 部分组成。

　　直流串励式电动机一般由电枢、磁极、电刷和壳体等组成,其作用是将电能转换为机械能,产生转矩。

　　起动机传动机构使用的单向离合器主要有滚柱式单向离合器、摩擦片式单向离合器和弹簧式单向离合器等。单向离合器的作用是在起动发动机时,使起动机驱动齿轮啮入飞轮齿圈,将起动机的转矩传递给发动机曲轴;在发动机运转后,使驱动齿轮打滑或与飞轮齿圈自动脱开,自动切断发动机与起动机之间的传递路径,防止发动机驱动电枢轴高速转动。

　　电磁控制装置主要是指电磁开关,其作用是接通和切断直流串励式电动机与蓄电池之间的电路,并将传动机构的驱动齿轮啮入或退出飞轮齿圈。

　　对起动机的正确拆装和对零件的正确检测是对起动机维护的基础。

　　起动机修复后,必须进行空载试验和全制动试验,以检验起动机的装复性能。

　　起动系统常见故障主要有起动机不转、起动机运转无力和起动机空转等。汽车起动系统的故障检修应遵循汽车维修的基本原则和从简到繁、从外到内的方法。起动系统故障检修应建立在正确识读起动电路图的基础上，根据对起动继电器的检查结果来判断故障是在继电器线圈电路还是继电器的触点电路；在此基础上，逐步缩小故障范围，最终找出故障原因。起动系统常见的故障原因是起动继电器的线圈故障、触点故障以及起动继电器与线路的接触不良等。

无钥匙进入/起动系统一般由车身控制模块、无钥匙进入/起动系统控制模块、带 UID 的遥控钥匙、遥控接收器模块、天线、车门开锁开关、车门上锁开关、门锁电动机、备用天线组成。

练习题

一、判断题

1. 串励式直流电动机中"串励"的含义是 4 个励磁绕组互相串联。　　　　（　　）

2. 对于功率较大的起动机来说，可以在轻载状态或空载状态下运行。　　　（　　）

3. 滚柱式单向离合器的外壳与十字块之间的间隙是宽窄不等的。　　　　　（　　）

4. 在整个起动过程中，电磁开关中的吸引线圈和保持线圈一直通电。　　　（　　）

5. 起动继电器的触点打开和关闭是由点火开关的起动挡来控制的。　　　　（　　）

6. 起动机的最大输出功率即为起动机的额定功率。　　　　　　　　　　　（　　）

7. 无论是车内天线还是车外天线都与 PEPS 模块相连，主要作用是接收 PEPS 模块指令，并向 1 m 范围内发送约为 125 kHz 的低频信号。　　　　　　　　　　　（　　）

二、单项选择题

1. 电磁开关接通起动机的主电路后，活动铁心是靠（　　）产生的电磁吸力保持在啮合位置上的。

A. 吸引线圈　　　　　　　　　　　B. 保持线圈

C. 吸引线圈和保持线圈　　　　　　D. 惯性

2. 在起动机运转无力的故障检查中，短接起动机的两个主接线柱(30、C)后，起动机仍运转无力，甲说：起动机本身有故障，乙说：蓄电池存电不足，你认为（　　）。

A. 甲对　　　　　　B. 乙对　　　　　　C. 甲乙都对　　　　　　D. 甲乙都不对

3. 起动机空转的可能故障原因之一是（　　）。

A. 蓄电池亏电　　　B. 单向离合器打滑　　　C. 换向器脏污

4. 汽车发动机在起动时，曲轴的最初转动是（　　）。

A. 由于外力驱动发动机飞轮而引起的。

B. 借助于气缸内的可燃混合气燃烧和膨胀做功来实现的。

C. 借助于活塞与连杆的惯性运动来实现的。

D. 由起动电动机通过传动带传动直接带动的。

5. 起动机在起动瞬间（　　）。

A. 转速最大　　　B. 转矩最大　　　C. 反电动势最大　　　D. 功率最大

6. 起动机在全制动时的输出功率(　　)。

A. 最大　　　　　　B. 中等　　　　　　C. 较大　　　　　　D. 为零

7. 起动机在汽车的起动过程中是(　　)。

A. 先接通起动机主电路，然后让起动机驱动齿轮与发动机飞轮齿圈相啮合

B. 先让起动机驱动齿轮与发动机飞轮齿圈相啮合，再接通起动机主电路

C. 在接通起动机主电路的同时，让起动机驱动齿轮与发动机飞轮齿圈相啮合

D. 以上都不对

8. 检测起动机电磁开关的保持线圈是否有短路和断路现象时，下面操作正确的是(　　)。

A. 电阻挡，表笔分别放在 50 接线柱和电磁开关外壳上

B. 电阻挡，表笔分别放在 50 接线柱和 C 接线柱上

C. 通断挡，表笔分别放在 50 接线柱和电磁开关外壳上

D. 电阻挡，表笔分别放在 30 接线柱和 C 接线柱上

9. 检测起动机电磁开关吸引线圈是否有短路和断路时，下面操作正确的是(　　)。

A. 通断挡，表笔分别放在 50 接线柱和 C 接线柱上

B. 电阻挡，表笔分别放在 50 接线柱和 C 接线柱上

C. 电阻挡，表笔分别放在 50 接线柱和电磁开关外壳上

D. 电阻挡，表笔分别放在 50 接线柱和 30 接线柱上

10. 当短接起动机的两个主接线柱时，起动机能运转，说明(　　)正常。

A. 电磁开关　　　　　　　　　　B. 直流电动机

C. 起动继电器　　　　　　　　　D. 以上都不对

11. 在起动机解体检测过程中，(　　)是电枢不正常的现象。

A. 换向器片和电枢轴之间绝缘　　　　B. 换向器片和电枢铁心之间绝缘

C. 各个换向器片之间绝缘　　　　　　D. 以上都不对

12. 关于起动机的型号 QD1225，下列解释不正确的是(　　)。

A. 普通起动机　　　　　　　　　B. 电压等级 24 V

C. 功率为 1～2 kW　　　　　　　D. 第 25 次设计

13. 点火开关置于"起动挡"时，起动机的主电路没有接通之前，起动机电枢绕组中的电流(　　)。

A. 有，比较大　　　　　　　　　B. 无

C. 有，比较小　　　　　　　　　D. 可有可无

14. 下列对起动过程的描述中不正确的是(　　)。

A. 起动机不工作时，驱动齿轮与飞轮是啮合的

B. 当起动机的驱动齿轮与飞轮完全啮合时，起动机的主电路接通，电枢绕组中有大电流

C. 发动机起动后，如果驱动齿轮仍处于啮合状态，则单向离合器打滑，电动机不会被飞轮反拖高速旋转

D. 起动完毕后，驱动齿轮退出与飞轮的啮合

15. 蓄电池充电不足或蓄电池与起动机的连接导线接触不良很有可能产生的故障是（　　）。

A. 起动机不转　　　　　　　　　　B. 起动机运转无力

C. 起动机空转　　　　　　　　　　D. 热车时起动机不起动

16. （　　）故障不会造成单向离合器不回位。

A. 蓄电池亏电　　　　　　　　　　B. 电磁开关回位弹簧折断

C. 单向离合器在转子轴上卡住　　　D. 活动铁心卡住

17. 汽车在起动电路中设置起动继电器的目的是（　　）

A. 便于起动时操作　　　　　　　　B. 过载保护

C. 保护点火开关　　　　　　　　　D. 保护起动机

18. 无钥匙进入/起动系统的天线共有（　　）个，其中车内天线有（　　）个，车外天线有（　　）个。

A. 6，3，3　　　　B. 5，3，2　　　　C. 6，4，2　　　　D. 6，2，4

三、简答题

1. 起动机一般由哪几部分组成?各部分的功用是什么?

2. 简述串励式直流电动机的工作原理。

3. 简述滚柱式单向离合器的组成和工作过程。

4. 详细分析起动机电磁控制装置的工作过程。

5. 简述电磁操纵强制啮合式起动机的工作过程。

6. 简述带起动继电器的起动系统控制电路的工作过程。

7. 起动机上需要调整的间隙有哪些? 为什么要把这些间隙调到正确值?

8. 起动系统常见的故障有哪些? 如何诊断与排除?

项目四　点火系统的检修

在汽油发动机中，气缸内的可燃混合气是由电火花点燃的，电火花是由点火系统产生的，所以汽油发动机都有一套点火系统。随着汽车电子技术的发展，点火系统已经从最古老的磁电机点火系统发展到了现在的计算机控制的点火系统，基本实现了发动机对点火系统所提出的要求。当点火系统出现故障时，可燃混合气无法正常燃烧，发动机的技术状况将明显下降，可能出现动力性与经济性下降、排放污染增加、发动机运转不稳定及不能工作等故障现象。

任务 4.1　认识汽车点火系统

【导引】

老师带领同学们参观了"汽车电气实训室"，小王同学发现有一个汽车点火系统的实验台，在实验台上展示了传统点火系统、电子点火系统、微机控制点火系统这 3 种点火系统。小王同学很想知道目前汽车上用的是哪种点火系统？3 种点火系统的区别是什么？发动机到底是怎样把可燃混合气点燃的呢？要想点燃可燃混合气，必须满足什么要求呢？点火系统又由哪些部件组成呢？如何检测点火系统的部件呢？

【计划与决策】

汽车点火系统发展到现在，已经历了 3 个发展阶段，即传统点火系统、电子点火系统、微机点火系统。

要想对点火系统进行故障诊断，就必须知道该车的点火系统属于哪种类型的点火系统，并掌握该点火系统的基本电路，熟悉点火系统的组成、工作原理及作用。完成本任务所需要的相关资料、设备以及工量具如表 4-1 所示。本任务的学习目标如表 4-2 所示。

表 4-1　完成本任务需要的相关资料、设备以及工量具

序号	名　　　称
1	轿车两辆，维修手册，车外防护 3 件套和车内防护 4 件套若干套
2	课程教材，课程网站，课件，学生用工单
3	数字式万用表，点火线圈若干
4	点火系统试验台或示教板

表 4-2　本任务的学习目标

序号	学 习 目 标
1	了解点火系统的作用以及发动机对点火系统的基本要求
2	掌握点火系统的基本工作原理
3	熟悉点火系统的分类
4	了解微机控制点火系统的组成和工作原理
5	能用万用表进行点火线圈的正确检测
6	检查评估任务完成情况

【相关知识】

汽油机点火系统的功用是将汽车电源供给的低压电转变为高压电，并按照汽油机各缸工作顺序与点火时刻的要求，适时准确地将高压电送到各缸的火花塞，火花塞产生足够强的火花，点燃被压缩的可燃混合气，使汽油机工作。

一、点火系统概述

1. 点火系统的基本要求

不论哪种类型的点火系统，都必须符合以下 3 个基本要求：

(1) 迅速及时地产生足以击穿火花塞电极间隙的高电压。

能使火花塞两电极之间产生电火花的高电压，称为火花塞的击穿电压。

汽油发动机在满载低速时所需的击穿电压为 8～10 kV，起动时需要 19 kV，正常点火一般需在 15 kV 以上。为保证可靠点火，点火系统所能产生的最高电压必须总是高于火花塞的击穿电压。一般作用于火花塞两电极间的电压在 20～30 kV 之间。

(2) 电火花应具有足够的点火能量。

为保证发动机可靠地点火，且具有较高的经济性和污染排放性能，点火能量应达到 0.05～0.08 J，起动时应达到 0.1 J 以上。

(3) 能针对发动机不同工况提供最佳点火时刻。

点火系统必须能随着发动机的转速和负荷等因素的变化自动调节点火时刻，使发动机尽可能多地把热能转换成机械能，提高发动机的动力性和经济性。

除上述基本要求外，还要求其点火电压上升快，以减少能量的泄漏；电火花的持续时间应长些，使混合气能更可靠地被点燃。

2. 点火系统的基本工作原理

点火系统主要由蓄电池、点火开关、点火线圈、火花塞、ECM(发动机控制模块)、相关传感器、高压线等组成，如图 4-1 所示。

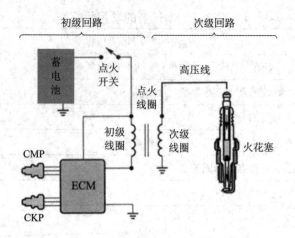

图 4-1　点火系统的电路原理图

点火系统的工作电路可以分成低压电路、高压电路两个基本电路。

低压电路(又称为初级电路)：包括蓄电池、点火开关、点火线圈的初级绕组、低压电路控制装置(断电器、点火器或 ECM)等。

高压电路(又称为次级电路)：包括点火线圈的次级绕组、高压线、火花塞等。

发动机工作时，低压电路控制装置控制低压电路周期性通、断，引起点火线圈中周期性磁场变化，在高压电路中感生出高压电；高压电击穿火花塞产生火花，周期性地点燃各缸可燃混合气。点火系统的工作过程分为以下 3 个阶段。

(1) 初级电路导通，初级电路中的电流迅速增长。

接通点火开关，当初级电路导通时，点火线圈的初级绕组中有电流通过，这个电流称为初级电流 I_1，初级电路电流回路为"蓄电池(或发电机)'+'极→点火开关→点火线圈初级绕组→低压电路控制装置→搭铁→蓄电池(或发电机)'-'极"。

根据电磁感应定律，初级电流增长时，会在初级绕组和次级绕组中产生感应电动势，但该电动势不足以击穿火花塞间隙。

(2) 初级电路断开，点火线圈的次级绕组中产生点火高电压。

当初级电路断开时，此瞬间电路的电流称为初级断开电流，记作 I_P。初级电路断开后，初级电流 I_P 迅速下降到零，磁通也随之迅速减少。在初级绕组和次级绕组中都产生感应电动势，由于初级绕组匝数少，只产生 200~300 V 的自感电动势；而次级绕组匝数有几万匝之多，产生高达 10~20 kV 的互感电动势，此电压即为点火高电压。

(3) 高压电击穿火花塞电极间隙，产生电火花，点燃可燃混合气。

高压电击穿火花塞电极间隙时的电压称为击穿电压，记为 U_2。随着火花塞电极间隙被击穿，高压电路的电流回路导通，形成高压电路电流 I_2，火花塞的电极间隙之间产生电火花，可燃混合气被点燃。

高压电路的电流回路为"点火线圈次级线圈搭铁→火花塞侧电极→火花塞中心电极→高压线→点火线圈高压接线柱"。

高压电路的电流回路设计成正极搭铁，可以降低电极间隙击穿电压 20%~40%，减少火花塞中心电极和分火头的蚀损。

发动机工作期间，发动机每个工作循环(曲轴转两周)，各缸按点火顺序各点火一次。

3. 点火系统的分类

如图 4-2 所示，汽油机点火系统伴随着初级电路控制方式的发展经历了 3 种类型：传统点火系统、电子点火系统(晶体管点火系统)、微机控制点火系统。

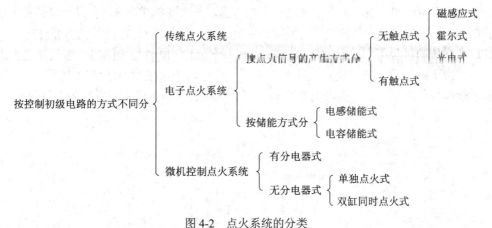

图 4-2　点火系统的分类

1) 传统点火系统

传统点火系统又称蓄电池点火系统，其由电源、点火开关、点火线圈及附加电阻、分电器(其上装有电容)、高压线、火花塞等组成。

如图 4-3(a)所示，传统点火系统是利用断电器的触点开闭来接通和切断点火系统的初级电路，使点火线圈产生磁通的变化，进而使次级线圈感应产生能击穿火花塞电极间隙的高电压，再由分电器按照发动机各缸的工作顺序把高电压配送到各缸的火花塞，由火花塞点燃混合气。点火提前角的调节是利用分电器上的机械式离心点火提前调节装置和真空式点火提前调节装置，分别根据发动机转速和负载来调整点火提前角。但是发动机的最佳点火提前角除了与发动机转速和负荷有关之外，还与发动机的燃烧室形状、燃烧室温度、空燃比、燃油品质、大气压力、冷却液温度等因素有关。因此，传统点火系统实际上难以保证点火时刻总是处于最佳状态。这种点火系统在汽油机上应用最早，结构简单、成本低，但是因为有机械触点的存在，导致点火能量低、工作可靠性差、点火提前角不精确等，现已被淘汰。

2) 电子点火系统

随着电子技术的发展，传统的点火系统也被电子点火系统所取代。电子点火系统的组成包括电源、点火开关、点火线圈、分电器(其内有点火信号发生器)、点火控制器(或称点火模块)、高压线、火花塞等。

电子点火系统用点火控制器(点火模块)替代了传统点火系统中的触点，实际上是利用点火控制器内晶体管的开关特性来控制点火系统初级电路的通、断，使点火线圈产生磁通的变化，进而使次级线圈感应产生能击穿火花塞电极间隙的高电压；点火控制器根据接收到的点火信号发生器的点火信号控制点火系统初级电路(点火线圈的)的通、断，从而让点火线圈次级产生高压，如图 4-3(b)所示。

电子点火系统由功率三极管代替了触点，提高了次级电压和点火能量，使得点火更加可靠。但是，电子点火系统对点火提前角的调节还是沿用了传统点火系统的机械调节方式，仍然不能精确地控制最佳点火提前角。

3) 微机控制点火系统

微机控制点火系统由发动机 ECU 控制，如图 4-3(c)所示。发动机 ECU 接收各种传感器输入的信号，并对各种传感器信号进行计算、分析、比较等处理后，控制点火控制器的工作，使初级电路周期性通、断，在次级电路产生高电压，点燃可燃混合气，在发动机各种工况下都能将点火提前角控制在最佳值，使发动机的动力性、经济性和排放污染达到最佳。

点火系统的种类不同，其组成也不同，但其基本工作原理是相同的，都是通过控制点火系统初级电路的通、断，使点火线圈产生磁通变化，进而使次级线圈感应产生能击穿火花塞电极间隙的高电压。3 种点火系统的不同之处在于控制初级电路通断的方法不同。

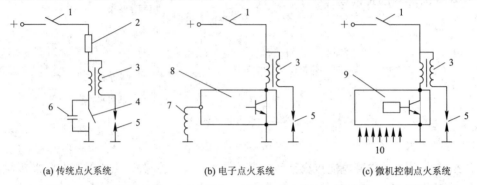

　(a) 传统点火系统　　　　　　　(b) 电子点火系统　　　　　　(c) 微机控制点火系统

1—点火开关；2—点火线圈附加电阻；3—点火线圈；4—触点；5—火花塞；6—电容器；7—点火信号发生器；
8—电子点火控制器；9—发动机ECU；10—各种传感器信号输入

图 4-3　点火系统的电路原理图

二、微机控制点火系统的分类和组成

1. 微机控制点火系统的分类

微机控制点火系统按照计算机控制的方式分为开环控制和闭环控制。

开环控制是指控制单元检测发动机各种工作状态信息，并根据这些信息从内容存储器中调出相应的点火提前角(该点火提前角是综合考虑到经济性、动力性、排放等要求，并经大量的实验优化的结果)，然后输出控制信号，对点火时刻进行控制。这种控制方式对控制结果并不反馈。

闭环控制是指计算机以一定的点火提前角控制发动机工作的同时，还不断地检测发动机的有关工作状态(例如有无爆燃)，然后将检测到的有关信息反馈给控制单元，控制单元根据需要对点火提前角进行修正。闭环控制的反馈信号可以有多种，如爆燃信号、转速信号、气缸压力信号等。目前发动机上广泛采用的是通过检测爆燃传感器的信号来判断点火时刻早晚的方法，从而达到最佳点火提前角。

微机控制点火系统按照有无分电器可以分为有分电器式微机控制点火系统和无分电器式微机控制点火系统。当前有分电器式微机控制点火系统已被淘汰，广泛使用的是无分电器式微机控制点火系统。

无分电器微机控制点火系统即微机直接控制点火系统(Direct Ignition System，DIS)。由于 DIS 取消了分电器的机械配电方式，将各缸的火花塞直接与点火线圈次级绕组相连，减少了点火能量的高压传输损失，提高了点火性能，且减小了无线电干扰。DIS 已经广泛使用。

无分电器微机控制点火系统主要可分为单独点火式和双缸同时点火式两种。

单独点火式的微机控制点火系统是各缸均有一个点火线圈，即点火线圈的数量与气缸数相同。

同时点火方式的微机控制点火系统是两个活塞共用一个点火线圈，点火线圈的总数量等于气缸数的一半。

2. 微机控制点火系统的组成

微机控制点火系统主要由各种传感器和开关、电控单元(ECU)、执行器(点火控制器等)组成，如图4-4所示。

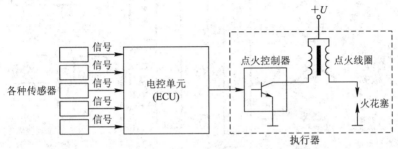

图 4-4　微机控制点火系统的基本组成

1) 各种传感器和开关

各种传感器和开关的主要功能是负责检测发动机的各个工作参数，并及时将其变化情况反映给电控单元(ECU)，电控单元(ECU)根据各种传感器和开关的输入信号，确定发动机的工况。

2) 电控单元(Electronic Control Unit，ECU)

电控单元的作用是接收发动机各传感器及开关输入的信号，与预置在电控单元存储器中的数据进行比较分析，确定出发动机的工况，从存储器中选取最佳点火提前角，并输送点火信号给点火控制器，使点火系统实现精确点火。

3) 执行器

执行器用于接收电控单元(ECU)发出的指令(点火信号)，执行点火功能。通常，执行器包括点火控制器、点火线圈和火花塞等基本部件。

三、微机控制点火系统的工作原理

发动机工作时，各种传感器不断地将反映发动机工作状态的参数(发动机转速、负荷、冷却液温度、进气温度等)信号送给 ECU，ECU 将此信号与其预先储存的最佳控制参数进行比较，确定该工况下最佳点火提前角和初级电路的最佳导通时间，然后向点火控制模块发出指令。点火控制模块接收到点火指令后，控制点火线圈初级电路的导通和截止，使次级电路产生高电压，火花塞产生电火花，点燃气缸内的可燃混合气。

四、微机控制点火系统的主要组成部件

1. 传感器与开关信号

传感器与开关信号用来检测与点火有关的发动机工况信息，并将检测结果输入 ECU，

作为确定和控制点火提前角、点火导通角的依据。微机控制点火系统采用的传感器与开关
信号主要有凸轮轴位置(上止点位置)传感器、曲轴位置(曲轴转速与转角)传感器、空气流量
(负荷)传感器、节气门位置(负荷)传感器、冷却液温度传感器、进气温度传感器、车速传感
器、爆震传感器以及点火开关等，如图 4-5 所示。

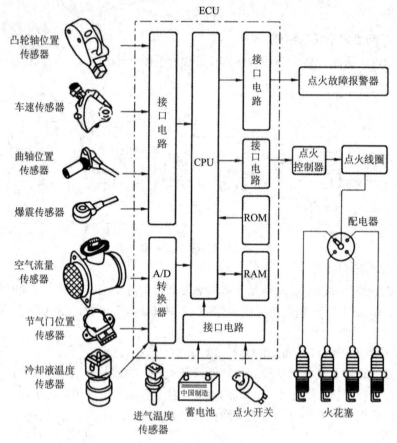

图 4-5　微机控制点火系统的主要组成部件

　　凸轮轴位置传感器向 ECU 输送反映活塞上止点位置的信号，用于确定点火基准。凸
轮轴位置传感器在曲轴旋转至某一特定的位置(如第一缸压缩上止点前某一确定角度)时，
输出一个脉冲信号，ECU 将这一脉冲信号作为计算曲轴位置(即活塞位置)的基准信号，再
利用曲轴位置传感器输出的曲轴转角信号计算出活塞在任一时刻所处的具体位置，进而控
制点火提前角和点火导通角。

　　曲轴位置传感器向 ECU 输送反映发动机曲轴转速和转角的信号。发动机工作时，曲
轴位置传感器将反映曲轴转角的脉冲信号输入 ECU，ECU 通过检测脉冲个数，可计算出
曲轴转过的角度。与此同时，ECU 根据单位时间内接收到的脉冲个数，计算出发动机的转
速。在微机控制电子点火系统中，ECU 根据发动机曲轴转角信号和凸轮轴位置传感器输出
的曲轴位置基准信号确定点火时刻和点火导通时间；ECU 根据曲轴转速信号确定基本点火
提前角。凸轮轴位置和曲轴位置信号是微机控制点火系统最基本的传感信号。

　　空气流量传感器或进气歧管绝对压力传感器用于确定进气量，以确定发动机负荷。在
L 型(流量型)电控燃油喷射系统中，采用流量型空气传感器直接检测空气流量；在 D 型(压

力型)电控燃油喷射系统中,采用进气歧管绝对压力传感器检测节气门后进气歧管内的负压(真空度)来间接检测空气流量。在微机控制电子点火系统中,ECU 根据空气流量信号计算和确定基本点火提前角。

进气温度传感器向 ECU 输送进气歧管中进气温度信号,用以修正基本点火提前角。

冷却液温度传感器向 ECU 输送反映发动机冷却液温度信号(即发动机工作温度信号),用以修正基本点火提前角,控制起动和发动机暖机期间的点火提前角。

冷却液温度传感器还用以确定起动时喷油量和修正起动后喷油量。发动机起动时,根据起动程序,其喷油量主要取决于发动机冷却液温度。发动机起动后,发动机冷却液温度影响暖机过程中的喷油量。

节气门位置传感器向 ECU 输送反映节气门开度信号,ECU 根据节气门开度信号和车速传感器信号判别发动机的运行工况(怠速工况、加速工况、减速工况、小负荷工况、大负荷工况等),并对点火提前角进行修正。

爆震传感器向发动机 ECU 输送反映发动机爆震强度的信号,用于修正点火提前角,使发动机在最佳点火时刻点火,使发动机得到最好的动力性、经济性、排放性。

开关信号用于修正点火提前角。起动开关信号(即点火开关位于起动位置时)的作用是判断发动机是否正处于起动状态,用于起动时修正点火提前角;空调开关信号的作用是判断空调系统是否处于工作状态,用于怠速工况下使用空调时修正点火提前角;空挡安全开关仅在自动变速器汽车上使用,用于判断汽车是处于空挡停车状态还是行驶状态,进而对点火提前角进行修正。

2. 电控单元(ECU)

如图 4-6 所示,ECU 主要由输入回路、模/数转换器(A/D 转换器)、中央处理器 CPU 和输出回路等组成。

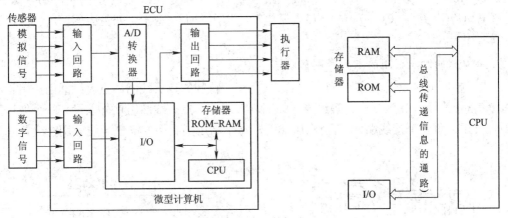

图 4-6 ECU 的组成

输入回路的功用是将系统中各传感器信号经输入/输出(I/O)接口输送至微型计算机。传感器输入的信号不同,处理的方法也不同,一般是先将输入信号滤除杂波,然后再将正弦波转变为矩形波,并转换输入电平。

A/D 转换器的功用就是将计算机不能直接处理的模拟信号转换为数字信号,再输入计算机。

中央处理器 CPU 的作用是控制、运算和处理。

只读存储器(ROM)的作用是存储标准数据和程序、备用程序及有关数据。

随机存储器(RAM)的作用是存储传感器采集的数据及运算结果。

输出回路的作用是将 CPU 指令输出给点火控制器等执行机构。

3. 点火控制器

点火控制器(点火模块)的主要作用是控制初级电路的通断，其主要组成元件是大功率晶体管。除此之外，还有其他控制电路，具有恒流控制、气缸判别、闭合角控制和点火反馈监视等功能。

点火控制器在微机控制点火系统中的存在形式基本有两种：一种是将点火控制器设计在微机(ECU)内，成为 ECU 的一个组成部分；另一种是将点火控制器与点火线圈、火花塞组合设计成一体。

4. 点火线圈

点火线圈的作用是将电源的低压直流电变成 15～20 kV 的高压电。伴随着点火系统从传统点火系统、电子点火系统、微机点火系统的发展阶段，点火线圈也从开始使用的开磁路点火线圈到闭磁路点火线圈，再到微机控制同时点火系统的点火线圈，发展到现在广泛使用的笔式点火线圈(微机控制单独点火系统)。

点火线圈种类繁多，外形各异，但点火线圈的基本结构是相同的，即都包括初级绕组、次级绕组、铁心等。初级绕组的线径较粗、匝数较少；次级绕组的线径较细、匝数较多。

点火线圈产生高压电的原理都是相同的，都是采用控制装置控制点火线圈的初级电路。在初级电路接通时，在初级绕组中产生强烈的磁场，储存点火能量。在初级电路被切断的瞬间，初级电流迅速消失，初级绕组中磁场急剧减小，磁场的变化会在初级绕组中产生 200～400 V 自感电动势，由于次级绕组匝数很多，于是在次级绕组中产生 20～40 kV 互感电动势(电流为 20～80 mA)，该高压电动势作用在火花塞上，产生火花，点燃可燃混合气。

1) 双缸同时点火用的点火线圈

微机控制同时点火系统是指两个气缸共用一个特制的点火线圈，点火线圈由一组初级绕组和次级绕组、高压二极管等组成，如图 4-7 所示。点火线圈组件外端设有一个低压接线插件(正、负两个接线端)和两个高压插孔，每个高压插孔中的高压导线分别与火花塞直接连接。

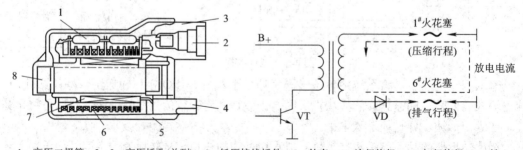

1—高压二极管；2、3—高压插孔(并列)；4—低压接线插件；5—外壳；6—次级绕组；7—初级绕组；8—铁心

图 4-7 双缸同时点火用的点火线圈

如图 4-8 所示为桑塔纳 2000GSI 微机点火系统(同时点火)的点火线圈和点火模块。如图 4-9 所示为其点火线圈的总成电路。

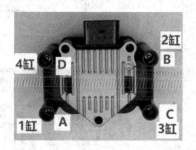

开磁路点火线圈
的组成

图 4-8　双缸同时点火用点火线圈和点火模块

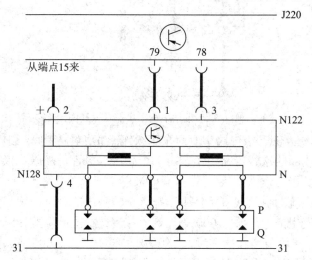

N128—1和4缸共用点火线圈；
N—2缸和3缸共用点火线圈；
N122—功率输出极；
J220—发动机电控单元(ECU)

图 4-9　双缸同时点火用点火线圈的总成电路

该点火系统中，1 缸和 4 缸共用一个点火线圈 N128，2 缸和 3 缸共用一个点火线圈 N。一个 N128 点火线圈有两个高压输出端，分别与 4 缸和 1 缸的火花塞相连，负责对 4 缸和 1 缸点火。气缸配对选择的原则是当一个气缸处于压缩行程上止点时，另一个气缸处于排气行程上止点。这样处于压缩行程的火花塞点燃缸内可燃混合气，是有效点火；而处于排气行程的火花塞不能点燃缸内废气(缸内没有可燃混合气)，且缸内压力低，火花塞电极间隙的击穿电压也很低，对有效点火气缸火花塞的击穿电压和火花放电能量影响很小，是无效点火。曲轴旋转一转后，两缸所处的行程正好相反。

2) 单独(独立)点火系统用的笔式点火线圈

微机控制单独点火方式是 1983 年由德国最先开发采用的点火方式，是指一个火花塞配一个点火线圈，有几个气缸就有几个点火线圈。这种点火方式是将点火线圈及末级功率复合管作为一个整体，直接安装在火花塞顶部，如图 4-10 所示即为单缸用独立点火系统用的笔式点火线圈，如图 4-11 所示为带功率输出级的点火线圈内部电路。点火线圈由一块铁心构成一个封闭的磁路，并有一个塑料外壳。在壳体内有初级绕组直接安装在铁心的绕线管上，其外部绕有次级绕组。为了提高抗击穿能力，通常将绕组制成盘式或盒式。为使两个绕组之间、绕组与铁心之间实现有效绝缘，通常在壳体内浇灌环氧树脂。

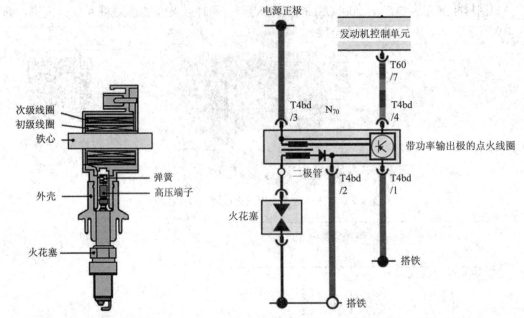

　　　图 4-10　笔式点火线圈　　　　　图 4-11　带功率输出级的点火线圈内部电路

　　从图 4-11 中可以看出，点火线圈的初级电路中有一个末级(输出)功率复合管，由发动机控制单元控制其通、断。点火线圈的次级电路中串联有一个高压二极管，高压二极管的正极与火花塞的中心电极相接，负极与搭铁相接(火花塞旁电极)。

　　在单独点火系统和同时点火系统的点火线圈组件中，都有一只高压二极管，其作用是防止初级绕组在初级电路导通时产生的电压(约 1000 V)加到火花塞电极上而导致误跳火。点火线圈在初级电路接通后，在初级电流增长的同时，次级绕组中也产生约 1000 V 的感应电动势。如果此时气缸处于进气行程接近终了时刻或压缩行程刚刚开始时刻，由于缸内压力低，又有可燃混合气，那么 1000 V 左右的电压就有可能击穿火花塞电极间隙而产生火花跳火。这种非正常跳火称为误跳火，会影响发动机正常工作。

　　在次级电路中串入高压二极管后，可以利用二极管的单向导电性防止误跳火现象的发生。因为当大功率管 VT 截止时，点火线圈产生的反电动势正向施加在二极管上，高压二极管导通，火花塞电极间隙被击穿而放电。当大功率管 VT 导通时，电路中产生的电动势反向施加在高压二极管上，高压二极管截止，这样就防止了火花塞误跳火。

5. 火花塞

　　火花塞的工作条件极其恶劣，需承受高温、高压及燃烧产物的强烈腐蚀，因此，它必须具有足够的机械强度，承受冲击性高电压作用；能承受剧烈的温度变化且具有良好的热特性；能承受温度剧烈变化；材料抗腐蚀能力强。

　　火花塞一般安装在发动机的气缸盖上，其电极(头部)在燃烧室内。当高压电施加在火花塞的电极上时，火花塞的电极间隙之间产生电火花，点燃燃烧室内其周围的可燃混合气。

1) 火花塞的构造

　　如图 4-12 所示，中心电极用镍铬合金制成，具有良好的耐高温、耐腐蚀性能。中心电极做成两段，中间有导电玻璃，起到密封作用。在其内部陶瓷绝缘体的中心孔上部装有金属杆，金属杆的上端用来连接高压导线；下部装有中心电极，金属杆与中心电极之间用导电玻璃密封，壳体下端固定有弯曲的侧电极，下部的螺纹用以安装在发动机气缸盖的火花塞孔内。

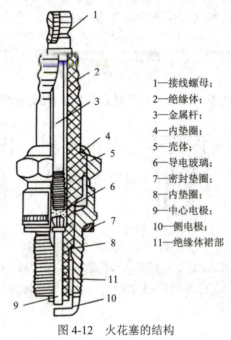

1—接线螺母；
2—绝缘体；
3—金属杆；
4—内垫圈；
5—壳体；
6—导电玻璃；
7—密封垫圈；
8—内垫圈；
9—中心电极；
10—侧电极；
11—绝缘体裙部

图 4-12　火花塞的结构

2) 火花塞的热特性

火花塞的热特性是指火花塞将其吸收的热量散发冷却的能力。热特性决定火花塞的自净温度。所谓自净温度，是指在发动机工作期间，火花塞的吸热和散热达到平衡时，火花塞头部(电极侧)能保持的温度。

自净温度越高，火花塞的电极间越不容易形成积炭，但易产生因炽热点而导致的早燃、爆燃等不正常的燃烧现象，严重时甚至出现发动机进气道回火现象；自净温度越低，早燃、爆燃等不正常的燃烧现象越不易产生，但火花塞的电极间易形成积炭，导致积炭漏电现象。所以，合适的自净温度对火花塞的正常工作尤为重要。

影响火花塞热特性的主要因素是其绝缘体裙部的长度。绝缘体裙部长的火花塞，其受热面积大，传热距离长，散热困难，裙部温度高，称为热型火花塞；反之，裙部短的火花塞，吸热面积小，传热距离短，散热容易，裙部温度低，称为冷型火花塞。热型火花塞一般适用于低压缩比、低转速、小功率的发动机；冷型火花塞一般适用于高压缩比、高转速、大功率的发动机。

火花塞的热特性常用热值表示，如表 4-3 所示。热值数字小，表示是热型火花塞；热值数字大，表示是冷型火花塞。

表 4-3　火花塞裙部长度与热值

裙部长度/mm	15.5	13.5	11.5	9.5	7.5	5.5	3.5
热值	3	4	5	6	7	8	9
热特性	热		←―――――――――――――→				冷

3) 影响火花塞跳火性能的因素

影响火花塞跳火性能的因素主要有：

(1) 火花塞的电极间隙。火花塞的电极间隙指中心电极和旁电极之间的距离。电极间隙越大，需要的击穿电压就越高，伴随的跳火能量也越大。传统点火系统上使用的火花塞的电极间隙一般为 0.6～0.7 mm。电子点火系统的火花塞间隙可增大至 1.0～1.2 mm，以增大放电能量。

(2) 火花塞的电极形状。火花塞的电极形状对放电性能有很大的影响，电极有比较尖锐的棱角，一般比较容易放电；如果电极是球面形状，则放电最困难。常用火花塞的电极形状如图 4-13 所示。

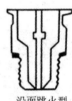

　标准型　　　　绝缘突出型　　　细电极型　　　　锥座型　　　　多极型　　　沿面跳火型

图 4-13　常用火花塞的电极形状

(3) 气缸压缩压力。气缸压缩压力越大，火花放电就越困难，所需要的击穿电压就越高。

(4) 火花塞电极温度。火花塞电极温度越高，所需要的击穿电压就越低。

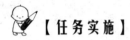【任务实施】

认识点火系统、检测点火线圈

点火线圈的结构和检测

1. 认识不同类型的点火系统

利用不同类型的点火系统实验台，讨论以下问题，并得出结论。

(1) 传统点火系统、电子点火系统、微机控制点火系统各由什么部件组成？

(2) 电子点火系统比传统点火系统增加了什么元件？去掉了什么元件？微机控制点火系统比电子点火系统增加了哪些元件？3 种点火系统是怎样调节点火提前角的？3 种点火系统中点火线圈产生高压电的原理分别是什么？其产生高压电的原理相同吗？

2. 点火线圈的检测

点火线圈是用来产生点火所需的高压电的，它是点火系统的关键核心部件。所以点火系统的检测必然要包括对点火线圈的检测。

点火线圈的检测主要是检查点火线圈的初级绕组和次级绕组有无断路、短路故障，可以用数字万用表欧姆挡检测并进行判断。目前微机控制点火系统中使用的笔式点火线圈的初级和次级绕组电路中都存在晶体管和集成电路，一般不测初、次级绕组的电阻。这里我们只对电子点火系统中的闭磁路点火线圈和桑塔纳 2000GSI 微机点火系统中的点火线圈说明检测方法。

1) 检测闭磁路点火线圈

测量闭磁路点火线圈的初级绕组的电阻值：用数字万用表的 20 Ω 挡，将两个表笔分别接触点火线圈的两个低压接线柱，其数值一般很小，范围大约为 0.5～1 Ω。如果阻值为无穷大，说明初级绕组断路，应当更换。

测量次级绕组的电阻值：用数字万用表的 20 kΩ 挡，将一个表笔接触点火线圈的任意一个低压接线柱(此时可以不区分低压接线柱哪个是正，哪个是负)，另外一个表笔接触点火线圈的高压接线柱。因为次级绕组匝数很多，其电阻也比初级线圈的电阻大许多，测量的数值一般是几 kΩ 到十几 kΩ。如果阻值为无穷大，说明次级绕组断路。如果阻值过小，说明次级绕组短路，无论是短路还是断路，都应当更换。

当然，不同车型上的点火线圈，其初、次级阻值会略有差异，并不完全相同。

2) 检测桑塔纳 2000GSI 的点火线圈

桑塔纳 2000GSI 微机点火系统属于同时点火的类型，从前面的图 4-7 和图 4-8 可以看出，其点火线圈的初级线路中因为有晶体管存在，因此对于这种点火线圈的检测，只能用万用表测量点火线圈的次级绕组阻值。用万用表的 20 kΩ 挡，参照图 4-8，将两个表笔分别接触 1、4 缸点火线圈的高压插孔金属极，测量出的是 1、4 缸共用的点火线圈次级绕组的阻值；将两个表笔分别接触 2、3 缸点火线圈的高压插孔金属极，测量出的是 2、3 缸共用的点火线圈次级绕组的阻值，阻值一般是几 kΩ。如果阻值为无穷大，说明次级绕组断路，应当更换。

 【检查与评估】

在完成以上的学习任务后，可根据以下问题(见表 4-4)进行教师提问、学生自评或互评，及时评估本任务的完成情况。

表 4-4　检查评估内容

序号	评 估 内 容	自评/互评
1	能够利用各种资源查阅、学习微机控制点火系统的电路及典型故障案例	
2	能够制订合理、完整的工作计划	
3	能认识不同类型的点火系统及其组成，说出各部件的作用	
4	能够进行点火线圈的正确检测	
5	能够如期保质完成学习任务	
6	工作过程操作安全，能正确使用仪器、工具和设备	
7	工作结束后，工具摆放整齐有序，工作场地整洁	
8	小组成员工作认真，分工明确，团队合作	

任务4.2　微机控制点火系统的故障诊断

 【导引】

一辆别克凯越 1.8L 轿车出现了发动机不能着车征兆。该款车采用了微机控制的点火系

统，需要对点火系统进行检修。

【计划与决策】

当发动机出现不能着车的故障现象时，需要对点火系统进行检查与诊断。从前面的学习可以知道，微机控制点火系统有多种类型，要想诊断点火系统的故障，首先要清楚故障车型的点火系统的类型，熟悉发动机点火控制的具体内容，再通过查找维修手册中点火控制电路图并识读电路图，使用检测工具、仪表或诊断仪进行点火系统的故障诊断，才能找出其不着车的故障原因。

完成此任务所需要的相关资料设备以及工量具如表 4-5 所示。本任务的学习目标如表 4-6 所示。

表 4-5　完成本任务需要的相关资料、设备以及工量具

序号	名　　　　称
1	别克凯越轿车或其他轿车两辆，维修手册，车外防护 3 件套和车内防护 4 件套若干套
2	课程教材，课程网站，课件，学生用工单
3	数字式万用表，拆装工具，诊断仪
4	点火系统试验台或示教板

表 4-6　本任务的学习目标

序号	学　习　目　标
1	熟悉微机控制点火系统的点火控制内容
2	能够正确识读点火系统电路图
3	能够使用万用表正确检查点火系统的电路连接情况
4	正确连接诊断仪，并读取故障码
5	检查评估任务完成情况

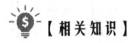

【相关知识】

微机控制点火系统的工作过程仍然是要经历传统点火系统和电子点火系统都要经历的 3 个工作阶段：初级电路导通，产生初级电流；初级电路被切断，在点火线圈次级产生高压；高压电击穿火花塞间隙，产生电火花，点燃可燃混合气。

可燃混合气在气缸内燃烧不是瞬时完成的，需要先经过诱导期，然后才能进入猛烈的明显燃烧期。因此，要使发动机发出最大功率，可燃混合气应在压缩上止点前点燃。因此通常把发动机发出最大功率和油耗最少的点火提前角称为最佳点火提前角。微机控制点火系统和传统点火系统与电子点火系统的不同之处是初级电路的控制接通和断开的方式不同，点火提前角的控制更是不同于之前的点火系统。

点火提前角的大小直接影响发动机的输出功率、油耗、排放等。发动机工况不同，需

要的点火提前角也不相同。只有在微机控制点火系统中，计算机接收与点火有关的传感器信号，而不论发动机处于任何工况，都能提供一个最佳点火提前角，发动机的动力性、经济性和排放污染都可以达到最佳状态。

微机控制点火系统有点火提前角控制、通电时间控制及爆燃控制 3 个主要控制功能，其中点火提前角控制功能是最重要的。

一、点火提前角控制

1. 点火提前角的控制方式

点火提前角的控制方式有开环控制和闭环控制两种。

开环控制是指微机检测发动机各种工作状态信息，并根据这些信息从内部存储器中查询得到相应的点火提前角，然后输出控制信号对点火时刻进行控制。这种控制方式不根据控制结果(是否爆燃)修正点火提前角，即不再进行反馈控制。

闭环控制是指微机以一定的点火提前角控制发动机工作的同时，还不断地检测发动机的工作状态(是否爆燃)，然后将检测到的信息反馈给 ECU，ECU 再根据这些信息对点火提前角进行修正。

点火闭环控制的反馈信号可以有多种，如爆震信号、转速信号、气缸压力信号等。目前广泛采用的是 ECU 根据爆震传感器输送的爆震信号来判断点火时刻的早晚，进而实现点火提前角的最佳控制。

2. 最佳点火提前角的确定

最佳点火提前角包括初始点火提前角、基本点火提前角和修正点火提前角 3 部分。

初始点火提前角是由发动机自身的工作特性确定的一个固定点火提前角。任何发动机在装配完成、装配记号对准后，初始点火提前角就已经确定，发动机 ECU 的控制程序中就预设有此初始点火提前角。不同的发动机，其初始点火提前角不同。

基本点火提前角是 ECU 根据发动机转速和负荷这两个描述发动机工况的主要指标确定的点火提前角。理想的基本点火提前角在发动机的台架试验中获得，并固化在 ECU 的控制程序数据库中。

修正点火提前角是指发动机正常运转时，ECU 根据发动机冷却液温度、爆震传感器信号、进气温度信号、海拔高度信号等参数确定出的点火提前角修正量。

由于初始点火提前角是固定的，因此，微机控制点火正时的实质是根据发动机的运行工况和使用条件计算基本点火提前角，确定修正点火提前角，使实际点火提前角尽可能与最佳点火提前角接近。

3. 点火提前角的控制过程

在微机控制点火系统中，通常微机按照发动机起动、发动机正常运转两种工况来控制点火提前角。

1) 起动工况点火提前角控制

在发动机起动工况，因发动机转速较低(通常在 500 r/min 以下)、工作时间短、工况不稳定等特点，很多主厂都将起动工况点火提前角设定为初始点火提前角。其值因发动机而异，一般为 10° 左右，例如，桑塔纳轿车初始点火提前角为 12°，部分丰田汽车 TCCS 系统初始点火提前角为 10°。

ECU 通过检测发动机转速信号(Ne 信号)和起动开关信号(ST 信号)对起动工况点火提前角进行控制。

2) 正常运转工况点火提前角控制

发动机正常运转后，ECU 根据发动机转速和负荷信号，从其存储器内存储的数据中查询找到相应的基本点火提前角，再根据冷却液温度传感器、爆震传感器等信号从存储器内的数据中找到相应的修正点火提前角，最后得出实际点火提前角，即

实际点火提前角 = 初始点火提前角 + 基本点火提前角 + 修正点火提前角

正常运行时的基本点火提前角主要根据发动机转速和负荷而定。ECU 根据发动机转速和负荷，从 ECU 的存储器中查询得到所对应的基本点火提前角，如图 4-14 所示。

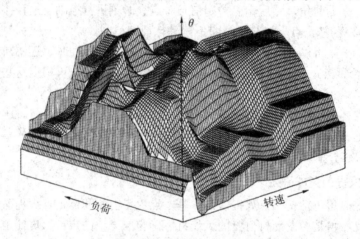

图 4-14　正常运行工况下基本点火提前角的控制

发动机正常运行时，最佳点火提前角的控制还受到发动机进气温度、冷却液温度、爆震、怠速等因素影响，因此，ECU 还要根据这些传感器信号对点火提前角进行暖机修正、过热修正、怠速稳定修正、空燃比反馈修正、爆燃反馈修正等。

二、通电时间控制

微机控制点火系统也属于电感储能式点火系统。对于电感储能式点火系统，次级电压的最大值 U_{2max} 与初级断开时的电流值成正比，而初级断开电流又随着电路导通时间的增长而增大，因此必须保证初级电路导通时间，才能使初级电路达到饱和。在微机控制的点火系统中，为了减小转速对次级电压的影响，提高点火能量，采用了初级线圈电阻很小的高能点火线圈，它的饱和电流可以达到 30 A 以上。为了防止初级电流过大烧坏点火线圈，所以在点火初级电路控制中，必须控制初级电路的最佳通电时间，以保证任何车速下初级电流都可以达到规定值 7 A。这样既能改善点火性能，又能防止初级电流过大而烧坏点火线圈。

三、爆燃控制

为了使发动机获得最大的动力性和最佳的经济性，需要增大点火提前角，但点火提前

角过大又会引起爆燃。对于上述问题，微机控制点火系统增加了爆燃控制，同时增加了爆震传感器。

爆震传感器就是利用压电晶体的压电效应，把爆震时传到气缸体上的机械振动转变成电压信号，输入 ECU。ECU 对爆震传感器信号进行滤波处理，并判断有无爆燃及爆燃的强度。爆震传感器安装在气缸体上。

影响爆燃的因素很多，其中点火提前角是影响爆燃的主要因素。当爆燃发生时，推迟点火(即减小点火提前角)是减轻或消除爆燃的有效措施。爆燃控制过程如图 4-15 所示。如果发生爆燃，ECU 会逐步减小点火提前角，直到爆燃消失。当爆燃消失后，ECU 又逐步增大点火提前角，直到再次出现爆燃。当再次出现爆燃时，ECU 又开始减小点火提前角。如此循环调整控制，就可使发动机工作在爆燃的边缘，此时发动机热效率最高，动力性、经济性最好。爆燃闭环控制电路如图 4-16 所示。

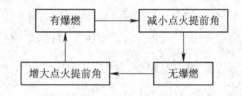

图 4-15 爆燃控制过程

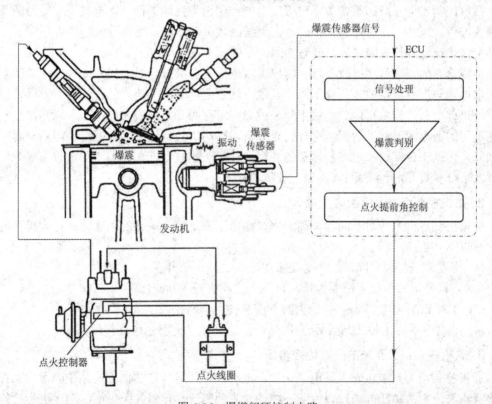

图 4-16 爆燃闭环控制电路

爆燃控制的实质就是点火提前角的反馈控制，爆燃控制过程中点火提前角的变化如图 4-17 所示。从图中可知，爆燃传感器向 ECU 输入爆燃信号时，微机控制点火系统采用闭环控制模式，并以固定的角度减小点火提前角，直至爆燃消失为止。爆燃消失后的一段时间内，点火系统使发动机维持在当前点火提前角下工作。该时间段内若无爆燃发生，则以一个固定的角度逐渐增大点火提前角，直到爆燃再次发生，然后再重复上述过程。

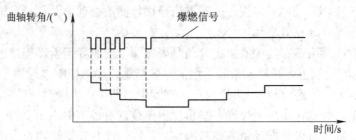

图 4-17　爆燃控制过程中点火提前角的变化

发动机工作时，ECU 会根据节气门位置传感器信号判断发动机负荷大小来决定是否进行闭环控制。当发动机小负荷工作时，一般不会出现爆燃，所以点火系统在此负荷范围内采用开环控制模式。当发动机的负荷超过一定数值时，点火系统自动转入闭环控制模式。

四、微机控制点火系统故障诊断和注意事项

1. 故障诊断的一般程序

微机控制点火系统都具备故障自诊断功能，这也为我们进行汽车电气系统的诊断带来了很大方便。因此，在进行微机控制点火系统的故障诊断时，要充分利用电控单元的自诊断功能，快速地查找故障原因，及时排除。

故障诊断的一般程序：汽车行驶时出现功能性问题或故障灯点亮，即"发现故障"→"调取故障码"→根据故障码提示或用其他方法查到可疑的故障元件，进行"元件性能测试"→进行"故障模块再现"→对于复杂故障和没有明确故障码的故障，可以通过运行各个工况下的数据流与标准数据流进行比对分析，即用"数据流分析"确定故障点→对于复杂故障，借助于诊断仪和示波器存储的各个元件的工作波形，与标准波形进行比对分析，即"波形分析"，综合各种因素，确定故障点。

2. 微机控制点火系统维修注意事项

微机控制点火系统对于高温、高湿度、高电压都是十分敏感的，因此在检查维修时应该注意以下几点：

(1) 当发动机出现故障时，不可将蓄电池从电路中断开；

(2) 当诊断出故障原因需要维修时，要先将点火开关断开；

(3) 在对 ECU 和传感器进行检查时，应当使用高阻抗数字式万用表；

(4) 维修中不要让 ECU 受到强烈震动，不能受潮，更不允许直接用水冲洗。

3. 微机控制点火系统的一般检修步骤

微机控制点火系统包含大量电子元件，也有许多传感器和其他点火系统的组成部件。在点火系统没有故障码或通过自诊断不能检测到故障时，可以按照下面的顺序进行检修：

各个传感器的检修→点火线圈的检修→火花塞的清洗或检修→点火初级电路(低压电路)的检查→点火次级电路的检查(高压电路)。

✎ 【任务实施】

别克凯越轿车点火系统的诊断

1. 点火系统电路分析

别克凯越 1.8L 轿车采用了微机控制的双缸同时点火系统，如图 4-18 所示。

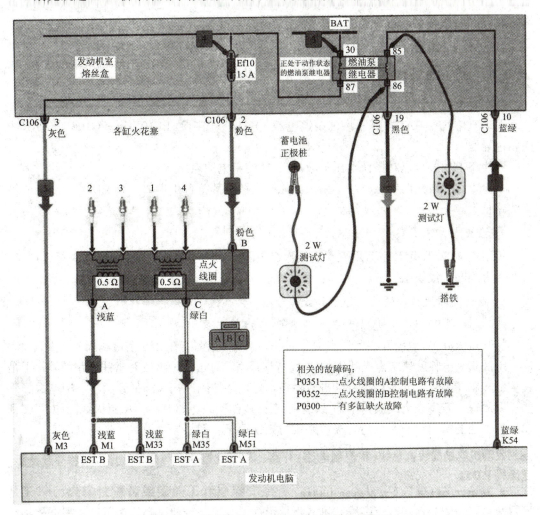

图 4-18　别克凯越 1.8L 轿车点火线圈的电路图

发动机的 1、4 缸同时点火，共用一个点火线圈；2、3 缸同时点火，共用一个点火线圈。发动机电脑根据曲轴位置传感器、凸轮轴位置传感器输送的信号确定点火的气缸。当确定 1 或 4 缸应该点火时，就控制点火线圈的 A 电路以脉冲方式搭铁；当确定 2 或 3 缸应该点火时，就控制点火线圈的 B 电路以脉冲方式搭铁。

在每次脉冲搭铁结束时，次级线圈都会产生 20 kV 以上的高电压，通过点火高压线同时传递到两个气缸的火花塞，产生电火花，点燃正处于压缩行程气缸内的混合气，另一个气缸处于排气行程，进行的是无效点火。

2. 故障诊断

1) 检查点火线圈的供电与点火线圈的连接线路

从电路图可以看出,点火开关闭合后,若不起动发动机,电脑的 K54 端输出 10.5～12.5 V 电压,保持 2 s,使燃油泵继电器动作 2 s 后复位,在燃油供给油路建立起燃油压力。在起动发动机以及发动机运行时,电脑只要接收到曲轴位置传感器的转速信号,就使 K54 端都输出 10.5～13.5 V 电压,使燃油泵继电器保持动作,通过熔断丝 EF10 15A 向点火线圈的 B 端和发动机电脑的 M3 端供电。

若在点火开关闭合的 2 s 后,燃油泵继电器不能动作,应沿着下面的线路检查:

电脑 K54 端(1 号线—蓝/绿色,对搭铁的电压为 10.5～12.5 V)→发动机熔丝盒 C106/10 端→继电器 85→继电器线圈→86→C106/19 端→搭铁 2 号线→电池负极

若在继电器动作后,点火线圈的 B 端无供电,应沿着下面线路检查:

发动机熔丝盒 BAT 电源→燃油泵继电器 30→87→熔断丝 EF10 15A→C106/2→点火线圈粉色导线 B 端

该线路上的各个点对搭铁电压都应是 12 V 的蓄电池电压。

在检查点火线圈的线路时,如果上面的检查结果都符合正常数值,说明点火线圈的供电线路正常。

2) 检查点火线圈

拆下点火线圈,用数字万用表检查其次级电阻,次级电阻一般为几 kΩ。如果符合规定,说明点火线圈次级绕组正常。

3) 点火线圈故障码的设置原理和故障分析

(1) 故障码 P0351——点火开关的 A 控制电路有故障。

打开点火开关,电脑开始监视点火线圈的 A 控制电路。若在 255 个检测周期内发现 200 次以上故障,电脑就认定点火线圈的 A 电路有开路、对正极短路或对搭铁短路故障,于是设置故障码 P0351,同时点亮发动机故障指示灯,并控制冷却风扇低速运转。根据故障码的设置原理,若有点火线圈内部的 1、4 缸点火线圈初级电路开路,或点火线圈的 C 端到发动机电脑的绿白线开路、与正极短路或与搭铁短路,都将导致设置故障码 P0351。

(2) 故障码 P0352——点火开关的 B 控制电路有故障。

打开点火开关,电脑开始监视点火线圈的 B 控制电路。若在 255 个检测周期内发现 200 次以上故障,电脑就认定点火线圈的 B 电路有开路、对正极短路或对搭铁短路故障,于是设置故障码 P0352,同时点亮发动机故障指示灯,并控制冷却风扇低速运转。根据故障码的设置原理,若有点火线圈内部的 2、3 缸点火线圈初级电路开路,或点火线圈的 A 端到发动机电脑的绿浅蓝色线开路、与正极短路或与搭铁短路,都将导致设置故障码 P0352。

(3) 故障码 P0300——有多缸缺火故障。

发动机电脑根据曲轴位置传感器和凸轮轴位置传感器信号检测发动机是否缺火。可能需要执行一次到多次检查(曲轴转速是否下降),才会点亮故障指示灯,并存储故障码 P0300,表示存在多缸缺火故障。

在设置了故障码 P0300 后,如果轻微缺火,故障指示灯点亮;如果出现严重缺火,故障指示灯立即点亮并闪烁。

3. 故障排除

连接诊断仪，闭合点火开关，读取故障码，显示故障码 P0352-"点火开关的 B 控制电路有故障"。

从图 4-18 可看出，点火线圈插接器有 3 个端子(A、B、C)，其中 B 端子连接点火线圈的电源线。当 B 端子及其电路有故障时，点火线圈没有电，不能工作，发动机不着车。经检查点火线圈的插接器发现，B(粉色)端了脱落，更换新的插接器，故障排除。

4. 故障反思

出现类似点火系统的故障时，必须根据点火系统的原理电路逐步检测点火线路和点火系统部件，并辅助以诊断仪进行检查。实践证明通过以上方法来解决这种故障是非常有效的。

【检查与评估】

在完成以上的学习任务后，可根据以下问题(见表 4-7)进行教师提问、学生自评或互评，及时评估本任务的完成情况。

表 4-7　检查评估内容

序号	评 估 内 容	自评/互评
1	能够利用各种资源查阅、学习微机控制点火系统的电路及典型故障案例	
2	能够制订合理、完整的工作计划	
3	能够识读微机控制点火系统的电路并进行电路连接诊断	
4	利用点火系统试验台或示教板设置 1～2 个故障，并能够查找和确定故障原因	
5	能够如期保质完成学习任务	
6	工作过程操作安全，能正确使用仪器、工具和设备	
7	工作结束后，工具摆放整齐有序，工作场地整洁	
8	小组成员工作认真，分工明确，团队合作	

小　　结

汽油机点火系统的功用是按照汽油机各缸工作顺序，适时供给火花塞足够能量的高压电，使火花塞产生足够强的火花，点燃被压缩的可燃混合气，使汽油机工作。

对点火系统的基本要求是能迅速、及时地产生足以击穿火花塞电极间隙的高电压；电火花应具有足够的点火能量；能针对发动机不同工况提供最佳点火时刻。

点火系统主要由电源、点火开关、点火线圈、火花塞、高压线等组成。点火系统工作电路包括低压电路和高压电路。

汽车点火系统的发展经历了传统点火系统、电子点火系统和微机控制点火系统 3 个阶段。目前采用的是微机控制点火系统。

　　微机控制点火系统主要由传感器、电控单元(ECU)、执行器(点火控制器、点火线圈、火花塞等)组成。

　　微机控制点火系统采用的传感器主要有凸轮轴位置(上止点位置)传感器、曲轴位置(曲轴转速与转角)传感器、空气流量(负荷)传感器、节气门位置(负荷)传感器、冷却液温度传感器、进气温度传感器、车速传感器、爆震传感器以及各种控制开关。

　　爆震传感器向发动机 ECU 输送反映发动机爆震强度的信号,用于修正点火提前角,使发动机在最佳点火时刻点燃可燃混合气,使发动机得到最好的动力性、经济性、排放性。

　　点火控制器的主要作用是控制初级电路的通断,其主要组成元件是大功率晶体管。

　　点火线圈主要由初级绕组、次级绕组、铁心等组成,其作用是将电源的低压直流电变成高压电。当高压电施加在火花塞电极上时,火花塞的电极间隙之间产生电火花,点燃燃烧室内可燃混合气。

　　影响火花塞热特性的主要因素是其绝缘体裙部的长度。绝缘体裙部长的火花塞,其受热面积大,传热距离长,散热困难,裙部温度高,称为热型火花塞;反之,裙部短的火花塞,吸热面积小,传热距离短,散热容易,裙部温度低,称为冷型火花塞。热型火花塞一般适用于低压缩比、低转速、小功率的发动机;冷型火花塞一般适用于高压缩比、高转速、大功率的发动机。

　　微机控制点火系统的控制功能主要包括点火提前角、通电时间及爆燃控制 3 个方面。

　　无分电器的微机控制点火系统可分为单独点火式和双缸同时点火式两种。

练 习 题

一、判断题

1. 为保证可靠点火,点火系统所能产生的最高电压必须总是高于火花塞的击穿电压。
　　　　　　　　　　　　　　　　　　　　　　　　　　　　　　　　　(　)

2. 为保证发动机可靠地点火,电火花应具有足够的点火能量。　　　　　(　)

3. 点火系统只要有足以击穿火花塞电极间隙的高电压和足够的点火能量,就可以使发动机的动力性和经济性最佳。　　　　　　　　　　　　　　　　　(　)

4. 点火系统初级电路周期性导通与断开是将低压电转变为高压电的必要条件。(　)

5. 点火线圈的初级绕组匝数少、线径粗、电流大。　　　　　　　　　　(　)

6. 点火线圈的次级绕组中产生的高电压值低于击穿电压时,才能点燃可燃混合气。
　　　　　　　　　　　　　　　　　　　　　　　　　　　　　　　　　(　)

7. 火花塞的自净温度越低,早燃、爆燃等不正常的燃烧现象越不易产生,但火花塞的电极间易形成"积炭",导致"积炭"漏电现象。　　　　　　　　　　　(　)

8. ECU 根据发动机转速和负荷,确定正常运行工况下所对应的基本点火提前角。
　　　　　　　　　　　　　　　　　　　　　　　　　　　　　　　　　(　)

9. 爆震传感器向发动机 ECU 输送反映发动机爆震强度的信号,用于修正点火提前角,使发动机在最佳点火时刻点燃可燃混合气,使发动机得到最好的动力性、经济性、排放性。
　　　　　　　　　　　　　　　　　　　　　　　　　　　　　　　　　(　)

二、单项选择题

1. (　　)不属于低压电路。
A. 点火线圈的初级绕组　　　　B. 点火线圈的次级绕组
C. 蓄电池　　　　　　　　　　D. 点火控制器

2. (　　)不属于高压电路。
A. 点火线圈的初级绕组　　　　B. 点火线圈的次级绕组
C. 高压线　　　　　　　　　　D. 火花塞

3. 下列对于单缸独立点火式点火系统的描述中，不正确的是(　　)。
A. 点火线圈的个数与气缸数相等
B. 每个点火线圈应配独立的点火模块
C. 点火线圈的个数是气缸数的一半
D. 如果点火模块与点火线圈集成在一起，则在点火线圈上应安装散热片。

4. (　　)不属于微机控制点火系统的主要功能。
A. 点火提前角控制　　　　　　B. 通电时间控制
C. 爆燃控制　　　　　　　　　D. 可燃混合气浓度

5. 当ECU接收不到爆震传感器信号时，点火提前角控制进入(　　)。
A. 开环控制　　　　　　　　　B. 闭环控制
C. 可能开环控制，也可能闭环控制

6. 在微机控制点火系统，起动工况时点火提前角设定为(　　)。
A. 初始点火提前角
B. 基本点火提前角
C. 修正点火提前角

7. 甲说"点火系统双缸同时点火时，一个气缸处在压缩行程上止点，另一个处在排气行程上止点"；乙说"双缸同时点火系统中一对火花塞同时发火"。你认为(　　)。
A. 只有甲对　　　　　　　　　B. 只有乙对
C. 都对　　　　　　　　　　　D. 都不对

8. 对于微机控制点火系统发动机工作时的点火提前角，甲认为是由初始点火提前角和修正点火提前角两部分组成的；乙认为由初始点火提前角、基本点火提前角和修正点火提前角3部分组成。你认为(　　)。
A. 只有甲对　　　　　　　　　B. 只有乙对
C. 都对　　　　　　　　　　　D. 都不对

9. 发动机正常运行时的基本点火提前角主要根据发动机转速和(　　)确定。
A. 负荷　　　　　　　　　　　B. 冷却液温度
C. 进气温度　　　　　　　　　D. 爆震

10. 微机控制点火系统的传感器不包括(　　)。
A. 曲轴位置(曲轴转速与转角)传感器
B. 空气流量(负荷)传感器
C. 爆震传感器
D. 火花塞

三、问答题

1. 汽油机点火系统的功用是什么？
2. 简述点火系统的基本要求。
3. 简述点火系统的基本工作原理。
4. 汽油机点火系统有几种类型？目前汽油机采用哪种类型？
5. 简述微机控制点火系统的组成。
6. 简述微机控制点火系统的工作原理。
7. 微机控制点火系统的传感器主要有哪些？
8. 点火线圈有什么作用？简述点火线圈的结构。
9. 独立点火系统和同时点火系统的点火线圈组件有什么不同？
10. 简述火花塞的构造。
11. 什么是火花塞的热特性？影响火花塞热特性的主要因素有哪些？
12. 微机控制点火系统的主要控制功能有哪些？
13. 微机控制点火系统的最佳点火提前角是如何确定的？

项目五　照明和信号系统的检修

为了保证汽车的行驶安全，现代汽车上都装备了多种照明和信号系统，而且世界各国对照明和信号的电气设备在法律上都作出了不同程度的明确规定，不但要符合交通法规的要求，也要保证车辆运行安全。

汽车照明系统是为了车辆在光线不好的情况下提高车辆行驶的安全性和运行速度而设置的。一般来说，汽车照明系统除了主要用于照明外，还有汽车装饰的作用。随着汽车电子技术应用程度的不断提高，照明系统正在向智能化方向发展。

汽车信号系统是用于汽车使用中指示其他车辆或行人的灯光信号(或标志)和音响信号，以保证汽车行驶的安全性，主要包括转向信号装置、制动信号装置、电喇叭等。

任务 5.1　照明系统的检修

【导引】

一辆桑塔纳轿车的远光灯和近光灯都不亮，另一辆迈腾轿车的左前近光灯不亮。如何维修这两辆车的照明灯？

【计划与决策】

前照灯属于汽车照明系统。汽车在使用过程中，照明系统会出现的故障现象有远光灯和近光灯都不亮、只有远光灯亮(或只有近光灯亮)、只有一侧的远/近光灯亮等。要完成照明系统的检修任务，首先必须掌握照明系统的组成和结构，了解照明系统电路特点，然后从照明系统电路入手，根据故障现象，进行合理的检查，找出故障原因，最后排除故障。

完成本任务需要的相关资料、设备以及工量具如表 5-1 所示。

表 5-1　完成本任务需要的相关资料、设备以及工量具

序号	名　称
1	桑塔纳汽车和迈腾汽车，汽车维修手册，车外防护 3 件套和车内防护 4 件套若干套
2	课程教材，课程网站，课件，学生用工单
3	数字式万用表，跨接线，12 V 试灯
4	灯光信号系统试验台或全车电器试验台，前照灯总成，雾灯总成

本任务的学习目标如表 5-2 所示。

表 5-2　本任务的学习目标

序号	学　习　目　标
1	熟悉照明系统的组成和作用
2	了解前照灯的结构和类型、配光
3	能够识读前照灯的电路
4	能够进行照明系统的故障诊断
5	评估任务完成情况

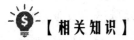 【相关知识】

汽车照明系统的主要作用是夜间(雨雾天)道路照明、车厢内部照明、车辆宽度标示、仪表与夜间检修照明等。在夜间行驶时,若照明系统突然出现故障,将严重影响行车安全。

一、照明系统的组成

汽车照明系统由电源、照明灯具(或称照明装置)、控制装置等组成。汽车上装有多种照明装置,照明装置按其安装位置和用途不同,可分为外部照明灯、内部照明灯、工作照明灯。控制装置包括各种灯光开关、继电器等。各种照明装置及其特征如表 5-3 所示。

表 5-3　各种照明装置及其特征

名称	安装位置	用　途	光的颜色	功率/W
前照灯(大灯、头灯)	装在汽车头部两侧,有两灯制和四灯制之分	在夜间行车时,照亮车前的道路和物体,确保行车安全;同时可发出远光和近光交替变换的灯光信号,以便夜间超车,也避免会车时使对方驾驶员眩目	白色	远光灯:40～60 近光灯:20～35
雾灯	安装在头部和尾部,位置比前照灯稍低,一般离地面约 50 cm 前雾灯:两只 后雾灯:一只或两只	前雾灯:在天气有雾、下雪、暴雨或尘埃弥漫等情况下,用来改善道路的照明情况 后雾灯:用来警示尾随车辆保持必要的安全距离	前雾灯为黄色或橙色(黄色透雾性好);后雾灯为红色	前雾灯:35～55 后雾灯:21 或 6
尾灯	装在汽车尾部	用于夜间车后的照明及警示后方车辆和行人	红色	15～25
牌照灯	汽车尾部牌照上方或左右两侧,1 只或两只	用来夜间照亮汽车牌照,在车后 25 m 处应能看清牌照标志	白色,光亮度好,且光线均匀、不外射	5～15
顶灯	装在车厢或驾驶室内顶部	用作驾驶室内部照明以及监视车门关闭是否可靠	白色	5～15
阅读灯	乘客座位前部或顶部	供乘客阅读时使用	白色	LED 阅读灯:1 W 及以下

续表

名称	安装位置	用　途	光的颜色	功率/W
行李舱灯	装在行李舱内	当打开行李舱盖时，该灯自动点亮，方便取放行李	白色	5
工作灯	装在发动机罩下	方便检修发动机	白色	8~20
仪表照明灯	装在仪表板上	用来照明仪表指针以及刻度板	白色	2~8

另外，在一些大、中型客车内还安装有踏步灯和走廊灯，可以方便乘客在夜间上下车和在车内走动，颜色为白色，功率一般为 3~5 W。

目前轿车上一般都是组合式前照灯(大灯)和组合式尾灯。组合式前大灯中集成了远光灯和近光灯、雾灯、示宽灯、前转向信号灯等，部分车型还集成有雾灯和 LED 灯组，组合方式因车而异；组合式尾灯集成了示宽灯、后转向信号灯、制动灯、倒车灯、后雾灯等，部分车型采用 LED 灯取代传统灯泡，效果更佳，寿命更长。

汽车照明系统中关系到行车安全的最重要的灯是前照灯，前照灯的结构和控制电路也是最复杂的，其余尾灯、牌照灯、仪表灯的电路都很简单。本任务重点学习前照灯的相关知识。

二、前照灯的结构及类型

1. 对前照灯的照明要求

由于前照灯的照明效果直接影响着夜间行车驾驶的操作和交通安全，因此世界各国交通管理部门多以法律的形式规定了其照明标准。前照灯与其他照明灯相比有较特殊的光学结构，对它的基本要求如下：

(1) 前照灯应保证车前有明亮而均匀的照明，使驾驶员能看清车前 100 m 内路面上的障碍物。随着汽车行驶速度的提高，前照灯的照明距离也相应地增长，现代高速汽车的照明距离应达到 200~250 m。

(2) 前照灯应能防止眩目，以免夜间两车相会时，使对方驾驶员眩目，从而造成交通事故。

2. 前照灯的结构

前照灯主要由反射镜、配光镜和灯泡 3 部分组成。

1) 反射镜

反射镜的作用就是将灯泡的光线聚合并导向前方，使前照灯照明距离达到 150 m 或更远，如图 5-1 所示。

反射镜的表面形状呈旋转抛物面，其内表面镀银、镀铝或镀铬，然后抛光。镀铝的反射系数可以达到 94%以上，机械强度也较好，故现在一般采用真空镀铝。

前照灯的
结构和防炫目

远光灯丝位于焦点 F 上，灯丝的绝大部分光线向后射在立体角 ω 范围内，经反射镜反射后变成平行光束射向远方，使光度增强几百倍甚至上千倍，达 20 000~40 000 cd，从而使车前 150 m，甚至 400 m 内的路面被照得足够清楚。从灯丝射出的位于立体角 $4\pi - \omega$

范围内的光线则向各方散射，散射向侧方和下方的部分光线，可照亮车前 5～10 m 的路面和路缘。

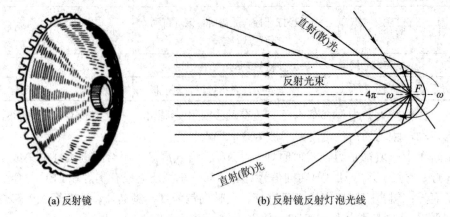

(a) 反射镜　　　　　　　　　　　(b) 反射镜反射灯泡光线

图 5-1　反射镜和反射灯泡光线

2) 配光镜

配光镜又称散光玻璃，它由很多块特殊的棱镜和透镜组合而成，几何形状较复杂，外形一般为圆形或矩形，如图 5-2 所示。配光镜的作用是将反射镜反射出的平行光束进行折射，使车前路面和路缘都有良好而均匀的照明。

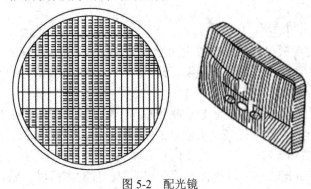

图 5-2　配光镜

3) 灯泡

目前前照灯常用的灯泡有普通的充气灯泡(白炽灯泡)、卤钨灯泡。

白炽灯泡的结构如图 5-3(a)所示，灯丝用钨丝制成紧密的螺旋状，但因钨丝受热后会蒸发，因此制造时先从玻璃泡内抽出空气，然后充以约 86%的氩和约 14%的氮的混合惰性气体。因为惰性气体受热后膨胀会产生较大的压力，这样可减少钨的蒸发，能提高灯丝的温度，增强发光效率，延长灯泡的使用寿命。

卤钨灯泡是在灯泡内所充惰性气体中掺入氟、氯、溴、碘等某种卤族元素所制成的灯泡。在卤钨灯泡中，从灯丝上蒸发出来的气态钨与卤素反应生成了一种挥发性的卤化钨，卤化钨扩散到灯丝附近的高温区又受热分解，使钨重新回到灯丝上，被释放出来的卤素继续扩散参与下一次循环反应，如此周而复始地循环下去，防止了钨的蒸发和灯泡的黑化现象。这种现象就是卤钨再生循环反应。如图 5-3(b)所示，卤钨灯泡比白炽灯泡的尺寸小，且在相同功率下，卤钨灯的亮度是白炽灯的 1.5 倍，寿命是白炽灯的 2～3 倍。

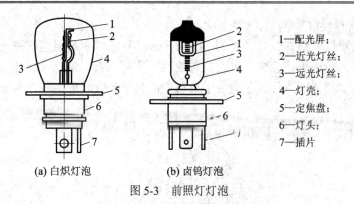

1—配光屏；

2—近光灯丝；

3—远光灯丝；

4—灯壳；

5—定焦盘；

6—灯头；

7—插片

(a) 白炽灯泡　　　　(b) 卤钨灯泡

图 5-3　前照灯灯泡

3. 前照灯的类型

根据反射镜的结构型式，前照灯可分为半封闭式和封闭式两种。

1) 半封闭式前照灯

半封闭式前照灯的结构如图 5-4 所示。其配光镜是靠卷曲反射镜边缘的牙齿而紧固在反射镜上的，两者之间垫有橡皮密封圈，其灯泡拆卸只可从反射镜的后方进行。半封闭式前照灯的优点是灯丝烧断后，只需更换灯泡。安装新灯泡时，注意在灯泡上不能留下污迹，特别是在更换卤钨灯泡时，切勿用手指触及灯泡玻璃壳部分，受皮肤脂肪沾污过的玻璃壳，会大大缩短使用寿命，因此拿灯泡只应拿基座，整理灯泡时亦应如此。半封闭式前照灯拆装时，不必拆下光学组件，拆装方便，因此得到了广泛应用。但其密封性能不良，反射镜易被污染。

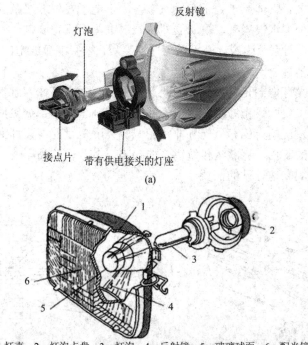

1—灯壳；2—灯泡卡盘；3—灯泡；4—反射镜；5—玻璃球面；6—配光镜

(b)

图 5-4　半封闭式前照灯的结构

2) 全封闭式前照灯

全封闭式前照灯又称真空灯，如图 5-5 所示。其灯丝焊在反射镜底座上，反射镜与配光镜熔合为一体，形成火芯总成，里面充入惰性气体与卤素。当灯丝烧坏后，需要更换整个灯芯总成。全封闭式前照灯完全避免了反射镜的污染和大气的污染，寿命长，但价格和维修成本较高。

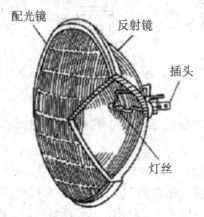

图 5-5　全封闭式前照灯的结构

4. 新型前照灯灯泡——高亮度弧光灯

高亮度弧光灯的灯泡里没有传统的灯丝，取而代之的是装在石英管内的两个电极。管内充有氙气及微量金属(或金属卤化物)，当在电极上有足够的引弧电压时(5000～12 000 V)，气体开始电离而导电。气体原子处于激发状态，由于电子发生能级跃迁而开始发光。0.1 s后，电极间蒸发了少量水银蒸气，电源立即转入水银蒸气弧光放电，待温度上升后再转入卤化物弧光灯工作。当点燃达到灯泡正常工作温度后，维持电弧放电的功率很低(约 35W)，故可节约 40%的电能。

由于高亮度弧光灯内部充有氙气，因此又将高亮度弧光灯称为氙气前照灯。

高亮度弧光灯主要由弧光灯组件、电子控制器和升压器 3 部分组成，如图 5-6 所示。高亮度弧光灯灯泡发出的光色和日光灯非常相似，亮度是目前卤素灯泡的 3 倍左右，寿命可达卤素气体灯泡的 5 倍，克服了传统钨灯的缺陷，上万伏的高压使得其发光强度增加，完全满足了汽车夜间高速行驶的需要。

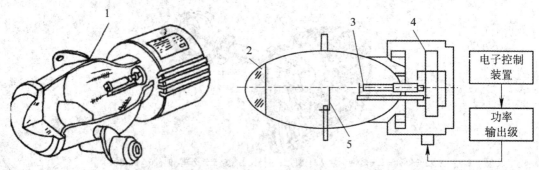

1—总成；2—透镜；3—弧光灯；4—引燃及稳弧部件；5—遮光板

图 5-6　高亮度弧光灯外形及原理示意图

1) 高亮度弧光灯的变光

在高亮度弧光灯上，近光灯和远光灯共用一个灯泡，远、近光之间的切换通过一个遮光板来实现。遮光板由一个电磁铁来进行操控。遮光板在基本位置处是向上翻起的，用于实现非对称配光。要想实现远光灯功能，需要给电磁铁通电来激活它，此时遮光板就会向下翻转，高亮度弧光灯就会产生出对称的远光灯光束。

2) 高亮度弧光灯的调节

国外法规要求，配备氙气大灯的车辆由于其高亮度可能会对迎面驶来的驾驶人视线有所影响，配备氙气大灯的车辆必须配备高度自动调节功能，即氙气大灯出厂时要调整好标准高度，之后前照灯的高低要随着车辆载荷分布自动进行调整。如果车辆前部低、后部高，则前照灯向上抬高，保证驾驶员足够的视野；如果车辆后部低、前部高(后部载荷太大或行李箱重物太多)，则自动将灯光下调，以免影响对面车辆。

例如，奥迪A6车辆配备了氙气前照灯，该车增加了一个前照灯照程调节控制单元J431，地址码为55，位置在前排乘员侧杂物箱的后方；还增加了两个车身高度传感器G76和G78，分别位于车辆的左前和左后。在组合氙气前照灯总成中，装备有用于调节照程的伺服电动机V48和V49，如图5-7所示。

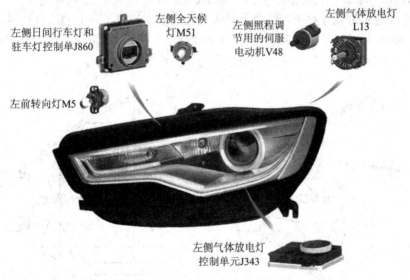

图 5-7　奥迪 A6(c7)组合氙气大灯左前的前照灯总成

三、前照灯的配光

夜间会车时，前照灯强烈的灯光可造成迎面来车驾驶员眩目，容易引发交通事故，世界各国交通法规都对前照灯的配光作了要求。除此之外，还通过交通法规约束司机，例如，夜间会车时，须在距对面来车 150 m 以外互闭远光灯，改用防眩目近光灯。前照灯采用的配光方式有对称式配光和非对称式配光两种。

1. 对称式配光

为了防止眩目，要求前照灯的灯泡一般采用双灯丝结构，一根为远光灯丝，另一根为近光灯丝。远光灯丝功率较大(45~60 W),位于反射镜焦点;近光灯丝功率较小(20~35 W),位于焦点上方或前方并稍向右偏斜。当远光灯丝点亮时,光束照亮较远的路面如图 5-8(a)所示;当近光灯丝点亮时,光束照亮较近的路面。这种配光形式称为对称式配光。对称式配光近光灯丝的工作情况如图 5-8(b)所示。射到反射镜 bab_1 上的光线由反射镜反射后倾向路面,而反射到 bc 和 b_1c_1(bb_1 为焦点平面)上的部分光线反射后倾向上方,但射向路面的光线占大部分,减轻了迎面来车驾驶员的眩目。

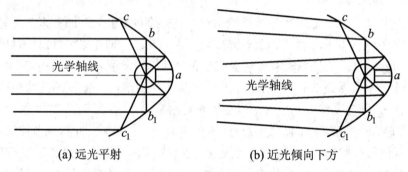

(a) 远光平射   (b) 近光倾向下方

图 5-8　对称式配光形式前照灯工作情况

　　对称式配光的另一种灯泡结构形式是在近光灯丝下加装配光屏(遮光罩),当接通近光灯时,配光屏能将近光灯丝下半部分的光线完全遮住,消除了向上的反射光线,减轻了眩目,如图 5-9(a)所示;而射向反射镜上部的光线反射后倾向路面,满足了汽车近距离照明需要。而当接通远光灯丝时,配光屏不起作用,如图 5-9(b)所示。

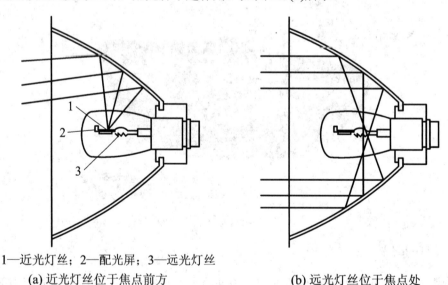

1—近光灯丝;2—配光屏;3—远光灯丝
(a) 近光灯丝位于焦点前方　　　　　　　　(b) 远光灯丝位于焦点处

图 5-9　具有配光屏的双丝灯泡的工作情况

2. 非对称式配光

　　配光屏在安装时应偏转一定的角度,使其近光的光形分布不对称,形成一条明显的明暗截止线。前照灯近光的此种配光形式称为 E 形非对称形配光(见图 5-10(b))。由于这种前照灯防眩目的效果好,目前灯泡绝大部分采用这种结构形式。

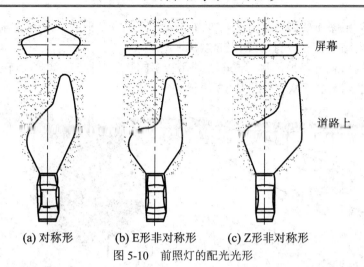

(a) 对称形　　　(b) E形非对称形　　　(c) Z形非对称形

图 5-10　前照灯的配光光形

近年来国外又发展了一种更优良的光形，其近光的光形如图 5-10(c)和图 5-11 所示。由于其明暗截止线呈 Z 字形，故称为 Z 形配光。此种光形不会使对面来的驾驶员和非机动车人员眩目，从而提高了夜间行车的安全性。

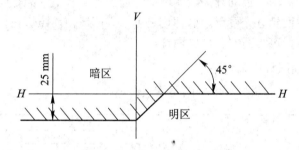

图 5-11　Z 形非对称形配光

为确保正确的配光光形，必须保证灯泡安装的位置正确，为此将灯泡的插头做成插片式(见图 5-12)，用插头凸缘上的半圆形开口与灯头上的半圆形凸起配合定位。另外，为保证可靠连接，3 个插片呈不均匀分布。

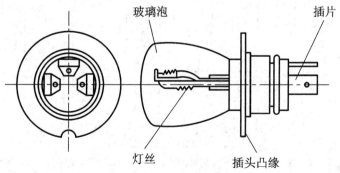

图 5-12　三插片式双丝灯泡

四、普通的前照灯控制电路

前照灯远光功率较大，为了减少灯光开关的烧蚀，前照灯电路中通常设置前照灯继电器。汽车前照灯电路主要由灯光开关、变光开关、前照灯、前照灯继电器等组成。但也有的车型前照灯电路中没有设置前照灯继电器。

灯光开关的形式有多种，目前汽车上使用较多的是将前照灯、尾灯、转向灯及变光开关等制成一体的组合式开关，如图 5-13 所示。

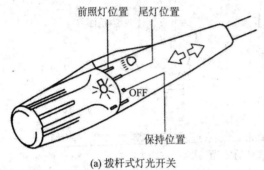

1—车灯开关旋钮；
2—后雾灯开关；
3—前雾灯开关

(a) 拨杆式灯光开关　　　　　　　　(b) 旋钮式灯光开关

图 5-13　组合式灯光开关

在组合式开关上，转动开关端部，就可依次接通尾灯和前照灯。将开关向下压，前照灯便由近光变为远光；向上扳动开关，就可变为远光。二者不同的是向上扳动开关，松手后，开关就会自动弹回到近光位置。这种设定可以方便地使前照灯在夜间行车时发出超车信号。前后扳动开关，可接通左、右转向灯。

1. 无继电器的前照灯控制电路

如图 5-14 所示为无前照灯继电器的照明系统电路。

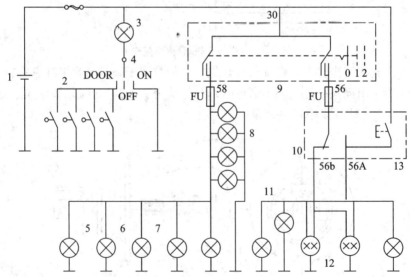

1—蓄电池；2—门控开关；3—室内灯；4—室内灯手控开关；5—示宽灯；6—尾灯；7—牌照灯；8—仪表灯；
9—灯光开关；10—变光开关；11—远光指示灯；12—前照灯(4灯亮远光；2灯亮近光)；13—超车灯开关

图 5-14　无前照灯继电器的照明系统电路

2. 有继电器的前照灯控制电路

如图 5-15 所示为别克凯越有前照灯继电器的前照灯电路。

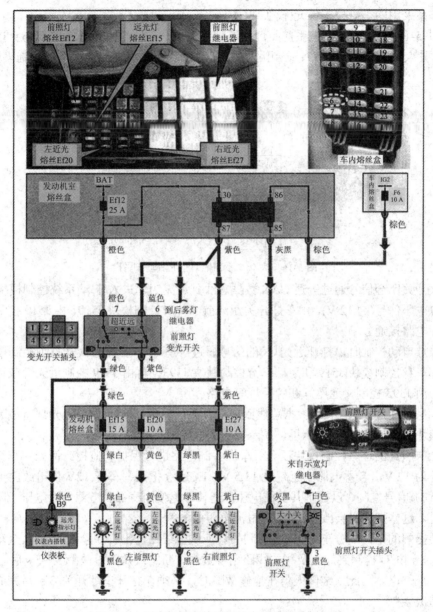

图 5-15　别克凯越有前照灯继电器的前照灯电路

对图 5-15 的说明如下：

(1) 前照灯开关控制继电器线圈的搭铁，继电器线圈由车内熔丝盒 F6 熔丝供电，继电器的触点和变光开关、近光灯(或远光灯，远光指示灯)串联，由发动机熔丝盒 Ef12 供电。

(2) 左、右近光灯各自有熔断丝控制，但左、右远光灯共用一个保险丝 Ef15。

(3) 图中箭头是继电器触点闭合时的电流路径。

五、有车身控制模块的前照灯电路

当前配置高的轿车上早已不再用灯光开关直接控制前照灯，而是采用电子控制单元 ECU(或称电子控制模块)来控制前照灯，如大众车系采用的电子控制单元 J519、福特车系和通用车系采用的车身控制单元(模块)BCM。

如图 5-16 所示为大众车系前照灯的控制原理图。前照灯系统包括前部车身控制模块 J519、驾驶人仪表板模块 J285、无钥匙进入/起动系统控制模块 J518、车顶控制模块 J528。

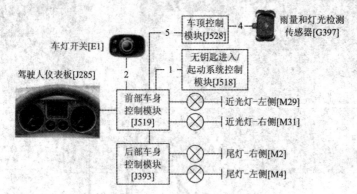

图 5-16　大众车系前照灯的控制原理图

点火开关闭合信号通过舒适 CAN 数据总线到达无钥匙进入/起动系统控制模块 J518，利用模拟电压信号(约 12 V)，由车灯开关激活前部车身控制模块 J519，由 J519 控制近光灯或远光灯电路接通。

前照灯自动控制时，"打开近光灯"的信号通过舒适 CAN 数据总线从车顶控制模块 J528 到达前部车身控制模块 J519 和后部车身控制模块 J393。再由 J519 控制近光灯或远光灯电路接通，由 J393 控制接通尾灯和牌照灯等电路。

故障信息通过舒适 CAN 数据总线到达驾驶人仪表板 J285，如果近光灯有故障，则由仪表板模块 J285 通过控制显示屏，显示相关的故障信息。

以上前照灯的这些控制模块还会对车灯控制电路进行保护和监控。例如，车灯的正常工作电压为 12 V，若蓄电池电压超过 13.5 V，ECU 会把某些车灯 12V 供电改由 PWM(脉冲宽度调制)信号控制，以控制其工作电压，延长灯泡使用寿命。当蓄电池电压下降到 13.5 V 以下时，这些灯泡又会改由 12 V 的直流电压供电。

需要提醒的是，部分车型 ECU 控制的灯泡供电线路是没有保险丝的(如大众车系的灯泡系统)，当 ECU 检测到灯泡及相关线路出现过载、断路或短路等故障 3～5 s 后，ECU 会停止向车灯供电。因此，维修人员在检修故障时，必须在打开车灯开关 3 s 后完成测量，否则会造成误判。

六、前照灯智能控制

1. 自适应大灯

自适应大灯系统(Adaptive Frontlighting System，AFS)能够根据驾驶员的操作和路况的变化，自动调节前照灯的照射角度。根据其功能配置的不同，可以分为左右角度调节、上下高度调节以及上下左右四方向调节 3 种类型。为了自动识别环境，有些车辆上还配有水平/垂直光线传感器，用来监测不同方向的光线强弱，结合车速来判断车辆是行驶在街区，还是在乡村或其他道路上，以便自适应前照灯系统采用不同的照明策略。

图 5-17 为自适应前照灯信号输入电路，图 5-18 为自适应前照灯控制电路。

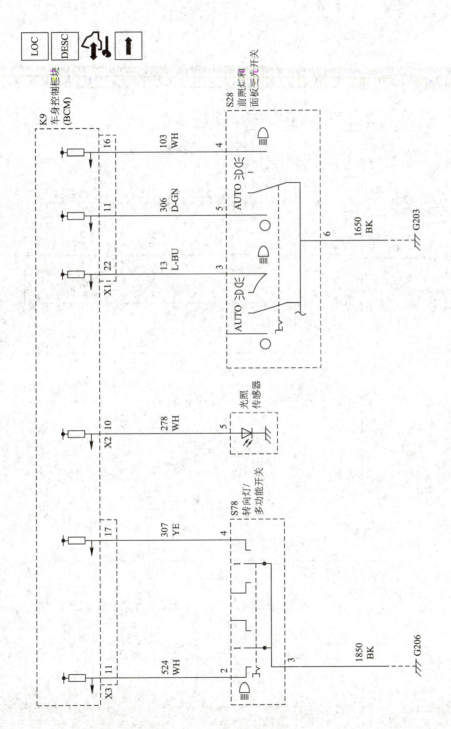

图 5-17　自适应前照灯信号输入电路

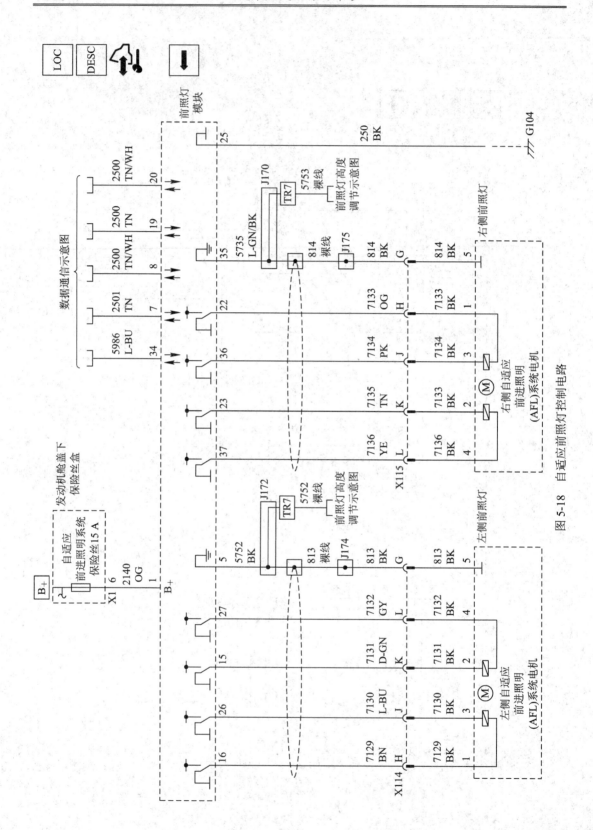

图 5-18　自适应前照灯控制电路

1) 左右调节前照灯系统 AFL

左右调节前照灯系统 AFL 主要由前照灯开关、前照灯控制模块、前照灯执行器等组成，可以随着方向盘的转动自动调节前照灯左右照射的角度。在左右调节前照灯系统时，左前照灯最多左转 15°、右转 5°，右前照灯最多左转 5°、右转 15°。在夜间行车中，尤其是弯道的情况下，自适应大灯能够帮驾驶人看得更远，更早发现不利情况，提高转弯时的行车安全性。

如图 5-17、图 5-18 所示，车身控制模块 K9 接收前照灯和面板变光开关、光照传感器、转向灯/多功能开关和光照传感器信号，再根据车速、方向盘转角等信号，计算出前照灯所需的调节角度，并向左右前照灯(内含执行电机)发出指令，控制前照灯运行到指令对应的位置。前照灯控制模块同时监视执行器电机是否工作正常。如果监测到故障，就会将故障代码保存到存储器中，驾驶员信息中心(DIC)将显示相应的提示信息。

前照灯的启用条件：前照灯开关处于自动位置，并且近光或远光灯开启；收到来自电子制动控制模块有效的方向盘转角位置信息；变速器置于前进挡位；收到车速高于 3 km/h 的信息。

2) 上下调节前照灯系统 AHL

上下调节前照灯系统 AHL 主要由前照灯开关、前照灯控制模块、高度传感器及高度调节器等组成，如图 5-19 所示。

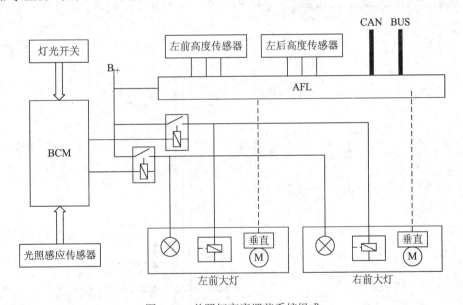

图 5-19　前照灯高度调节系统组成

当车辆的载荷和行驶状态发生变化时，前照灯控制模块通过接收前后高度传感器的输入信号，计算出车辆俯仰角度的差值后，通过高度调节执行器控制前照灯运行至指令对应的位置，自动保持灯光的俯仰角度。

当车辆悬架被压缩和回弹时，前照灯控制模块通过高度传感器接收车辆俯仰角度的变化信息，如图 5-20 所示。前照灯控制模块在计算出车辆俯仰角度的差值后，通过高度调节执行器控制前照灯运行到指令对应的位置。每次接通前照灯开关时，系统都会执行自检。此时前照灯的照射高度将会下降，并随后回升至中间位置。

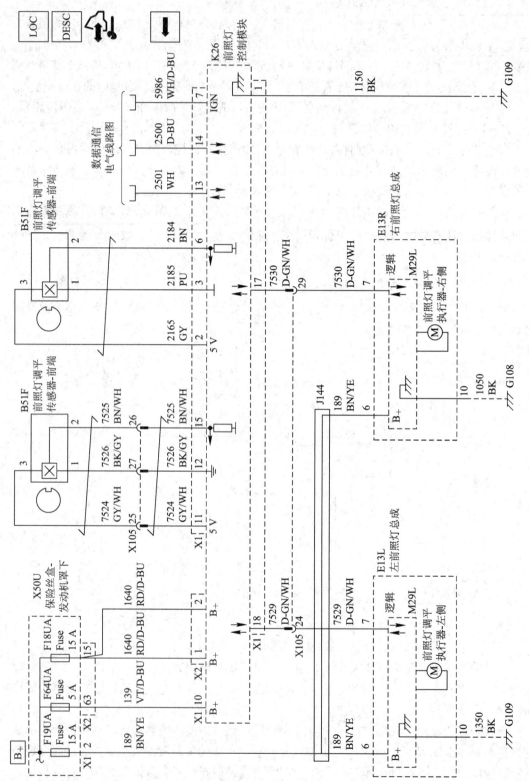

图 5-20　前照灯高度调节控制电路

3) 上下左右四方向调节前照灯系统 AFS

AFS 自适应前照灯系统是将 AFL 和 AHL 的功能组合在一起形成的，并且只需要一个前照灯控制模块。每个前照灯内部都有两个调节执行器，分别调整前照灯左右和上下的照射角度。配置 AFS 系统的前照灯在车辆起动期间会运行前照灯自检程序，此时前照灯灯光将由远及近地变化，这属于正常现象。

自适应大灯系统可以在转向和转弯时显著改善道路前方的照明，可以在车辆的载荷和行驶状态发生变化时自动调节大灯的照射方向，大大提高了汽车的安全性能。

2. 大灯清洗装置

为了保障大灯的足够照明并给予驾驶者清晰的视线，许多中高档车型安装了大灯清洗装置。在前大灯的下方有一个出水口，可以清洗前大灯的灰尘及污垢。目前普遍采用高压清洗玻璃和塑料配光镜。清洗效果主要取决于喷嘴与配光镜之间的距离、喷水的水滴大小、接触角、喷水速度以及喷水量。

不同的车辆大灯清洗方式可能会不同。例如，福特蒙迪欧汽车大灯清洗方式是在前大灯打开的前提下，如果连续动作雨刮清洗开关 4 次以上，即可以实现大灯清洗功能，此时大灯会清洗两次。为了节省用水，在使用前大灯清洗功能后 30 s 内无法再次使用。当清洗液下降到极限刻度时，大灯清洗功能将无法使用，同时设置了大灯清洗液缺少报警提示，会在仪表上显示清洗液缺乏的提示信息。

3. 大灯延时关闭(伴我回家功能)

大灯延时关闭功能又称伴我回家功能，其作用是在汽车熄火后延时关闭前照灯，为驾驶员提供一段时间的照明。

大灯延时关闭的使用方法，根据车型不同，品牌不同，操作方法也会有差别。广汽的自由光车型大灯延时关闭的操作方法为：在中控屏幕上进行设置，点击车灯，进入到车灯的操作界面，可以看到大灯延时关闭的选项，从中选择要设置的大灯自动关闭延时的时间即可，如图 5-21 所示。

图 5-21 大灯延时关闭设置

有的车辆大灯延时关闭功能的使用方法是：关闭点火开关后，向内扳动变光开关，则会启动伴我回家功能，此时近光灯和驻车灯会点亮。如果此时没有关闭车门，灯光会亮 3 分钟；如果已关闭所有车门或将车门上锁，灯光会点亮 30 s。当再次打开点火开关或伴我回家功能正在起作用时，只要扳动变光开关，立即解除该功能。

随着技术进步，智能前大灯的功能增加了很多。例如，福特翼虎汽车的自动大灯除了具有黄昏功能、自动远光功能、下雨功能外，还具有自动水平调整功能、大灯清洗功能、弯道辅助等功能。

七、新型前照灯——LED 前照灯

LED 前照灯是用 LED 作为光源的前照灯。雷克萨斯 LX600h 是世界上最先采用 LED

前照灯光源的上市车型，当年它也只是在近光灯中应用了 LED 灯，远光灯仍为卤素灯。目前，很多汽车的远近光都使用了 LED 灯。

LED 前照灯有很多优点，主要有：寿命长，一般可达几万至十几万小时；节能，比同等亮度的白炽灯起码节电一半以上；光丝质量高，基本无辐射，属于"绿色"光源；结构简单，内部支架结构，四周用透明的环氧树脂密封，抗振性能好；LED 前照灯无需热启动时间，响应速度为纳秒级；适用电压在 6～12 V 之间，完全可以用在汽车上；LED 占用体积小，设计者可以随意变换灯具模式，令汽车造型多样化。

1. 奥迪 A6L(c7)LED 前照灯的结构

奥迪 A6L(c7)采用矩阵式 LED 作为光源的前照灯总成，如图 5-22 所示。该前照灯总成由多个角度不同的多颗 LED 光源组成矩阵，由智能的管理系统控制，可达到最理想的照明效果。一个 LED 前照灯总成中不仅有近光灯、远光灯，还集成了驻车灯、转向灯等 10 种功能用灯，发光二极管数量达到了 78 个，发光二极管都带有散热片。为了更好地散热，前照灯内部集成有一个风扇。远光灯使用了 3 个反光镜(投射模块)，驻车灯/日间行车灯和转向灯使用了厚壁型光学件，以便获得均匀的灯光形状。如图 5-23 所示是 LED 前照灯总成中各灯的功能和内部结构。前照灯总成中各灯的功能和使用的发光二极管的数目如表 5-4 所示。

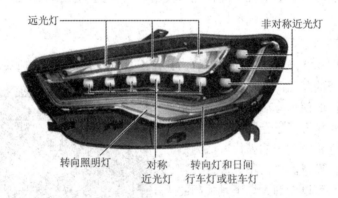

图 5-22　奥迪 A6L(c7)LED 前照灯总成

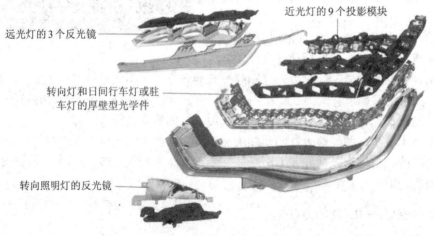

图 5-23　奥迪 A6L(c7)LED 前照灯总成中各灯的功能和内部结构

表 5-4　奥迪 A6L(c7)LED 前照灯总成中各灯的功能和使用的发光二极管的数目

灯的功能	使用的灯具
近光灯	14 个发光二极管(1 个 5×2 的芯片 + 4 个单独的发光二极管)
远光灯	12 个发光二极管(在近光灯的基础上，又增加了 3 个 1×4 的芯片)
驻车灯	24 个发光二极管(白色，亮度已降低为 20%)，与日间行车灯共用
日间行车灯	24 个发光二极管(白色，亮度 100%)
转向灯 ECE(由功率模块 2 触发)	24 个发光二极管(黄色)
转向照明灯(单侧)	4 个发光二极管(在近光灯的基础上，又增加了 1 个 1×4 的芯片)
高速公路灯	14 个发光二极管(1 个 5×2 的芯片 + 4 个单独的发光二极管)
全天候灯(双侧的)	4 个发光二极管(在近光灯的基础上，又加了 1 个 1×4 的芯片，以便减少 2 个发光二极管)
旅行灯(切换到靠另一侧行驶时)	6 个发光二极管
回家/离家灯	14 个发光二极管(1 个 5×2 的芯片 + 4 个单独的发光二极管)，与近光灯共用

(1) 近光灯。近光灯工作时，14 个发光二极管的 9 个投射模块被激活，如图 5-24 所示。同时，日间行车灯的发光二极管亮度变暗，成为驻车灯状态。

(2) 远光灯。在远光灯工作时，除了近光灯和驻车灯的发光二极管点亮以外，还会激活 3 个 1×4 的发光二极管芯片，如图 5-25 所示。远光灯通过远光灯拨杆或者远光灯辅助系统来激活。

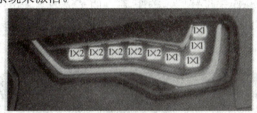 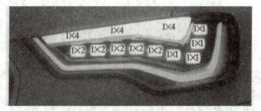

图 5-24　奥迪 A6L(c7)LED 近光灯　　　　图 5-25　奥迪 A6L(c7)LED 远光灯

(3) 日间行车灯/驻车灯。日间行车灯/驻车灯是由 24 个发光二极管(二者共用 24 个发光二极管)构成的，由脉冲宽度调制(PWM)信号触发。作为日间行车灯时亮度为 100%；作为驻车灯时，将亮度降低到 20%，如图 5-26 所示。

(4) 转向灯。转向灯使用了 24 个黄色发光二极管，如图 5-27 所示。在转向灯工作时，日间行车灯关闭。

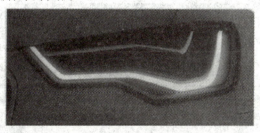 

黄色

图 5-26　奥迪 A6L(c7)LED 日间行车灯/驻车灯　　　图 5-27　奥迪 A6L(c7)LED 转向灯

　　(5) 转向照明灯(单侧)。在转向照明灯点亮时，除了近光灯的发光二极管点亮，驻车灯右下方的 1 个 1×4 的芯片也会点亮，如图 5-28 所示。这组 LED 配备有一个反光镜，它可以在车辆转向时照亮本车的侧面区域。此灯工作的前提条件：在转向灯已点亮时，车速低于 40 km/h 或转向盘有较大的转动时，车速低于 70 km/h。

　　(6) 高速公路灯。在高速公路灯工作时，近光灯的明暗分界线被前照灯照程调节伺服电动机向上提高。当车速超过 110 km/h 并持续了较长时间，此时高速公路灯就会点亮，如图 5-29 所示。如果车速超过了 140 km/h，这时高速公路灯电路就会立即接通，瞬间点亮。

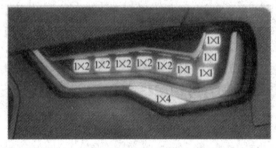

图 5-28　奥迪 A6L(c7)LED 转向照明灯

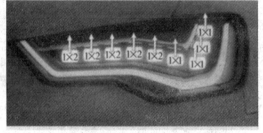

图 5-29　奥迪 A6L(c7)LED 高速公路灯

　　(7) 全天候灯。在全天候灯工作时(可以通过灯光开关上的按键来激活)，9 个近光灯模块中的 7 个会被激活，并被前照灯照程调节伺服电动机稍微举高了高度。另外，两侧的转向照明灯二极管也被激活。近光灯靠近上面的两个发光二极管是关闭的，如图 5-30 所示。关闭了上方这两个发光二极管后，在雾天/雨天行车时，灯对小水滴的反射变弱，这样可以防止灯光对本车驾驶员造成眩目。

　　(8) 旅行灯。旅行时，开启旅行灯(通过 MMI 来设置)，可防止对迎面车道的驾驶员产生眩目。这时使用近光灯功能，但是近光灯的非对称部分的 3 个发光二极管仍保持关闭状态，如图 5-31 所示。

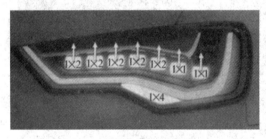

图 5-30　奥迪 A6L(c7)LED 全天候灯

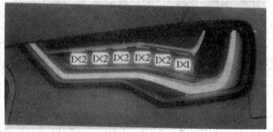

图 5-31　奥迪 A6L(c7)LED 旅行灯

　　(9) 回家/离家灯。回家/离家灯使用的是近光灯，如图 5-32 所示。激活回家/离家灯功能的前提条件是：车灯开关必须位于"AUTO"位置处，雨量/光强度传感器识别出车外光线特别黑，并且 MMI 系统内已经启用了这两个功能。激活回家/离家灯功能的两种方式：第一种是下车时打开左前车门；第二种是用遥控钥匙将中央门锁开启。

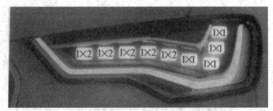

图 5-32　奥迪 A6L(c7)LED 前照灯
激活回家/离家灯功能

奥迪 A6L(c7)矩阵式 LED 前照灯总成或者单个发光二极管是无法更换的。但是如图 5-33 所示中的 LED 前照灯上的元件损坏后是可以单独更换的，这也从一定程度上降低了 LED 前照灯的使用成本。

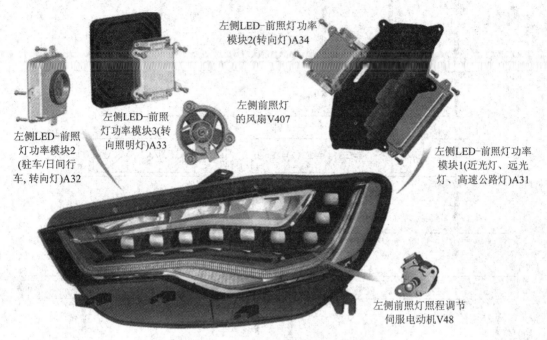

图 5-33　奥迪 A6L(c7)LED 前照灯总成中可以更换的元件

2. 奥迪 A6L(c7)LED 前照灯的触发

如图 5-34 所示是奥迪 A6L(c7)LED 前照灯的触发原理示意图。功率模块 2 由供电控制单元 J519 通过单独导线来触发。功率模块 1 和模块 3 均由 J519 通过 LIN-总线控制。功率模块 1-A31(前照灯功率模块 1 内)通过单独的导线来控制 LED 前照灯内的风扇，该风扇通过"15 号线接通"的方式激活，随后一直工作，用来给半导体元件和电路降温。风扇会一直工作到 15 号线(点火开关接通时输出的线路)电路被切断为止。

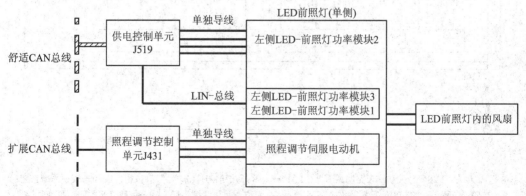

图 5-34　奥迪 A6L(c7)LED 前照灯的触发原理示意图

3. 奥迪 A6L(c7)LED 前照灯电路图

奥迪 A6L(c7)LED 前照灯电路与普通车灯的电路有所不同，如图 5-35、图 5-36 所示。

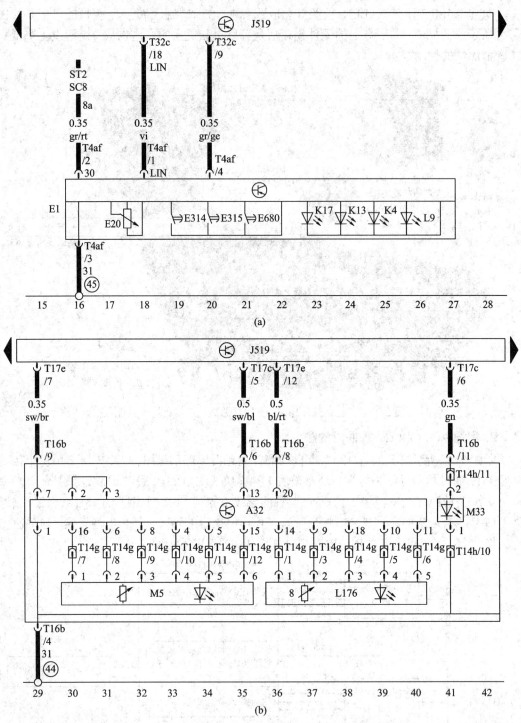

E1—车灯开关；E20—开关和仪表照明调节器；E314—后雾灯按钮；E315—后雾灯按钮；E680—夜视系统按钮；
J519—车载电网控制单元；K4—停车灯的指示灯；K17—前雾灯指示灯；L9—前照灯开关照明灯泡；
K13—后雾灯指示灯；A32—左侧LED前照灯模块化电源2；L176—日间行车灯和驻车灯左侧光电管模块；
M5—左前转向信号灯灯泡；M33—左前示宽灯灯泡

图 5-35　奥迪 A6L(c7)LED 前照灯电路图(一)

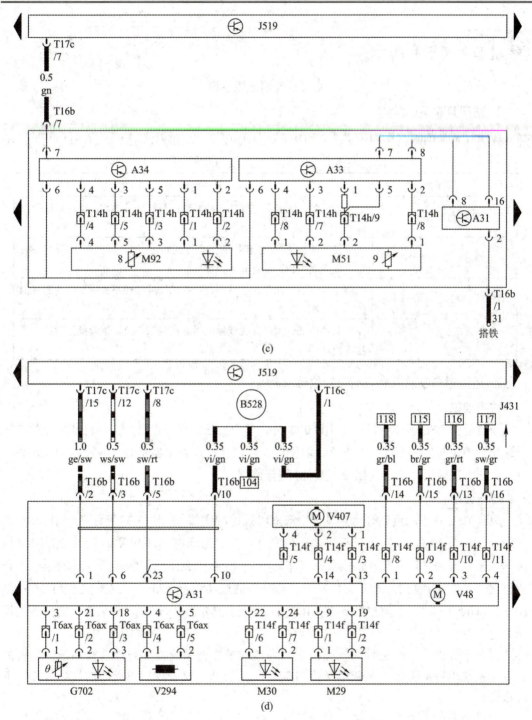

A31—左侧LED前照灯模块化电源1；A33—左侧LED前照灯模块化电源3；A34—左侧LED前照灯模块化电源4；
J519—车载电网控制单元；M51—左侧静态弯道灯；M92—左侧转向信号灯灯泡2；
G702—左侧前照灯温度传感器1；J431—前照灯照明距离调节控制单元；M29—左侧近光灯灯泡；
M30—左侧远光灯灯泡；V48—左侧前照灯照明距离调节伺服电动机；
V294—左近光灯防眩目；V407—左侧前照灯风扇

图5-36　奥迪 A6L(c7)LED 前照灯电路图(二)

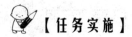【任务实施】

前大灯电路故障诊断

1. 前照灯常见的故障

前照灯常见故障及原因如表 5-5 所示。

表 5-5　前照灯常见故障及原因

故障现象	故障原因
所有灯均不亮	蓄电池到点火开关之间的火线断路；车灯开关损坏；电源总保险丝烧断
前照灯远、近光不全	变光开关损坏；远近光中的一个导线断路；双丝灯泡中某灯丝烧断；灯光继电器损坏；车灯开关损坏
前照灯一侧亮，另一侧暗	前照灯暗的一侧存在搭铁不良；变光开关接触不良；左右两侧灯泡的功率不同
前照灯灯光暗	电源电压低；大灯开关或继电器触点接触不良；保险丝松脱；导线接头松动

2. 迈腾轿车左前近光灯不亮的故障诊断

故障现象：

一辆迈腾 B8L 轿车，行驶了 100 000 km，客户反映：打开点火开关，将灯光开关旋转至近光灯挡位时，左侧近光灯不亮，右侧近光灯点亮，仪表中显示灯光故障指示灯长亮；将灯光开关旋转至其他灯光挡位，其他灯光正常点亮。

电路分析：

迈腾 B8L 轿车的近光灯为单输入、双输出的控制逻辑。如图 5-37 所示为迈腾 B8L 汽车的车灯开关电路，从图中分析可知：近光灯点亮，需要将车灯开关 E_1 旋转至近光灯挡位。当车灯开关 E1 位于近光位置时，车灯开关 E_1 向车载电网控制单元 J_{519} 输送一个开关位置信号，J_{519} 收到灯光开关信号后，会分别通过其端子 T73c/5 向左侧近光灯(M_{29})(见图 5-38(a))、T46b/1 端子(见图 5-38(b))向右侧近光灯(M_{31})同时供电，然后左、右两侧的近光灯会点亮。

仪表中灯光故障灯长时间点亮，是因为该汽车灯光系统有个智能自检系统，当检测到灯光系统出现故障时，车载电网控制单元 J_{519} 会通过仪表控制单元内的灯光故障指示灯报警。

故障原因：

根据故障现象和近光灯的控制电路，可知导致本故障的原因可能有：左侧近光灯 M_{29} 自身故障，或者 M_{29} 电源电路故障(包括正极、负极)；J_{519} 局部故障。

故障诊断：

因为该车近光灯的控制逻辑为单输入/双输出，右侧灯泡近光灯正常，从而判断车灯开关正常，怀疑左侧近光灯有问题。拆下左侧的近光灯灯泡进行检查，灯泡正常。

于是怀疑 J_{519} 的 T73c/5 端子与左前大灯的 T10az/6 端子之间的连接线路断路引起故障 (见图 5-38(a))。

打开点火开关，将灯光开关旋转至近光灯的挡位，用万用表直流电压挡测量车载电网控制单元 J_{519} 输出信号(即测量端子 T73c/5 端子对地的电压)，数值为 12.4 V，正常；接下来测量左前大灯一侧的 T10az/6 端子对地的电压，为 0 V。车载电网控制单元 J_{519} 输出信号正常，而灯泡连接器的电位始终为 0 V，这说明车载电网控制单元 J_{519} 的 T73c/5 端子至灯泡连接器 T10az/6 端子之间的线束存在断路故障。

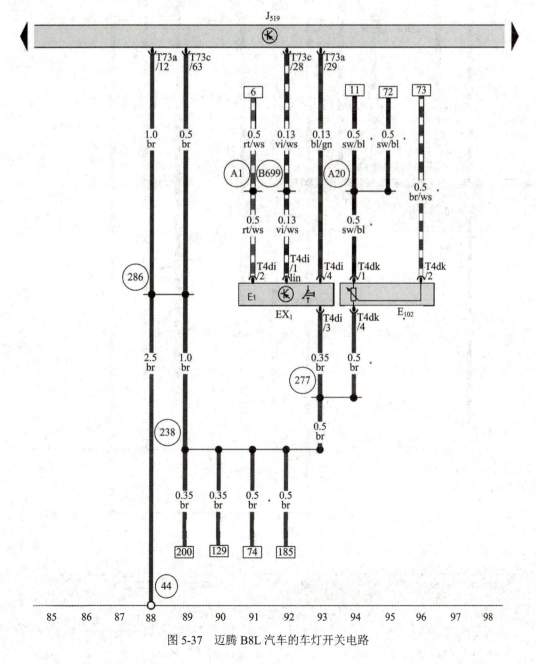

图 5-37　迈腾 B8L 汽车的车灯开关电路

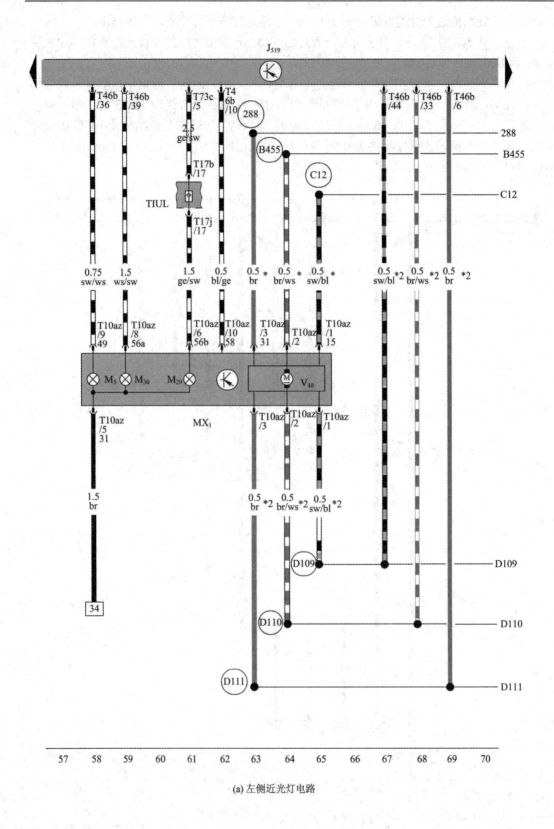

(a) 左侧近光灯电路

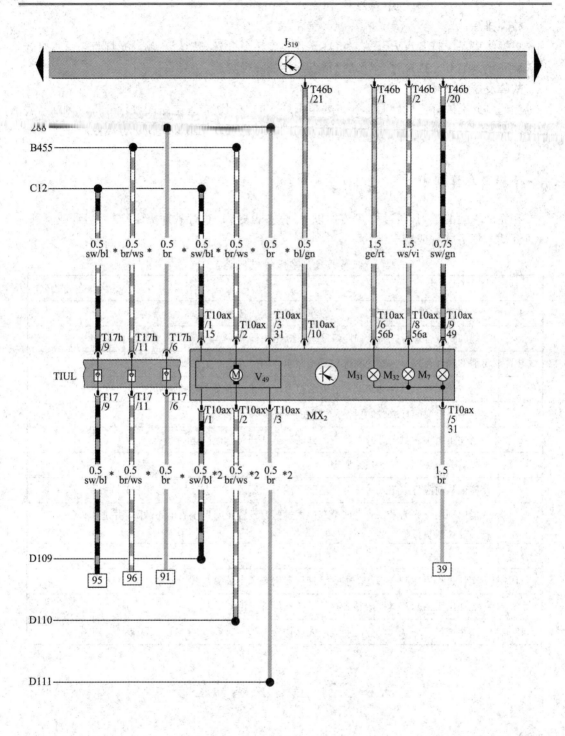

(b) 右侧近光灯电路

图 5-38 迈腾 B8L 汽车前照灯的左右侧近光灯电路

故障排除：

更换线束后，打开点火开关，将灯光开关旋转至近光灯挡，左侧近光灯点亮；将灯光开关旋转至其他灯光挡位时，灯光正常点亮，故障排除。

故障反思：

当遇到此类的灯光问题时，一定要根据灯光的控制逻辑、电路图进行分析，判断故障范围，测量时要由简到繁。对于本故障，在判断时也可以使用诊断仪进行测量。

 【检查与评估】

在完成以上的学习内容后，可根据以下问题(见表 5-6)进行教师提问、学生自评或互评，及时评估本任务的完成情况。

表 5-6　检查评估内容

序号	评 估 内 容	自评/互评
1	能够利用各种资源查阅、学习汽车照明系统的各种知识	
2	能够制订合理、完整的前照灯故障诊断工作计划	
3	能够制订合理、完整的雾灯和其余照明灯的故障诊断工作计划	
4	就车认识汽车上各种照明灯的安装位置，能够正确操作每种照明灯	
5	能够进行前照灯总成的更换，灯泡的更换	
6	能使用万用表对车灯开关、变光开关、雾灯开关进行检测	
7	能够分析照明系统的电路原理	
8	能够从前照灯电路入手，分析前照灯的故障原因，并进行故障诊断与排除	
9	能够利用灯光信号试验台或全车电器试验台设置照明系统的电路故障，并进行故障诊断与排除	
10	能如期保质完成工作任务	
11	工作过程操作符合规范，能正确使用万用表和工具等设备	
12	工作结束后，工具摆放整齐有序，工作场地整洁	
13	小组成员工作认真，分工明确，团队协作	

任务 5.2　信号系统的检修

 【导引】

一辆别克凯越轿车在行驶过程中有时会出现转向灯闪烁频率明显加快，有时也会出现转向灯都不亮。如何排除该故障？

【 计 划 与 决 策 】

转向灯属于汽车信号系统。汽车信号系统主要用于向他人或其他车辆发出警告和示意的信号。汽车使用过程中，信号系统出现故障应尽快修复。要想排除信号系统出现的故障，需要了解汽车信号灯系统的组成，熟悉信号灯控制电路与控制原理，然后根据故障现象从信号灯控制电路入手，分析和判断故障原因，并排除故障。

完成本任务需要的相关资料、设备以及工量具如表 5-7 所示。本任务的学习目标如表5-8 所示。

表 5-7　完成本任务需要的相关资料、设备以及工量具

序号	名　　称
1	轿车，维修手册，车外防护 3 件套和车内防护 4 件套若干
2	课程教材，课程网站，课件，学生用工单
3	灯光信号系统试验台或全车电器试验台，数字式万用表，跨接线，12 V 试灯，常用工具

表 5-8　本任务的学习目标

序号	学 习 目 标
1	熟悉信号系统的组成和作用
2	了解转向灯和危险报警灯的电路组成
3	能够分析转向灯闪光器的工作原理，能够识读转向灯的电路
4	能够进行信号系统的故障诊断
5	评估任务完成情况

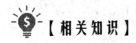【 相 关 知 识 】

一、汽车信号系统概述

汽车信号系统主要包括转向信号灯、危险报警灯、位灯、示廓灯、制动灯、倒车灯、驻车灯喇叭、挂车标志灯等。

1. 转向信号灯

转向信号灯一般有 4 只或 6 只，装在汽车前后或侧面，功率一般为 20 W 以上。在汽车转弯时转向信号灯发出明暗交替的闪光信号，用来指示车辆的转弯方向，以引起交警、行人和其他驾驶员的注意，提高车辆行驶安全性。

2. 危险报警灯

危险报警灯与转向信号灯共用。当车辆出现故障停在路面上时，按下危险警报开关，全部转向灯同时闪亮，提醒车辆避让。

3. 位灯

位灯也称小灯，前位灯又称示宽灯，一般为白色或黄色；后位灯又称尾灯。位灯主要是用以表示汽车的存在及大体的宽度，便于其他车辆在会车和超车时判断。

4. 示廓灯

示廓灯主要用于空载车高3 m以上的客车和厢式货车，前后各两只，前面的为白色，后面的为红色，安装在汽车顶部的边缘处，既能表示汽车高度又能表示宽度。安全标准规定在车高高于3 m的汽车上必须安装示廓灯。示廓灯是一种警示标志的车灯，是用来提醒其他车辆注意的示意灯。

5. 制动灯

制动灯装于汽车后面，用于当汽车制动或减速停车时，向车后发出灯光信号，以警示随后车辆及行人。制动灯为红色，多采用组合式灯具，一般与尾灯共用灯泡(双丝灯)。

6. 倒车灯

倒车灯用于照亮车后路面，并警告车后的车辆和行人。

7. 驻车灯

驻车灯装于车头和车尾两侧，用于夜间停车时标志车辆形位。当接通驻车灯开关时，仪表照明灯、牌照灯并不亮，驻车灯耗电量比位灯小。

汽车以上装置主要用于向外界传递信息，它们与照明系统一起组成了汽车灯光系统。现代汽车中还有阅读灯、踏步灯、后照灯、行李灯等。警车、消防车、救护车和出租车等特殊类型的车辆在车顶部还装有警示灯(或标志灯)。

8. 挂车标志灯

全挂车在挂车前部的左右各安装一个红色的标志灯，其高度要求高出全挂车的前栏板300～400 mm，距外侧车厢小于150 mm，以引起其他驾驶员的注意。

我国的国家标准规定：汽车的位灯、示廓灯、牌照灯、仪表灯及挂车标志灯应能同时启灭；当前照灯点亮时，这些灯必须点亮；当前照灯关闭和发动机熄火时仍能点亮。

9. 喇叭

喇叭为声响信号装置，按下喇叭按钮可发出声响警告行人车辆，以确保行车安全。

以上信号灯控制电路均由电源、控制装置、信号灯等组成，其中转向信号灯的电路中还串接有转向灯闪光器，它的电路是最复杂的，也较易产生故障。倒车灯、制动灯的电路及检修比较简单，本任务仅介绍转向信号灯的检修。

二、汽车转向信号和危险报警系统的组成

汽车转向灯系统一般由转向信号灯、转向指示灯、转向开关、闪光器等组成。当汽车需要向左或右转向时，通过操纵转向开关，使车辆左边或右边的转向信号灯经闪光器控制而闪烁发光；转向后，回转方向盘，方向盘控制装置可自动控制转向开关回位，使转向灯熄灭。

危险报警信号是通过操纵危险警告灯开关，使全部转向灯闪亮来发出警示的。使用场

合主要有：本车有故障或危险不能行驶；本车有牵引其他车辆的任务，需要其他车辆注意；本车需优先通过，需要其他车辆回避。

如图 5-39 所示，危险报警信号灯电路一般由左、右转向灯，闪光器，危险警告灯开关等组成。当危险警告灯开关闭合时，由熔断丝 F14 向闪光器供电，闪光器输出电流经过危险警告灯开关后，同时接通左、右转向灯和仪表板指示灯，使其同时闪烁，向车辆和行人发出警示如图 5-39 中箭头方向。危险警告灯开关是一个多触点联动开关。危险报警信号不受点火开关控制，危险报警灯可以在发动机不工作时使用，此时不需接通点火系统及仪表报警灯，它是由蓄电池直接供电的。

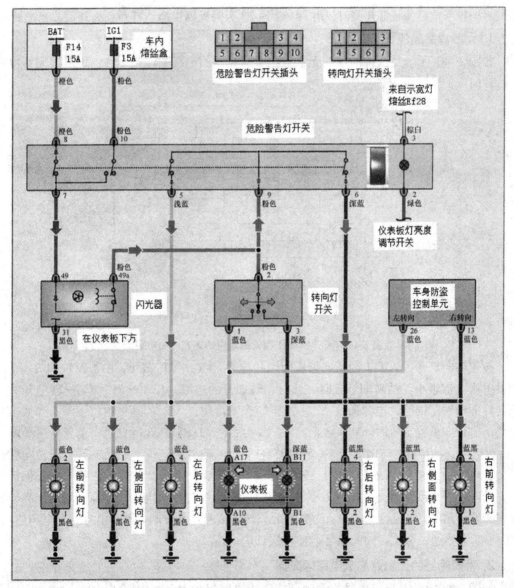

图 5-39　别克凯越轿车危险报警信号灯电路

转向信号灯一般应具有一定的闪烁频率，我国国标规定为 60～120 次/min，日本转向

闪光灯规定为 85 ± 10 次/min。同时，还要求转向信号灯信号效果要好，而且亮暗时间比(通电率)在 $3：2$ 为佳。

在转向信号灯泡烧坏或线路出现故障后，转向信号灯的闪烁频率将发生明显变化(通常闪烁频率加快或停止闪烁)，以提醒驾驶员。

三、转向灯闪光器

转向信号灯的闪烁频率由闪光器控制。闪光器主要有电热式、电容式和电子式 3 种类型。电热式闪光器目前已被淘汰，电容式闪光器在轿车上也已少用。电子式闪光器具有性能稳定、可靠等优点，目前汽车上广泛采用的是无触点电子式闪光器。

1. 无触点全晶体管式闪光器

如图 5-40 所示是一种简单的无触点电子闪光器的电路图。在无触点电子闪光器电路中，转向灯的工作由 VT_3 控制。

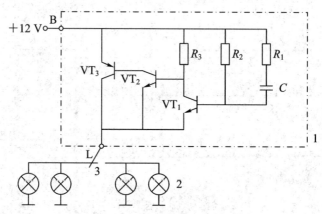

1—闪光器；2—转向信号灯；3—转向灯开关

图 5-40　国产 SG131 型无触点电子闪光器的电路

接通转向灯开关，VT1 因正向偏压而饱和导通，VT_2、VT_3 截止。由于 VT_1 和 R_3 串联，其发射极电流很小，故转向灯较暗。此时，转向灯的电流：$12 V→R_3→VT_1→$转向开关→转向灯→搭铁。同时，电源通过 R_1 对电容 C 充电，使得 VT_1 的基极电位下降，当低于其导通所需正向偏置电压时，VT_1 截止。VT_1 截止后，VT_2 通过 R_3 得到正向偏置电压导通，VT_3 也随之饱和导通，转向灯变亮。转向灯亮时的电流：$12 V→VT_3→$转向开关→转向灯→搭铁。电路中因没有了 R_3 分压，灯较亮。此时，电容 C 经 R_1、R_2 放电，使 VT_1 仍保持截止，转向信号灯继续发亮。随着 C 放电电流的减小，VT_1 基极电位又逐渐升高，当高于其正向导通电压时，VT_1 导通，VT_2、VT_3 截止，转向信号灯又变暗。随着电容的充电和放电，VT_3 不断地导通、截止，如此循环，使转向灯闪烁。

2. 带蜂鸣器的无触点集成电路闪光器

如图 5-41 所示为带蜂鸣器的无触点式集成电路闪光器工作电路。从图 5-41 可以看出，大功率三极管 VT_1 控制转向灯 ZD_1 和 ZD_2 的搭铁回路，VT_2 控制蜂鸣器 Y 的搭铁回路，

而 VT_1、VT_2 的导通都受到 555 集成电路输出端 3 的控制。利用晶体管的开关作用，实现对转向灯开、关控制和蜂鸣器声响控制，构成了声光并用的转向信号装置，提高了行车安全性。

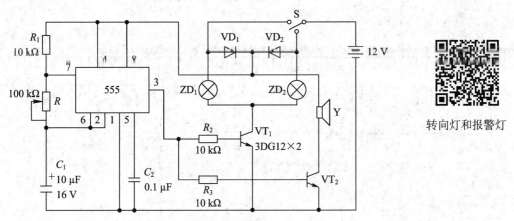

图 5-41　带蜂鸣器的无触点式集成电路闪光器工作电路

555 集成电路的逻辑功能：当输入端管脚 6、2 均为高电平时，输出端 3 则为低电平；同时，管脚 7、1 之间导通。否则，输出端 3 为高电平，管脚 7、1 之间截止。

当转向开关 S 接通时，C_1 的充电路径：电源→S→VD_1(或 VD_2)→R_1→电位器 R→C_1→搭铁。随着 C_1 的充电，555 集成定时器的管脚 6、2 的电位逐渐升至高电平。所以，C_1 充电结束时，输出端 3 为低电平。该电平加到 VT_1 和 VT_2 的基极上，使 VT_1 和 VT_2 截止，转向灯不亮，蜂鸣器不响。同时，管脚 7 和 1 之间导通，C_1 开始放电，电容 C_1 的放电路径：C_1 正极板→R→管脚 7→管脚 1→C_1 的负极板。C_1 放电结束，使管脚 6、2 降为低电平，输出端 3 则为高电平，因而 VT_1 和 VT_2 导通，使 ZD_1 和 ZD_2、蜂鸣器 Y 的搭铁电路接通，从而接通了转向灯及蜂鸣器的电路，转向灯 ZD_1(或 ZD_2)亮，蜂鸣器发出响声。

同时，因管脚 7 和 1 之间截止，电源又向电容 C_1 充电，结果又使管脚 6、2 的电位逐渐升至高电平，输出端 3 为低电平，VT_1 和 VT_2 截止，转向灯熄灭，蜂鸣器不响。同时，管脚 7 和 1 间又导通，电容 C_1 又开始放电，使管脚 6、2 降为低电平，VT_1 和 VT_2 导通，转向灯亮，蜂鸣器发出响声。如此反复，发出转向灯音响和闪烁信号。若闪光频率不符合要求，可通过电位器 R 进行调整。

四、转向开关直接控制的转向灯电路

如图 5-42 所示为别克凯越轿车的转向信号灯电路。闪光器由车内熔丝盒的 F3 熔丝(来自点火开关 IG1)供电，转向信号受点火开关控制。

打开点火开关，当把转向灯开关置于左转向位置时，电流(见图 5-42 中箭头方向)从点火开关 IG1→F3 熔丝→闪光器→转向灯开关(左)→左侧转向灯和仪表板左转向指示灯→搭铁，左转向灯闪烁。读者可自己分析右转向时的电流方向。

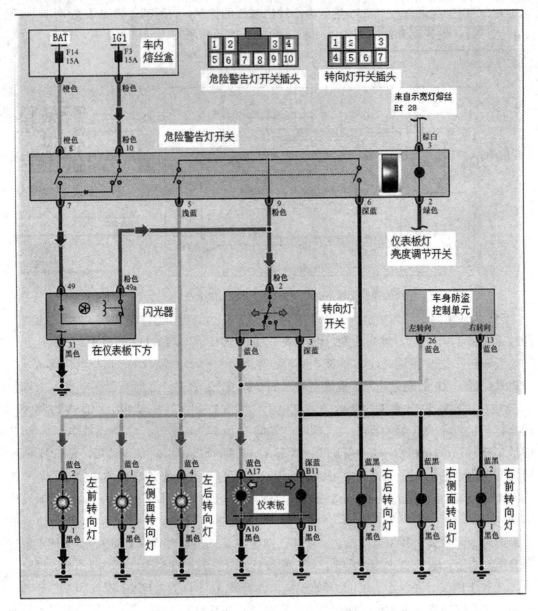

图 5-42　别克凯越轿车的转向信号灯电路

五、带车身控制模块的转向灯电路

目前，许多汽车采用电子控制单元 ECU(或称电子控制模块)控制转向灯。

1. 转向灯电路

如图 5-43 所示为大众车系转向灯的控制原理图。转向灯系统包括前部车身控制模块[J519]、车门控制模块-驾驶人侧[J386]、车门控制模块-前排乘客侧[J387]、无钥匙进入/起动系统控制模块[J518]、转向柱控制模块[J527]、驾驶人仪表板模块[J285]、指示灯开关[E2]、两个外后视镜上的指示灯等。

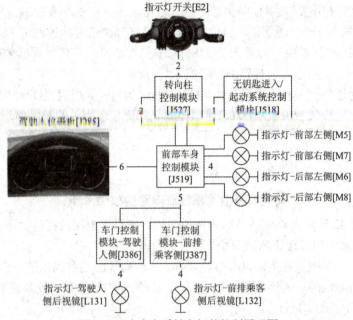

图 5-43 大众车系转向灯的控制原理图

当点火开关闭合时，点火开关信号通过舒适 CAN 数据总线传输给无钥匙进入/起动系统控制模块[J518]。"转向指示"信号由指示灯开关[E2]送给转向柱控制模块[J527]，再通过舒适 CAN 数据总线传送到前部车身控制模块[J519]，由[J519]控制 4 个左、右方向的转向灯点亮。"转向指示"信号同时还通过舒适 CAN 数据总线从[J519]传送到车门控制模块——驾驶人侧[J386]、车门控制模块——前排乘客侧[J387]，分别由这两个模块控制左、右车外后视镜的转向指示灯点亮。

故障信息通过舒适 CAN 数据总线从[J519]传送到驾驶人仪表板[J285]模块，如果转向灯有故障，则由仪表板模块[J285]通过显示屏显示相关的故障信息。

2. 危险报警灯电路

如图 5-44 所示为大众车系危险报警灯的控制原理图。

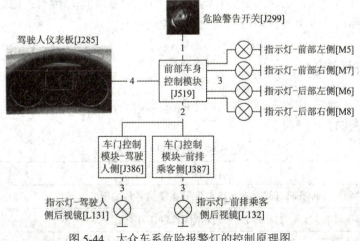

图 5-44 大众车系危险报警灯的控制原理图

按下"危险警告开关"时,危险报警灯开关信号传送到前部车身控制模块[J519],[J519]控制 4 个左右方向的转向灯点亮。同时,危险报警灯开关信号通过舒适 CAN 数据总线从[J519]传送到车门控制模块—驾驶人侧[J386]、车门控制模块—前排乘客侧[J387],分别由这两个模块控制左、右车外后视镜的转向指示灯点亮。

故障信息通过舒适 CAN 数据总线从[J519]传送到驾驶人仪表板[J285]模块,如果危险报警灯有故障,则由仪表板模块[J285]通过控制显示屏显示相关的故障信息。

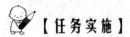【任务实施】

转向灯及危险报警灯电路的故障诊断

下面以图 5-42 所示别克凯越轿车为例说明转向信号灯电路的常见故障诊断。

(1) 转向指示灯闪烁比正常情况快。

这种故障现象说明该侧的转向灯灯泡烧坏,或转向灯的连接线搭铁不良。若灯泡烧坏,更换灯泡即可排除故障。若连接线搭铁不良,则视情况进行处理,使其恢复良好接触。

(2) 左、右转向灯均不亮。

引起此故障的原因可能是熔丝烧断、闪光器损坏、转向灯开关故障、线路断路。

故障排除方法:检查熔丝,若熔丝烧断,则更换熔丝;再检查闪光器;若以上检查部件均正常,则再检查转向灯开关及其接线,视情况修理或更换即可。

当左、右转向灯均不亮时,除了以上检查方法外,还可以先打开危险警告灯开关,若左、右转向灯均不亮,说明闪光器有故障。

(3) 危险报警灯不亮。

此时,可以扳动转向开关,检查左、右转向灯闪亮情况。若左、右转向灯闪亮,说明闪光器正常,灯泡正常,熔丝正常,闪光器 49 端子有电压,故障很可能是从车内熔丝盒到危险警告灯开关之间的线路断路造成(见图 5-39)。可以用试灯一端搭铁,一端接危险警告灯开关 8 号端子,若试灯不亮,说明危险警告灯开关 8 号端子断路(或者用万用表检查危险警告灯开关 8 号端子和搭铁点之间有无电压,若无电压,说明危险警告灯开关 8 号端子断路)。

如果扳动转向开关,左、右转向灯均不亮,则可能的故障原因有:熔丝烧断;闪光器损坏;电源线断路。逐个检查即可找到故障部位。

【检查与评估】

在完成以上的学习内容后,可根据以下问题(见表 5-9)进行教师提问、学生自评或互评,及时评估本任务的完成情况。

表 5-9　检查评估内容

序号	评 估 内 容	自评/互评
1	能够利用各种资源查阅、学习汽车信号系统的各种知识	
2	能够制订转向灯、制动灯、倒车灯故障诊断工作计划	
3	就车认识汽车上各种信号灯的安装位置,能够正确操作每个信号灯	

序号	评 估 内 容	自评/互评
4	能够进行转向灯和转向组合开关的更换	
5	能够连接转向灯电路，能够进行各种闪光器的检测	
6	能使用万用表对转向灯开关、危险报警开关进行检测	
7	会分析不同类型转向灯闪光器工作原理，能识读转向灯和危险报警灯的电路	
8	学会从信号灯电路入手，分析信号灯的故障原因，并进行故障诊断与排除	
9	能够利用灯光信号试验台或全车电器试验台设置信号系统的电路故障，并进行故障诊断与排除	
10	能如期保质完成工作任务	
11	工作过程操作符合规范，能正确使用万用表和工具等设备	
12	工作结束后，工具摆放整齐有序，工作场地整洁	
13	小组成员工作认真，分工明确，团队协作	

任务5.3　电喇叭的检修

【导引】

当汽车电喇叭出现喇叭不响、声音低哑、长鸣不止等故障现象时，该如何排除？

【计划与决策】

目前汽车上装用的喇叭多为电喇叭。电喇叭有不同的种类和不同的控制电路。当喇叭出现故障时，首先要知道喇叭的类型，熟悉喇叭的工作原理，了解喇叭的控制电路，掌握喇叭的调整方法，这样才能快速而准确地判断并排除喇叭故障。

完成本任务需要的相关资料、设备以及工量具如表5-10所示。本任务的学习目标如表5-11所示。

表5-10　完成本任务需要的相关资料、设备以及工量具

序号	名　　　称
1	轿车，维修手册，车外防护3件套和车内防护4件套若干套
2	课程教材，课程网站，课件，学生用工单
3	数字式万用表，跨接线，12 V试灯，常用工具，诊断仪
4	灯光信号系统试验台或全车电器试验台，不同类型的电喇叭多个

表 5-11　本任务的学习目标

序号	学习目标
1	熟悉电喇叭的组成，能够分析其工作原理
2	学会电喇叭的音量和音调调整
3	能够识读电喇叭的电路，并进行电喇叭的故障诊断
4	正确评估任务完成情况

【相关知识】

电喇叭的作用是警告行人和其他车辆，以引起注意，保证行车安全。汽车上的喇叭按发音动力源不同可分为气喇叭和电喇叭；按外形不同分为螺旋形、筒形、盆形 3 种；按声音的高低分为高音喇叭和低音喇叭；按接线方式分为单线制和双线制。

气喇叭是利用气流使金属膜片振动产生音响的，外形一般为筒形，多用在装有空气制动装置的重型载货汽车上。电喇叭是利用电磁力使金属膜片振动而发出音响的，被广泛应用在各种类型的汽车上。

电喇叭按有无触点可分为普通电喇叭和电子电喇叭。在中小型汽车上多采用螺旋形和盆形的普通电喇叭。普通电喇叭主要依靠触点的闭合和断开来控制电磁线圈激励膜片振动，进而产生音响；电子电喇叭中没有触点，是利用晶体管电路激励膜片振动发出声音的。

盆形电喇叭具有体积小、质量轻、噪声小等优点。本任务主要介绍盆形电喇叭。

一、电喇叭的组成和工作原理

1. 盆形电喇叭的组成

盆形电喇叭由振动机构和电路断续机构两部分组成，如图 5-45 所示。铁心 9 上绕有线圈 2，上、下铁心间的气隙在线圈 2 中间，因此能产生较大的吸力。盆形电喇叭无扬声器，只是将上铁心 3、膜片 4 和共鸣板 5 固装在中心轴上。

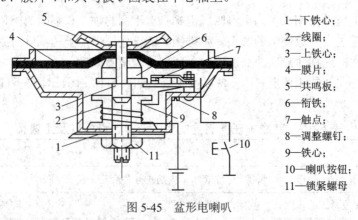

1—下铁心；
2—线圈；
3—上铁心；
4—膜片；
5—共鸣板；
6—衔铁；
7—触点；
8—调整螺钉；
9—铁心；
10—喇叭按钮；
11—锁紧螺母

图 5-45　盆形电喇叭

2. 盆形电喇叭的工作原理

当按下喇叭按钮 10 时，电流路径：蓄电池正极→线圈 2→触点 7→喇叭按钮 10→搭铁

→蓄电池负极。线圈 2 通电后产生电磁吸力，吸引上铁心 3 及衔铁 6 下移，使膜片 4 向下拱曲，衔铁 6 下移过程中将触点 7 顶开，线圈 2 电路被切断，其电磁力消失，上铁心 3、衔铁 6 在膜片 4 弹力的作用下复位，触点 7 又闭合。如此反复通、断，使膜片及共鸣板连续振动辐射发声。

3. 电子电喇叭

由于普通电喇叭存在触点易烧蚀、氧化，故障率较高等缺陷，现在生产的轿车中已开始用无触点的电子电喇叭替代普通电喇叭，其电路如图 5-46 所示。

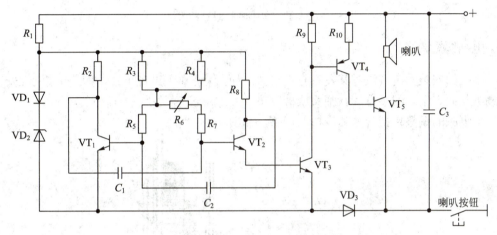

图 5-46　电子电喇叭电路

电路中 VT_1、VT_2 和 C_1、C_2 及 $R_1 \sim R_8$ 组成多谐振荡电路。在这个多谐振荡电路中，VT_1、VT_2 的状态总是相反的，即 VT_1 导通时，VT_2 就会截止；VT_1 截止时，VT_2 就会导通。VT_3、VT_4、VT_5 组成功率放大电路。VD_2 向多谐振荡电路提供稳压电源，VD_1 有温度补偿作用，使振荡频率稳定，VD_3 防止电源反接，起保护作用。C_3 防止电磁波干扰。R_6 可用于调节喇叭的音量。

当按下喇叭按钮时，电路被接通，由于电路参数不可能完全一致，VT_1、VT_2 都有导通的可能。设在电路接通瞬间 VT_1 先导通，VT_1 的集电极电位先下降，则会产生如下正反馈过程：VT_1 的集电极电位下降经 C_1 使 VT_2 基极电位下降，引起 VT_2 的集电极电位上升，经 C_2 使 VT_1 基极电位升高。这样就使 VT_1 迅速饱和导通，而 VT_2 迅速截止，电路进入暂时稳态。同时，C_1 充电使 VT_2 的基极电位升高，当达到 VT_2 的导通电压时，VT_2 开始导通，电路又形成正反馈过程，使 VT_2 迅速导通，而 VT_1 迅速截止，电路进入新的暂时稳态。同时，C_2 的充电又使 VT_1 的基极电位升高，使 VT_1 又导通，电路又产生一个正反馈过程，使 VT_1 迅速饱和导通，而 VT_2 迅速截止。周而复始，形成自激振荡。

VT_2 截止时，VT_3 也截止，VT_4、VT_5 导通，喇叭线圈中有电流通过，产生电磁吸力吸动膜片。

VT_2 导通时，VT_3 也导通，VT_4、VT_5 截止，喇叭线圈中无电流通过，膜片复位。

膜片如此循环往复动作产生振动，喇叭发出声响。

4. 电喇叭的型号表示

电喇叭的型号表示如图 5-47 所示。例如，型号 DL127G，表示有触点，12 V，盆形单音，第 7 次设计，高音喇叭。

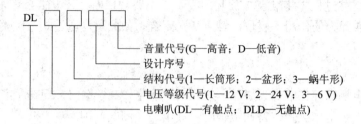

图 5-47　电喇叭的型号表示

二、电喇叭的调整

喇叭的安装固定方法对其发音影响较大。为了保证喇叭声音正常，喇叭不作刚性安装，在喇叭与固定架之间装有片状弹簧或橡胶垫。

电喇叭的调整包括音调和音量的调整，如图 5-48 所示。

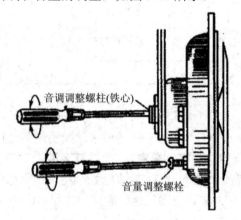

图 5-48　电喇叭的调整

1. 音调调整

音调的高低取决于膜片的振动频率。减小喇叭上、下铁心间的间隙，则音调提高；反之，则音调降低。音调调整方法是：用螺丝刀顺时针转动，上、下铁心之间的间隙减小，音调提高；逆时针转动，铁心间的间隙增大，音调降低。调整后拧紧锁紧螺母即可。

2. 音量调整

音量的强弱取决于通过喇叭线圈的电流大小，电流大则音量强。音量的调整方法是：先松开音量调整螺栓的锁紧螺母，用螺丝刀转动调整螺栓，顺时针转动，使动静触点之间压力增大，触点间的接触电阻减小，音量提高；逆时针转动，使动静触点之间压力减小，触点间的接触电阻增大，音量降低。

三、电喇叭电路分析

汽车电喇叭电路按照有无继电器可以分为两种：一种是无继电器控制的喇叭电路；一种是有继电器控制的喇叭电路。

1. 无继电器控制的喇叭电路

无继电器控制的喇叭电路如图 5-49 所示。图 5-49(a)是用按钮控制喇叭的搭铁线；图 5-49(b)是用按钮控制喇叭的电源线。在这种喇叭控制电路中，按钮与喇叭串联，由于喇叭电流较大，流过按钮的电流也大，按钮易烧蚀。这种控制电路适用于喇叭功率小的微型车。

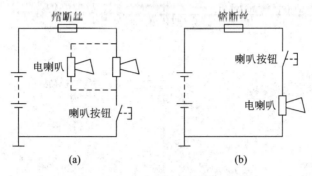

图 5-49　无继电器控制的喇叭电路

2. 有继电器控制的双音喇叭电路

在汽车上常装有两个不同音频的喇叭。双喇叭消耗的电流较大，用按钮直接控制会使按钮更易烧坏，故常采用喇叭继电器进行控制，其电路如图 5-50 所示。由于按钮和继电器线圈串联，线圈的电阻很大，因此通过按钮的电流很小，喇叭的大电流不再通过按钮，故可起到保护按钮的作用。

图 5-50(a)中按钮和触点分别控制的是继电器线圈和喇叭的搭铁线；图 5-50(b)中按钮和触点分别控制的是继电器线圈和喇叭的电源线。

图 5-50(c)是 2016 款威朗轿车上包含车身控制模块的喇叭电路，喇叭开关并不直接控制继电器。当按下喇叭开关时，车身控制模块 K9(BCM)通过 X3 的 18 号端子接收到 0 V 信号，然后 K9 模块通过 X5 的 19 号端子为发动机舱盖下保险丝盒内的喇叭印刷电路板上的喇叭继电器提供搭铁，喇叭继电器触点闭合，通过发动机舱盖下保险丝盒的 F8UA　15 A 向喇叭控制电路提供 B_+(12 V)电压，喇叭鸣响。

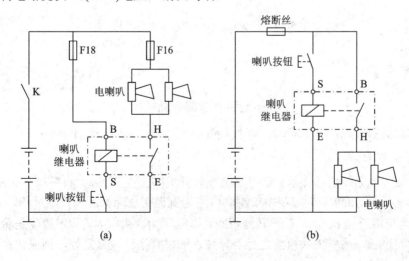

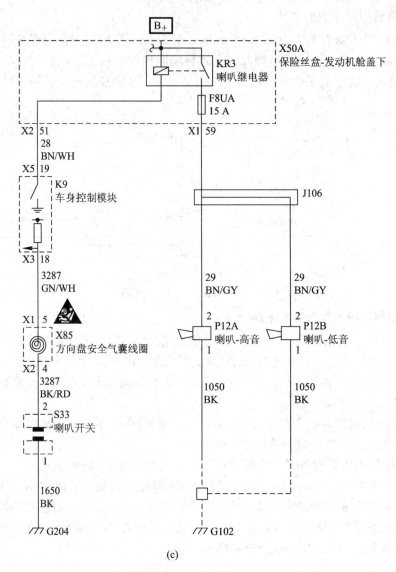

图 5-50　有继电器控制的双音喇叭电路

【任务实施】

电喇叭的故障诊断

电喇叭常见的故障：喇叭不响；喇叭音量小且沙哑；喇叭长鸣不止。

1. 电喇叭不响

可能的故障原因：熔丝烧断；继电器或喇叭开关(按钮)有故障；喇叭损坏；线路故障。以图 5-50(c)所示 2016 款威朗轿车喇叭电路为例说明故障诊断和排除过程。

(1) 先检查熔断丝 F8UA。若熔断丝烧断，则应仔细查找原因。确定故障是否由于连续使用喇叭时间过长，或有搭铁短路之处等导致。如果有搭铁短路之处，则应修理后，再更换上同规格的新熔断丝。

(2) 检查喇叭线路。若熔丝没烧断，应在喇叭开关闭合时，检查 K9 模块的 X3 的 18 号端子对搭铁点之间的电压，正常应该是 0 V，否则，说明 X3 的 18 号端子对搭铁点断路。

(3) 检查发动机舱盖下保险丝盒的 X1 的 59 号端子或喇叭的火线端子有无 12 V 电压。若有，则说明喇叭损坏。若 X1 的 59 号端子有电压，喇叭 2 号端子无电压，则说明 X1 的 59 号端子和喇叭之间的线路断路。

2. 电喇叭音量小且沙哑

可能的故障原因：触点烧蚀；搭铁不良；触点间隙失调。

一般起动前常出现此情况，多是因蓄电池亏电造成的。起动发动机后，发动机运转正常且达到中速时，再按按钮，喇叭若恢复正常，说明是由于蓄电池亏电造成的。

如果喇叭声音仍然沙哑，线路检查有无问题，可作下列检查：检查继电器，若继电器良好，则检查触点是否烧蚀或粘接；若无，则调整触点间隙；调整后声音仍然小，则是因喇叭振动膜片处变形所致，更换喇叭即可。

3. 电喇叭长鸣不止

可能的故障原因：按钮卡住，或按钮弹簧折断；喇叭继电器触点烧结，不能自行分开；搭铁线路中有短路之处。

以图 5-50(a)所示喇叭电路为例说明故障诊断和排除过程。

(1) 将继电器 S 线拆下，如果不再响，表示喇叭按钮卡住或按钮弹簧折断。或用手拍击按钮，使其松脱抬起。若不能排除，则应拆开检查弹簧是否折断或者是按钮之前的搭铁线路短路所致，必要时应予以更换。

(2) 如果仍不停地响，可能是喇叭内的触点粘住无法分开所致，应拆下喇叭罩盖，检查打磨白金触点。

 【检查与评估】

在完成以上的学习内容后，可根据以下问题(见表 5-12)进行教师提问、学生自评或互评，及时评估本任务的完成情况。

表 5-12　检查评估内容

序号	评 估 内 容	自评/互评
1	能够利用各种资源查阅、学习汽车电喇叭的各种知识	
2	能够制订合理、完整的电喇叭故障诊断工作计划	
3	就车认识汽车电喇叭的安装位置，熟悉其操作，能进行电喇叭的更换	
4	掌握喇叭的结构和工作原理	
5	能够进行电喇叭的音调调整和音量调整	
6	能连接有继电器的电喇叭电路	
7	能使用试灯、跨接线、万用表对喇叭电路进行检测	

续表

序号	评 估 内 容	自评/互评
8	从电喇叭电路入手，分析电喇叭的故障原因，并进行故障诊断与排除	
9	能够利用灯光信号试验台或全车电器试验台设置电喇叭的电路故障，并进行故障诊断与排除	
10	能如期保质完成工作任务	
11	工作过程操作符合规范，能正确使用万用表和工具等设备	
12	工作结束后，工具摆放整齐有序，工作场地整洁	
13	小组成员工作认真，分工明确，团队协作	

【知识拓展】

汽车激光大灯

汽车前照灯的进化经历了从普通充气灯泡到卤素灯泡，从卤素灯泡到带透镜的氙气大灯、LED 灯和全 LED 大灯，再到如今的激光大灯。如今，宝马 i8 汽车和宝马新一代 7 系轿车将比 LED 大灯更先进的激光大灯引入到了量产车型。

激光大灯的光源是激光二极管(Laser Diode)，与发光二极管(LED)几乎诞生于同一时代。激光(LASER)大灯是 20 世纪 60 年代发明的一种光源，LASER 是英文的"受激放射光放大"的首字母缩写。

激光器有很多种，尺寸从小至一粒稻谷或盐粒，到大至几个足球场。气体激光器有氦—氖激光器和氩激光器；固体激光器有红宝石激光器；半导体激光器有激光二极管(用在 CD 机、DVD 机和 CD-ROM 中)。每一种激光器都有自己独特的产生激光的方法。

半导体激光器的结构通常由 P 层、N 层和形成双异质结的有源层构成。按照 PN 结材料是否相同，可以把激光二极管分为同质结、单异质结(SH)、双异质结(DH)和量子阱(QW)激光二极管。量子阱激光二极管具有阈值电流低、输出功率高的优点，是目前市场应用的主流产品。

激光大灯的应用不只是宝马公司，2013 年初，斯坦利电气为 SIM-Drive 公司研发的"SIM-CEL"开发出了激光组合头灯。该头灯配备蓝色激光发光元件，通过将蓝色发光元件发出的激光照射到黄色萤光材料上来形成白色光。"SIM-CEL"在两侧各配备 1 盏远光灯和 4 盏近光灯，近光灯中上面两盏采用 LED(发光二极管)灯，下面两盏采用激光灯，远光灯为氙气大灯。

和"SIM-CEL"不同的是，选配了激光大灯的宝马 i8，无论是近光灯还是远光灯，都采用了激光光源，这才是真正意义上量产的、革命性的灯光升级。激光大灯被宝马称为"合理的下一步"。

激光大灯拥有 LED 大灯的大部分优点，比如说响应速度快、亮度衰减低、能耗低、寿命长等。激光头灯与目前的 LED 头灯相比还具有以下优势：

(1) 体积小。单个激光二极管元件的长度已经可以做到 10 微米，仅为常规 LED 元件尺寸的 1/100。大灯尺寸的大幅度缩小可以给未来汽车设计师更多的发挥空间，甚至很可能改变汽车前脸的整体布局，让汽车造型产生翻天覆地的变化。

(2) 发光效率高、节能。一般的 LED 照明灯的发光效率可以达到每瓦 100 流明左右，而激光二极管元件可以达到每瓦 170 流明左右。因此，在同样照明条件下，使用激光大灯的能耗不到 LED 大灯的 60%，进一步减少了能量消耗，也更加符合未来汽车的节能环保趋势。

(3) 无伤害。宝马的激光头灯并不是直接以激光束朝着车辆前方发射，而是先以三道激光束射向一组反射镜片，经过反射后，激光能量将聚集在一片充满黄磷的透镜里，此时黄磷受到激光的激发，会发散出强烈的白色光芒，这束白色光芒照射在一片反光器上，最后往车辆前方射出一道明亮的白色光线。这种白光对人和动物的眼睛并不会造成刺激或伤害，而且激光大灯的亮度色温都经过研究，照射效果符合人眼的视觉习惯。虽然大灯有着很高的亮度且光源是激光，但是激光大灯完全符合日常使用的要求，灯光也不会对人眼造成伤害。

(4) 照射距离远。宝马 i8 汽车激光头灯的照射距离是传统 LED 大灯照射距离的两倍。

小　　结

汽车照明系统由电源、照明灯具、控制装置等组成。照明装置按其安装位置和用途不同，可分为外部照明灯、内部照明灯、工作照明灯。

前照灯主要由反光镜、配光镜和灯泡 3 部分组成。前照灯分为可拆卸式、半封闭式和封闭式 3 种。前照灯采用的配光方式有对称式配光和非对称式配光两种。

前照灯的照明电路常见故障有：所有灯均不亮；前照灯远、近光不全；前照灯一侧亮，另一侧暗；前照灯灯光暗。

灯光信号系统主要包括转向信号灯、危险报警灯、位灯、示廓灯、制动灯、倒车灯、驻车灯等。

转向灯系统一般由转向信号灯、转向指示灯、转向开关、闪光器等组成。国标规定，转向信号灯的闪烁频率为 60～120 次/min，由闪光器控制。

转向信号系统常见的故障有：转向灯和指示灯闪烁比正常情况快；转向灯均不亮。

电喇叭的调整包括音调和音量的调整。汽车电喇叭控制电路按照有无继电器分为两种：一种是无继电器控制的喇叭电路；一种是有继电器控制的喇叭电路。采用喇叭继电器可以保护喇叭按钮。

电喇叭常见的故障有：喇叭不响；喇叭音量小且沙哑；喇叭长鸣不止。

练　习　题

一、判断题

1. 转向灯不亮的故障原因只有两种情况：熔丝断、转向灯开关故障。   （   ）

2. 前照灯不亮的故障原因只有这几种情况：电源线松动或脱断；搭铁有故障；灯光开关有故障。　　　　　　　　　　　　　　　　　　　　　　　　　　　　（　　）

3. 前照灯主要由反射镜、配光镜、灯泡 3 部分组成。　　　　　　　　　（　　）

4. 反射镜的作用是将光源的光线聚集成强光束，照向远方。　　　　　　（　　）

5. 配光镜的作用是将反射镜反射出的平行光束折射，使车前路面和路缘有很好并且均匀的照明。　　　　　　　　　　　　　　　　　　　　　　　　　　　（　　）

6. 前照灯的近光灯丝安装在反射镜的焦点位置。　　　　　　　　　　　（　　）

7. 前照灯的光学系统主要包括反射镜、聚光玻璃、灯泡。　　　　　　　（　　）

8. 电喇叭音调的高低取决于通过喇叭线圈中电流的大小。　　　　　　　（　　）

9. 电喇叭的音量可通过调整喇叭触点的接触压力改变其大小。　　　　　（　　）

10. 危险报警灯的电流也要经过点火开关，点火开关接通时，才能操纵危险报警灯点亮。　　　　　　　　　　　　　　　　　　　　　　　　　　　　　　　（　　）

二、单项选择题

1. 汽车大灯一侧亮，另一侧暗，则说明(　　)。
A. 变光开关接触不良　　　　　　　　B. 大灯暗的这侧搭铁不良
C. 车灯开关故障

2. 调整盆形电喇叭的下铁心锁紧螺母，甲认为可调整喇叭的音调，而乙认为可调整喇叭的音量。你认为正确的是(　　)。
A. 甲对　　　　　B. 乙对　　　　　C. 甲乙都对　　　　　D. 甲乙都不对

3. 电喇叭配用喇叭继电器的目的是(　　)。
A. 为了保护喇叭按钮触点　　　　　B. 为了喇叭能通过较大的电流
C. 为了提高喇叭触点的开闭频率　　D. 为了使喇叭声音更响

4. 在装有喇叭继电器的喇叭控制电路中，进行喇叭不响的故障诊断时，若将喇叭继电器短路后，发现喇叭响了，故障现象消失，这说明故障是由于以下(　　)造成的。
A. 喇叭线路断路　　　　　　　　　B. 喇叭线路短路
C. 喇叭继电器损坏　　　　　　　　D. 喇叭故障

5. 当转向灯出现常亮而不闪烁的故障时，原因可能是(　　)。
A. 闪光器故障　　　　　　　　　　B. 闪光器搭铁不良或导线接触不良
C. 转向灯本身故障　　　　　　　　D. 转向灯开关故障

6. 甲认为控制转向灯闪光频率的是转向开关，乙认为是闪光器，你认为(　　)。
A. 甲对　　　B. 乙对　　　C. 甲乙都对　　　D. 甲乙都不对

7. 调整盆形喇叭的调整螺钉，甲认为可调整喇叭的音调，乙认为可调整喇叭的音量。你认为(　　)。
A. 甲对　　　B. 乙对　　　C. 甲乙都对　　　D. 甲乙都不对

8. 更换卤素灯泡时，甲认为可以用手指接触灯泡的玻璃部位，乙认为不能。你认为(　　)。
A. 甲对　　　B. 乙对　　　C. 甲乙都对　　　D. 甲乙都不对

9. 前照灯在从近光切换到远光时熄灭，(　　)不会导致这一故障。

A. 变光开关出故障　　　　　　　　　　　　B. 远光继电器有缺陷

C. 点火开关有故障　　　　　　　　　　　　D. 远光灯的电路出现断路

10. 当所有转向灯都不亮时，引起这个问题可能性最小的原因是(　　)。

A. 所有的转向灯泡烧毁　　　　　　　　　　B. 转向灯开关出故障

C. 转向灯闪光器出故障　　　　　　　　　　D. 从点火开关到转向灯的电路断路

11. 汽车转向灯只在向左转时工作正常。甲说，转向灯闪光器坏了，乙说，转向灯熔断丝烧断了，你认为(　　)。

A. 甲对　　　　B. 乙对　　　　C. 甲乙都对　　　　D. 甲乙都不对

12. 如图 5-51 所示为电喇叭控制电路，针对喇叭不工作的故障，修理技师按下喇叭开关时，测量 A 点对地电压为 0，下列判断正确的是(　　)。

A. 喇叭开关一定没有故障　　　　　　　　　B. 喇叭继电器一定没有故障

C. 熔断器一定没有故障　　　　　　　　　　D. 喇叭本身可能有故障

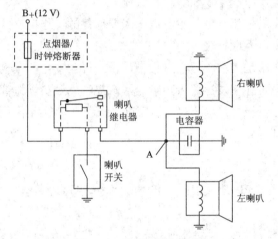

图 5-51　电喇叭控制电路

三、简答题

1. 试述汽车常见照明灯的类型。

2. 对前照灯的基本要求是什么？前照灯的反射镜、配光镜及配光屏各有何作用？

3. 试述汽车常见信号灯的类型及作用。

4. 汽车前照灯的常见故障有哪些？如何进行诊断？

5. 汽车转向灯的常见故障有哪些？如何进行诊断？

6. 简述盆形电喇叭的工作原理。

7. 电喇叭的调整项目有哪些？如何调整？

8. 如何排除喇叭不响的故障？

项目六　仪表和报警系统的检修

为了使驾驶员随时了解汽车各个主要系统的工作是否正常，及时发现和排除可能出现的问题，在汽车驾驶员容易观察的转向盘前方设置有仪表盘。仪表盘上装有各种指示仪表、报警灯及电子显示装置，即汽车仪表与报警系统。

汽车仪表系统的作用是让驾驶员了解汽车主要部件的工作情况，及时发现和排除出现的故障，保证汽车安全可靠地行驶。

汽车报警系统的作用是当汽车运行过程中涉及到行驶安全和车辆可靠性的参数变化到极限值时，采用点亮报警灯和发出警告声响等形式提醒驾驶员注意或停车检修，如现代汽车上安装的机油压力过低报警灯、冷却水温度过高报警灯、燃油不足报警灯、充电指示灯、制动液液面过低报警灯等。

任务6.1　传统仪表的检修

【导引】

一辆桑塔纳轿车接通点火开关后，无论油箱内存油多少，油表指针总是指向无油位置（"0"）或满油（"1"）位置不动。这说明汽车燃油表出现了故障。如何排除此故障？

【计划与决策】

汽车仪表按其工作原理分为机电模拟式仪表(传统仪表)和数字式仪表。机电模拟式仪表在汽车上的应用最为广泛。

汽车仪表按照安装方式分为分装式仪表和组合式仪表。分装式仪表是将各仪表单独安装。组合式仪表是将车速里程表、冷却液温度表、燃油量表、机油压力表、发动机转速表等不同的仪表表芯、指示灯和警告灯等集中安装在同一外壳内组合而成，具有结构紧凑、体积小、便于安装和组合接线等特点，容易实现仪表的多功能要求。现代汽车广泛采用组合式仪表，不同汽车装用的仪表个数及结构类型有所不同。

如果要对传统汽车仪表进行故障诊断，就必须了解传统仪表的结构，掌握它们的工作原理，能够识读仪表电路，掌握仪表电路的特点。

完成本任务需要的相关资料、设备以及工量具如表 6-1 所示。本任务的学习目标如表 6-2 所示。

表 6-1　完成本任务需要的相关资料、设备以及工量具

序号	名　　称
1	轿车，仪表与报警系统试验台，车外防护 3 件套和车内防护 4 件套若干套
2	课程教材，课程网站，课件，学生用工单
3	数字式万用表，试灯，常用拆装工具

表 6-2　本任务的学习目标

序号	学　习　目　标
1	能够读懂汽车仪表反映的信息和数据
2	熟悉传统仪表的结构，并掌握其工作原理
3	能够识读传统仪表的电路，并进行传统仪表的故障诊断
4	评估任务完成情况

【相关知识】

轿车组合式仪表分为可拆式(如桑塔纳 2000)和整体不可拆式(如别克轿车)两种。可拆式仪表上的仪表、指示灯、报警灯和照明灯等部件可单独更换，整体不可拆式仪表则需整体更换。如图 6-1 所示为别克君威轿车的组合仪表板。

传统汽车仪表中主要有燃油表、水温表和机油压力表，虽然它们测量指示的参数不同，但其均由指示表(表头)和传感器串联组成。

指示表按工作原理的不同分为电热式(双金属片式)和电磁式两种。传感器是配合指示表使用的，其作用是提取所需的参量，将被测物理量转变为电信号。传感器有电热式(双金属片式)、热敏电阻式、可变电阻式 3 种。将上述类型的指示表和传感器组合在一起，就组合成了 4 种不同形式的仪表。这 4 种仪表分别是：

① 电热式指示表配备电热式传感器；
② 电磁式指示表配备可变电阻式传感器；
③ 电热式指示表配备可变电阻式传感器；
④ 电磁式指示表配备热敏电阻式传感器。

目前轿车上已取消了机油压力表，只保留了机油压力报警灯，因此本项目也不再介绍机油压力表。

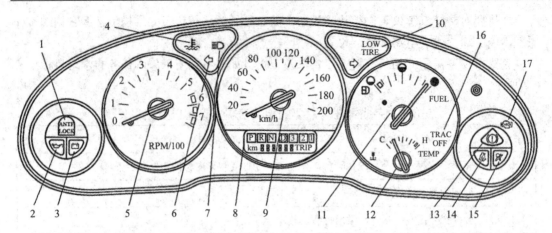

1—防抱死制动系统报警灯；2—机油压力报警灯；3—充电指示灯；4—水温报警灯；5—发动机转速表；
6—转向指示灯；7—大灯远光指示灯；8—变速器挡位指示灯(AT车辆)和里程/单程显示；9—车速表；
10—轮胎压力报警灯；11—燃油表；12—水温表；13—制动系统报警灯；14—安全带指示灯；
15—安全气囊报警灯；16—牵引力关闭指示灯；17—发动机故障报警指示灯

图 6-1　别克君威轿车的组合仪表板

一、冷却液温度表

冷却液温度表(也称水温表)用来指示发动机内部冷却液的温度，如图 6-2 所示。常见的冷却液温度表有双金属片(电热)式和电磁式两种。

图 6-2　冷却液温度表

奥迪轿车、红旗轿车以及美国和日本生产的汽车上大多装用电磁式冷却液温度表。

如图 6-3 所示，电磁式冷却液温度表主要由装在气缸盖水套中的热敏电阻传感器和装在仪表板上的水温指示表组成，一般不需要电源稳压器。冷却液温度表内有两个互成一定角度的铁心，铁心上分别绕有磁化线圈，其中磁化线圈 L_1 与传感器并联，其等效电路如图 6-3(b) 所示。目前在多数汽车上，冷却液温度表与冷却液报警灯同时使用。

冷却液温度表

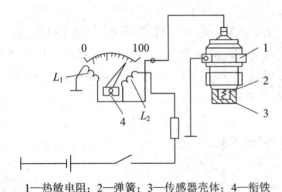

1—热敏电阻；2—弹簧；3—传感器壳体；4—衔铁

(a) 冷却液温度表工作原理

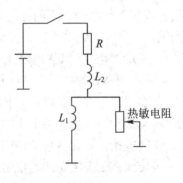

(b) 电磁式冷却液温度表的等效电路

图 6-3　电磁式冷却液温度表

传感器中装有负温度系数的热敏电阻的阻值会随着水温升高而减小。串联电阻 R 用来限制流经线圈 L_2 中的电流。

当电源开关接通时，电流路径：蓄电池+→电源开关→电阻 R →线圈 L_2 →分两路(一路流经热敏电阻 1；另一路流经线圈 L_1)→搭铁→蓄电池负极，构成回路。

当水温低时，热敏电阻阻值大，流经 L_1 与 L_2 的电流相差不多，但因 L_1 的匝数多，产生的磁场强，吸引带指针的衔铁 4，使表针指向低温 0℃方向；当水温增高时，热敏电阻阻值减小，其分流作用增强，流经 L_1 的电流减小，磁场力减弱，衔铁被 L_2 吸引而向右偏转，表针指向高温刻度。

检查电磁式温度传感器和水温指示表时，可拆下传感器上的接线，测量传感器输入端与搭铁之间的电阻，若室温下热敏电阻的阻值为 $100\,\Omega$ 左右，则表明传感器良好。另外，用一个阻值为 $80\sim100\,\Omega$ 的电阻代替传感器直接搭铁，当接通电源时，若水温表的表针指在 $60\sim70℃$ 之间，则表明水温指示表良好。

二、燃油表

燃油表用来显示燃油箱内燃油的多少，如图 6-4 所示。燃油表由装在燃油箱内的传感器和装在仪表板上的燃油指示表组成。传感器为可变电阻式，燃油表表头根据工作原理可分为电热式、电磁式、动磁式 3 种。这里主要介绍动磁式燃油表。

图 6-4　燃油表

如图 6-5 所示，动磁式燃油表的两个线圈互相垂直地绕在一个矩形塑料架上，塑料套筒轴承和金属轴穿过交叉线圈，金属轴上装有永久磁铁转子，转子上连有指针。

可变电阻式传感器由滑片电阻和浮子组成。当油箱满油时，浮子位置高，滑片在最左端，可变电阻最大；当油箱无油时，浮子位置最低，滑片在最右端，可变电阻被短路，阻值最小，为 $0\,\Omega$。

当接通电源开关后，燃油表中的电流路径为：蓄电池正极→电源开关→左线圈 2→分两路(一路流经右线圈 4；另一路流经接线柱 6→可变电阻 5→滑片 7)→搭铁→蓄电池负极。

当油箱无油时，浮子 8 下沉，可变电阻 5 上的滑片 7 移至最右端，可变电阻 5 和右线圈 4 均被短路，转子 1 在左线圈 2 的磁力作用下向左偏转，带动指针 3 指示油位为"0"。随着油量的增加，浮子 8 会上升，可变电阻部分接入电路，使左线圈 2 中的电流相对减小，右线圈中的电流相对增大，永久磁铁转子在合成磁场作用下转动，使指针向右偏转，指示出与油箱油量相应的标度。

燃油表和
油量不足报警灯

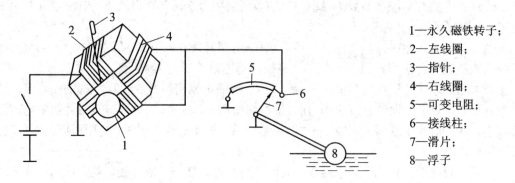

1—永久磁铁转子；
2—左线圈；
3—指针；
4—右线圈；
5—可变电阻；
6—接线柱；
7—滑片；
8—浮子

图 6-5　动磁式燃油表的结构及电路连接

　　动磁式燃油表的优点是当电源电压波动时，通过左、右两线圈的电流成比例地增减，使指示值不受影响；又因线圈中无铁心，所以无磁滞现象，误差较小。

三、车速里程表

　　车速里程表是用来显示汽车行驶速度和行驶里程的。常用的车速里程表有磁感应式、动圈式和电子式 3 种。磁感应式车速里程表由车速表和里程表两部分组成。磁感应式车速表的传感器是一根机械软轴，其精度不高，寿命较短，经常需要维护，现在已被淘汰。

　　现代汽车普遍采用电子式车速里程表，如桑塔纳 2000 型、奥迪轿车等。电子式车速里程表由车速传感器、控制电路、步进电机、车速表、里程表组成。如图 6-6 所示为电子式车速里程表的结构框图。

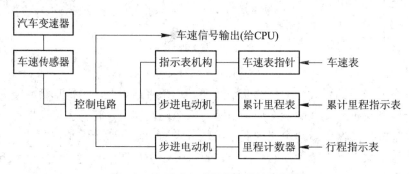

图 6-6　电子式车速里程表的结构框图

1. 车速传感器

　　车速传感器由变速器驱动，能产生与汽车行驶速度成正比的电脉冲。它主要有舌簧开关式、磁感应式和霍尔式等类型。如图 6-7 所示为奥迪轿车电子车速里程表的舌簧开关式车速传感器，它由一个舌簧开关和一个含有 4 对磁极的转子组成。变速器驱动转子旋转，转子每转一周，舌簧开关中的触点闭合、断开各 8 次，产生 8 个脉冲信号。车速越高，传感器的信号频率越高。汽车每行驶 1 km，这种车速传感器输出 4127 个脉冲信号。当车速为 20 km/h 时，传感器的信号频率为 17.5～22.9 Hz；当车速为 200 km/h 时，传感器的信号频率为 213.3～252.2 Hz。

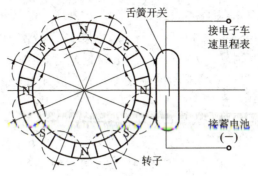

图 6-7 舌簧开关式车速传感器

2. 控制电路

如图 6-8 所示为奥迪电子车速里程表的控制电路。控制电路主要包括稳压电路、单稳态触发电路、恒流电源驱动电路、64 分频电路和功率放大电路。其中单稳态触发电路、恒流电源驱动电路构成车速信号转换与显示电路；64 分频电路和功率放大电路构成里程信号转换与显示电路。

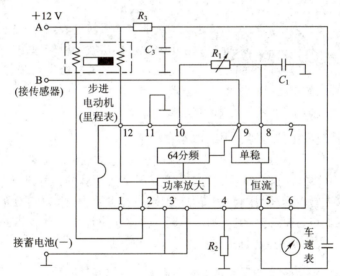

图 6-8 奥迪电子车速里程表的控制电路

在图 6-8 中，R_1 是一个可调电阻电位器，通过调整 R_1 的电阻可调整仪表精度。R_2 电阻接在车速表的输入电路中，用来调节车速表的初始工作电流。电阻 R_3 和电容器 C_3 用于电源滤波。

控制电路的作用是通过图 6-8 中的 B 点接收车速传感器的具有一定频率的输入脉冲信号，经过功率放大电路放大、整形后，输出一个与车速成正比的电流信号。

3. 车速表

车速表是一个磁电式电流表。当汽车以不同的车速行驶时，从控制电路 B 端输入一个车速信号，该信号输入到内部集成电路的 9 号脚(端子)，作为单稳态触发电路和 64 分频电路的输入信号，以此去控制输出信号。于是从图 6-8 中集成电路 6 号端子输出与车速成正比的电流信号驱动车速表的指针偏转，从而指示相应的车速。

4. 里程表

里程表由一个步进电动机及 6 位数字的十进位齿轮计数器组成。步进电动机是一种利用电磁感应原理将脉冲信号转换为线位移或角位移的微型电动机。车速传感器输入到控制电路的信号通过 9 号脚(见图 6-8)进入到 64 分频电路，经分频后再经功率放大器放大到足够大的功率，经过集成电路的 12 号脚驱动步进电动机，由步进电动机带动 6 位数字的十进制齿轮计数器工作，从而精确记录累计里程和日程里程。

累计里程和日程里程的任何一位数字轮转动一周，进位齿轮就会使其左边的相邻计数轮转动 1/10 周。车速里程表上设有一个单程里程计复位杆，当需要清除单程里程时，只需要按一下复位杆，单程里程计的 4 个数字轮就会全部复位为零。

四、发动机转速表

为了检查调整和监视发动机的工作状况，更好地掌握换挡时机，利用经济时速行驶，在组合仪表上还装有发动机转速表，用来显示发动机运转速度。转速表可分为机械式和电子式两种。由于电子式转速表具有结构简单、指示准确、安装方便等优点，因此被广泛应用在轿车上。

电子式转速表又分为汽油发动机转速表和柴油发动机转速表两种。电子式转速表获取转速信号的方式有 3 种：从点火系统的初级电路获取；从发动机转速传感器获取；从发电机获取。一般汽油发动机转速表的转速信号是从点火系统的初级电路获取，而柴油发动机转速表的转速信号是从发动机转速传感器获取。

1. 发动机转速表的结构

汽油发动机转速表由信号源、电子电路和指示表 3 部分组成，转速信号取自点火系统的初级电路。如图 6-9 所示是桑塔纳轿车用电子转速表电路原理图。电路由 R_1(10 kΩ)、R_2(1 kΩ)、C_1(0.3 μF)组成的积分电路(其作用是给开、闭的脉冲信号进行整形)、充放电电容 C_2(0.7 μF)、放大管 VT、稳压管 VS(8 V)及转速表(实际是一个 350 Ω 的毫安表表头)等组成。VS 的作用使电容 C_2 充电电压稳定，提高转速表的测量精度，VS 还起到保护作用，防止 VT 集电极出现瞬间高电压而被击穿。

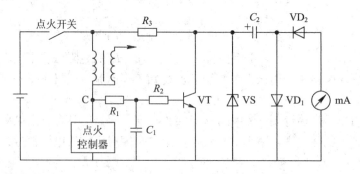

图 6-9　桑塔纳轿车用电子转速表电路原理

2. 发动机转速表的工作原理

如图 6-9 所示，当点火控制器控制初级电路接通时，C 点电位几乎为 0，三极管 VT 的基极因为无偏压而处于截止状态，电源给 C_2 充电，电流路径为：电源正极→点火开关→

$R_3 \rightarrow C_2 \rightarrow VD_1 \rightarrow$ 搭铁 → 电源负极。

当点火控制器控制初级电路断开时，C 点处于高电位，三极管 VT 的基极电位接近电源电压，VT 由截止转为导通状态，此时 C_2 放电，放电电流路径为：充满电的 C_2 "+"极板 → VT → 转速表 → 二极管 $VD_2 \rightarrow C_2$ 的"−"极板，构成放电回路，驱动转速表。

当发动机工作时，初级电路不断地重复接通和断开，电容 C_2 不断地进行充、放电的工作循环，C_2 的放电电流流过毫安表。

因为 C_2 每次充、放电的电量 Q 与其电容量 C 和电容器两端的电压 U 成正比，即 $Q = CU$，所以每个周期 T 内的平均放电电流为：$I = Q/T = CU/T = CUf$。

在电源电压 U 稳定、充电时间常数 $\tau = R_3 C_2 (R_3 = 1 \text{ k}\Omega)$ 不变的情况下，C 和 U 是固定值，则流过毫安表的电流平均值 I 只与初级电路接通和断开的频率 f 成正比，而初级电路接通和断开的频率 f 与发动机的转速成正比，于是通过转速表 n 的放电电流平均值也与发动机的转速成正比，从而可用电流的平均值标定发动机转速表。

这种形式的发动机转速表是依靠电容充放电工作的，因此称之为电容放电式发动机转速表。

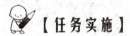 【任务实施】

传统仪表的故障诊断

传统仪表的常见故障有仪表无指示、仪表指示不准确等。当检修仪表时，可将仪表与传感器分段检测。现以桑塔纳轿车仪表电路(见图 6-10)为例，说明仪表系统的故障诊断与排除方法。

仪表系统的所有仪表由点火开关控制，点火开关接通后，仪表及传感器进入正常工作状态。

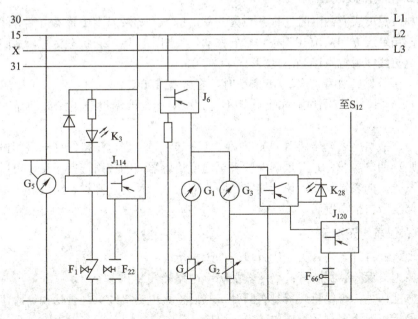

图 6-10　桑塔纳轿车仪表电路

1. 仪表工作电路

点火开关置于 1 挡时，电流路径为：蓄电池正极→点火开关→编号为 "15" 线，之后分为如下 4 个电路：

① 稳压器 J_6→燃油表 G_1→浮筒燃油传感器 G→搭铁。

② 稳压器 J_6→水温表 G_3→水温传感器 G_2→搭铁。

③ 稳压器 J_6→水位报警灯 K_{28}→水温传感器 G_2→搭铁。同时，至液位控制器 J_{120}→冷却液位不足开关 F_{66}→搭铁。

④ "15" 线→转速表 G_5→搭铁。转速信号来自于点火线圈的初级电路。

2. 燃油表无指示的故障诊断与排除

在掌握仪表工作原理与工作电路后，检修仪表电路就比较容易了。仪表电路由传感器和仪表两部分构成，可采用分段的方法处理。下面以燃油表故障和所有仪表不工作为例介绍仪表电路常见故障及诊断方法。汽车燃油表常见的故障是燃油表无指示或不能准确指示油箱内的存油量。

故障现象：油箱内无论有多少燃油，指针总显示无油。

故障原因：燃油表本身有故障；电路有断路处；燃油表传感器故障；稳压器工作异常等。

检修方法：拔下燃油表传感器接线插头并搭铁，打开点火开关，观察燃油表。若指针向满油刻度方向移动，说明故障在燃油表传感器；若无反应，则说明故障在仪表本身或稳压器，或线路已断路。接好燃油表传感器接线插头，打开点火开关，用万用表测量仪表上的电源电压，若有电压，说明燃油表内部已损坏。若无电压，则说明稳压器已损坏或工作电路断路。

3. 冷却液温度表故障

当冷却液温度表有故障时，打开点火开关，拆下冷却液温度传感器一端导线，使其搭铁。此时，指针应立即从100℃向40℃处移动，说明水温指示表状态良好，故障原因可能是传感器电热线圈或触点接触不良。

检查电源线路：如果在第一步搭铁时，指针在100℃处不动，可以在冷却液温度表电源接线柱一端用试灯测试。如果试灯不亮，说明冷却液温度表电源线断路，应修复断路处。

检查冷却液温度表至传感器间的线路：在冷却液温度表电源接线柱一端用试灯测试，若灯亮，则说明电源线良好，说明温度表至温度传感器间的线路连接不良，可以从温度表引线进行试验，如表针移动，说明线路已断，应接通；反之，则说明温度表内部电热线圈断线，应修复或更换温度表。

4. 所有仪表均无指示

故障现象：打开点火开关，所有仪表均无指示。

故障原因：保险装置断开；稳压器故障；电路接线断开等。

检修方法：先检查保险装置是否断开，然后检查电路接线头是否松动、脱落，搭铁是否良好，最后用万用表测量稳压电源电压。

【检查与评估】

在完成以上的学习内容后,可根据以下问题(见表 6-3)进行教师提问、学生自评或互评,及时评估本任务的完成情况。

表 6-3 检查评估内容

序号	评 估 内 容	自评/互评
1	能够利用各种资源查阅、学习仪表系统的各种知识	
2	能够制订合理、完整的仪表系统故障诊断工作计划	
3	就车认识汽车上的各种仪表和指示灯,能够在整车上认识各种仪表传感器安装位置,掌握仪表传感器的工作原理	
4	掌握燃油表、水温表、转速表的工作原理	
5	能识读仪表电路原理图	
6	能够完成汽车组合仪表的拆装、分解与组装	
7	能够正确诊断燃油表和水温表的常见故障	
8	能如期保质完成工作任务	
9	工作过程操作符合规范,能正确使用万用表和设备	
10	工作结束后,工具摆放整齐有序,工作场地整洁	
11	小组成员工作认真,分工明确,团队协作	

任务6.2 数字仪表及故障诊断

【导引】

一辆 2003 款帕萨特 B5 1.8L 型乘用车停放一段时间后,无法起动。起动发动机只维持 2~3 s 便熄火。如何排除此故障?

【计划与决策】

根据故障现象,很明显可以看出车辆是进入了防盗状态,但电子防盗装置指示灯却没有闪亮。帕萨特 B5 车型采用了数字仪表。数字式仪表均由车载诊断系统(OBD)的微处理器控制,并且具有自诊断功能。数字仪表的显示器件、显示方法和模拟仪表都有很大不同,控制电路也不同。要想进行数字仪表的故障诊断,就必须要了解数字仪表的相关知识。

完成本任务需要的相关资料、设备以及工量具如表 6-4 所示。本任务的学习目标如表 6-5 所示。

表 6-4　完成本任务需要的相关资料、设备以及工量具

序号	名　　称
1	帕萨特 B5 轿车，维修手册，车外防护 3 件套和车内防护 4 件套若干套
2	课程教材，课程网站，课件，学生用工单
3	数字式万用表，拆装工具，VAG1552

表 6-5　本任务的学习目标

序号	学 习 目 标
1	了解数字仪表的组成
2	了解显示器件的结构和显示方法，并掌握其原理
3	能够识读数字仪表的电路，并进行数字统仪表的故障诊断
4	评估任务完成情况

【相关知识】

近年来，随着汽车排放、节能、安全和舒适性等各方面要求的不断提高，汽车仪表越来越倾向于能提供大量、复杂的信息。数字仪表具有高精度、高可靠性和一表多用的功能，正逐渐代替传统仪表，尤其是以微处理器为核心的电子控制数字式仪表发展最为迅猛。

传统仪表(即模拟仪表)显示的是传感器的平均读数，而数字仪表板以数字或带状显示信息，显示的是即时值(如有的仪表信息每秒刷新 16 次)，使信息显示更精确。数字式仪表不仅可显示传统仪表所显示的全部内容，如车速、里程、转速、水温、油量、转向指示、安全带指示等，还可以显示传统仪表所无法显示的内容，如倒车雷达相关信息、车辆故障信息等。

数字式仪表采用步进电机结构形式，所有传感器的模拟或数字信号全部转化成驱动步进电机的数字信号，由中央处理器 CPU 处理完后，将驱动信号输送到各自的步进电机式指示仪表并使之工作。

数字式仪表主要有 3 种形式：LCD(液晶)全数字式仪表(宽温仿模拟指针 + 数字液晶仪表)；全数字化指针式仪表(步进电机数字化驱动指针显示)；LCD + 指针混合数字式仪表。其中 LCD + 指针混合数字式仪表在当前市场上占有的比例最大。

大多数数字仪表板提供英制或公制值的显示，并且一表多用，驾驶员可以根据需要选择仪表的显示内容。大多数系统还能让仪表自动显示潜在的危险情况，例如，当驾驶员选择了机油压力仪表显示机油压力，而此时发动机温度已升到了设定的上限值，仪表便自动显示温度已到上限值，警告驾驶员，并开启报警灯和(或)声音报警器提醒驾驶员注意，如图 6-11 所示。

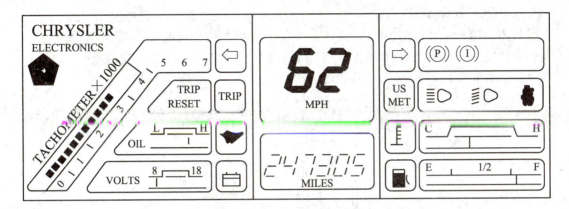

图 6-11　数字仪表板

为了克服语言障碍和简化仪表板及其他读数的识读,国际标准化组织(ISO)对几种仪表显示信息规定了通用标准符号或代表图标。这种 ISO 符号(见图 6-12)在各个国家的汽车上都是通用的,能够使驾驶员看到符号就能识别仪表的功能,其他 ISO 符号见后面的显示器显示方法部分。

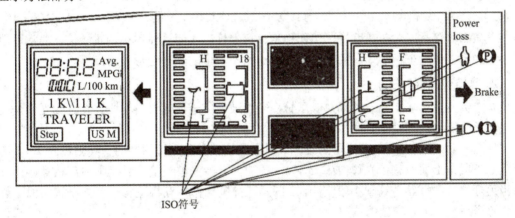

图 6-12　仪表上常用的 ISO 符号

大多数电子仪表都有自诊断功能。对仪表进行检测可以采用诊断仪或仪表板上的选择钮。每当点火开关转到 Acc 或 RUN 挡时,仪表板便进行一次自检。

数字仪表主要由传感器、控制单元、显示装置构成。传感器的作用是将各种信息转变成电信号,并输送到控制单元;控制单元的作用是采集传感器的信号,将模拟量转换为数字量,经分析处理后控制显示装置;显示装置的作用接受控制单元的命令,显示各种信息。

一、显示器件

汽车电子显示器件大致分两类,即主动显示型和被动显示型。主动显示型的显示器件本身辐射光线,有发光二极管(LED)、真空荧光管(VFD)、阴极射线管(CRT)、等离子显示器件(PDP)和电致发光显示器件(ELD)等;被动显示型的显示器件相当于一个光阀,它的显示靠另一个光源来调制,有液晶显示器件(LCD)和电致变色显示器件(ECD)等。

1. 发光二极管(LED)

如图 6-13 所示为发光二极管的结构。它发出的光的颜色有红、绿、黄、橙，发光二极管可单独使用，也可用来组成数字。在实际应用中，常把它焊接到印刷电路板上，以形成数字显示或带色光杆显示。有些仪表则用发光二极管组成光点矩阵型显示器。

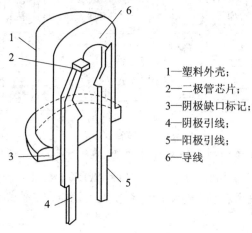

1—塑料外壳；
2—二极管芯片；
3—阴极缺口标记；
4—阴极引线；
5—阳极引线；
6—导线

图 6-13　发光二极管的结构

发光二极管不仅响应速度快、工作稳定、可靠性高，而且体积小、质量轻，非常适用于小型显示，如汽车指示灯、数字符号段或点数不太多的光杆图形显示。

2. 真空荧光管(VFD)

真空荧光管实际上是一种真空低压管，它由玻璃、金属等材料构成。真空荧光管是一种主动显示器件，其发光原理与电视机中的显像管相似。

如图 6-14 所示为汽车上使用的数字式车速表的真空荧光管的结构。其阳极为 20 个字形笔划小段，上面涂有荧光体(或磷光体)，各与一个接线柱连接，且笔画内部相互连接；阴极为灯丝，在灯丝与笔画小段(阳极)之间插入控制栅格，其构造与一般电子管相似。整个装置密封在一个真空玻璃罩内。

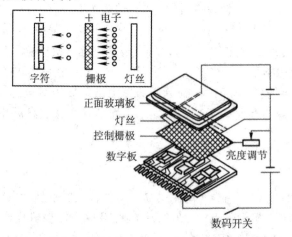

图 6-14　真空荧光管的结构

真空荧光管的工作原理如图 6-15 所示。当其阳极(字形)接至电源"＋"极，而阴极(灯丝)与电源"－"极相接时，灯丝 1 通电，灯丝发热，阴极发射电子(在电场力的作用下)，电子被电位较高的栅格 2 吸引，并穿过栅格，均匀地打在电位最高的屏幕字符段 3 上。凡是由电子开关控制通电的字符段受电子轰击后发亮，而未通电的字符段发暗。这样通过控制字符段通电状态，就可以显示不同的数字。

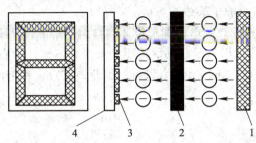

1—钨灯丝(阴极)；2—栅格；3—字符段(阳极)；4—屏幕

图 6-15　真空荧光管(VFD)的工作原理

由于玻璃管(罩)内抽成了真空，前面装有平板玻璃并配有滤色镜，故能使通过栅格轰击阳极(字形)的电子激发出亮光来，因而能显示出所要看到的内容。

VFD 具有色彩鲜艳、色谱宽、可见度高、立体感强、易与控制电路连接、环境温度适应性强等特点，是最早引入汽车仪表中的发光型显示器件，也是目前汽车上采用最多的一种显示器件。但因是真空管，必须采用一定厚度的玻璃外壳，所以体积和质量较大。做成大型多功能 VFD 的成本较高，故现在大多由一些单功能小型的 VFD 组成汽车电子式仪表盘。

3. 液晶显示器(LCD)

液晶是一种有机化合物，在一定温度范围内，既具有普通液体的流动性质，也具有晶体的某些光学特性。液晶显示器是一种被动显示装置，具有显示面积大、耗能少、显示清晰、通过滤光镜可显示不同颜色、在阳光直射下不受影响等特点，应用十分广泛。其结构如图 6-16 所示。

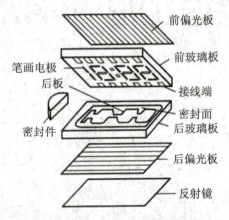

图 6-16　液晶显示器的结构

LCD 中有两块厚约 1 mm 的玻璃基板(前玻璃板、后玻璃板)，基板上涂有透明的导电材料，以形成电极图形。两基板间注入 5～20 μm 厚的液晶，再在两玻璃基板的外表面分别贴上起偏振片和检偏振片，并将整个显示板完全密封，以防止湿气和氧气侵入，这就构成了透射式 LCD。若在后玻璃基板的后面再加上反射镜，便组成了反射—透射式 LCD。

由于 LCD 为被动显示型，所以夜间显示必须采用照明光源，这便削弱了它所具有的低功耗的优点；其次是 LCD 的低温响应特性较差；再就是 LCD 的显示图形不够华丽明显，这是所有被动型显示器件共有的缺陷。

当然，LCD 也有很多优点：电极图形设计的自由度极高，且设计成任意显示图形的工艺简单，这一点作为汽车用显示器件很重要；工作电压低，一般为 3 V 左右，功耗小（1 μW/cm^2），且能很好地与 CMOS 电路相匹配。因此，LCD 常作为电子钟和彩色光杆式仪表板在汽车上应用。

二、显示器显示方法

发光二极管、液晶显示器和真空荧光管等均可采用以下几种显示方法。

1. 字符段显示法

字符段显示法就是一种利用七段、十四段或十七段小线段组成数字或字符显示的方法。七段小线段可组成数字 0~9，十四段或十七段小线段可组成数字 0~9 或字母 A~Z。每段都由电子电路选择并控制明暗，从而组成数字或字符。如图 6-17 所示为七字符段和十四字符段及它们所显示的数字和字母。如图 6-18 所示为七个发光二极管组成的数字显示板。

(a) 七字符段

(b) 十四字符段

01234
56789 012　　　AXWZ

(c) 七字符段显示的数字　　　(d) 十四字符段显示的数字和字母

图 6-17　字符段显示法

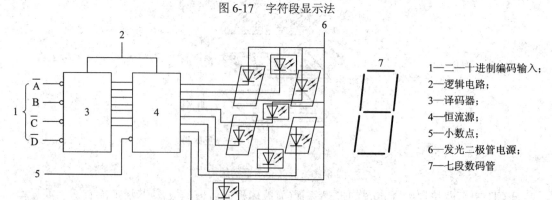

1—二—十进制编码输入；
2—逻辑电路；
3—译码器；
4—恒流源；
5—小数点；
6—发光二极管电源；
7—七段数码管

图 6-18　七个发光二极管组成的数字显示板

2. 点阵显示法

点阵显示法就是一种利用成行列排列的点阵元素组成数字或字符显示的方法。各点阵元素都是由电子电路选择并控制其明暗，从而组成数字或字符。如图 6-19 所示为发光二极管组成的 5×7 点阵显示板和 5×7 点阵显示的一些数字和字母。

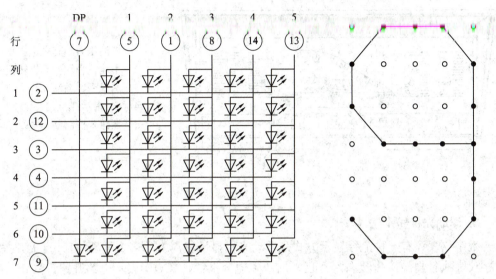

图 6-19　发光二极管点阵显示法

3. 特殊符号显示法

特殊符号显示法就是利用一些形象直观的国际标准 ISO 符号显示的方法。如图 6-20 所示为数字仪表常用的 ISO 符号。

图 6-20　数字仪表常用的 ISO 符号

4. 光条图形显示法

如图 6-21 所示,机油压力、燃油、冷却水等信息使用光条图形显示,显示的每一分度线都代表不同的显示值。

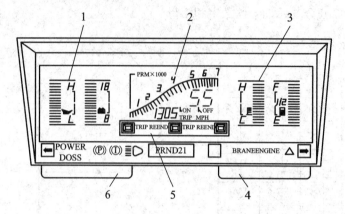

1—机油压力和充电电压表;
2—车速里程和发动机转速表;
3—水温表、燃油表;
4,6—指示灯;
5—按钮式控制器

图 6-21　光条图形显示法

5. 浮动光标显示法

数字仪表还有一种流行显示方式是浮动光标显示法,如图 6-22 所示。打开点火开关时,数字仪表执行自检工作状态,一旦发出故障便会报警,"CO"表示电路开路,"CS"表示电路短路,直到故障排除,报警信号才能消失。

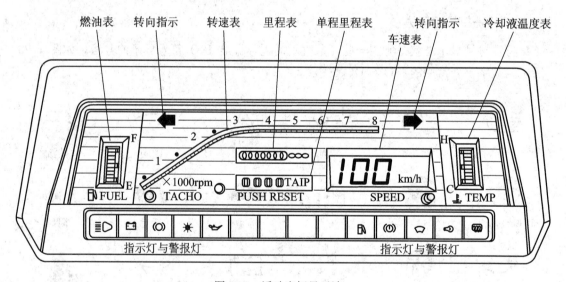

图 6-22　浮动光标显示法

三、数字仪表控制电路

1. 分装式数字仪表

分装式数字仪表具有各自独立的控制电路,如图 6-23 所示为一个发光二极管显示的数字燃油表的控制电路。

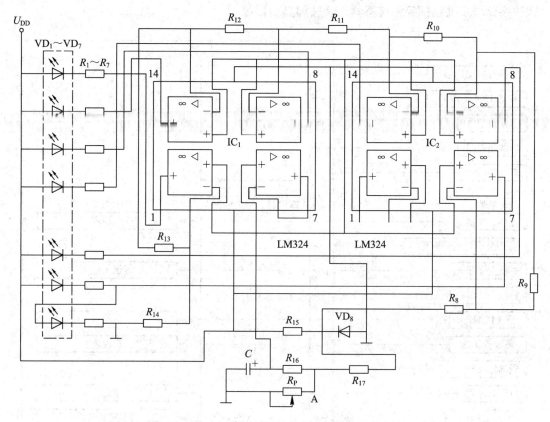

图 6-23　发光二极管显示的数字燃油表的控制电路

数字燃油表的显示器件主要由两块集成电路 IC_1 和 IC_2(LM324)、VD_1～VD_7 发光二极管组成。使用的传感器仍采用浮子式可变电阻传感器，R_P 是传感器的可变电阻，油箱无油时，其阻值约为 100 Ω，满油时约为 5 Ω。电阻 R_{15} 和二极管 VD_8 组成串联稳压电路，其稳定电压作为电路的标准电压，通过 R_8～R_{14} 接到由集成电路 IC_1 和 IC_2 组成的电压比较器的反相输入端。传感器的可变电阻 R_P 由 A 端输出电压信号，经过电容器 C 和电阻 R_{16} 组成的缓冲器后，接到集成电路电压比较器的同相输入端，电压比较器将此电压信号与反向输入端的标准电压进行比较、放大，然后控制各自对应的发光二极管，以显示油箱内燃油量的多少。

当油箱内燃油加满时，传感器可变电阻 R_P 阻值最小，A 点电位最低，各电压比较器输出为低电平，此时 6 个绿色发光二极管 VD_2～VD_7(自下而上的顺序)全部点亮，而红色二极管 VD_1 因其正极电位变低而熄灭，这表明油箱满油。当燃油量逐渐减少时，绿色发光二极管按 VD_7、VD_6、VD_5…VD_2 的顺序依次熄灭。燃油量越少，绿色发光二极管亮的个数越少。当燃油减少到下限时，R_P 的阻值最大，A 点电位最高，集成块 IC_2 第 5 脚电位高于第 6 脚的标准电位，第 7 脚可输出高电位，此时最下方的红色发光二极管 VD_1 亮，其余 6 个绿色发光二极管全部熄灭，表示燃油量过少，必须补加燃油。

2. 组合式数字仪表

组合式数字仪表种类很多，如图 6-24 为微机控制的组合式数字仪表工作原理图。组合式数字仪表主要包括各种传感器、开关和显示器等。

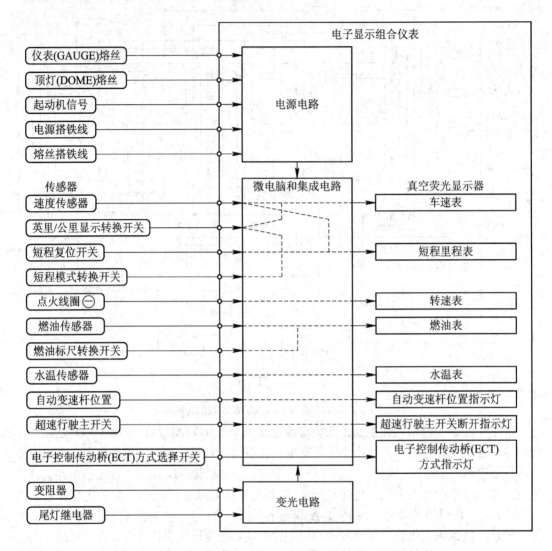

图 6-24 微机控制的组合式数字仪表工作原理图

仪表显示的数据来自各系统的传感器，其电路与多路传输系统各 ECU 和仪表测量微机系统连接。仪表测量微机系统将各测量系统组合在一起，形成总的仪表测量系统。

仪表测量微机系统包括 A/D 转换、多路传输、CPU、存储器及 I/O 接口等。测量时，各传感器的输出信号经 A/D 转换和多路传输输入微机信号处理系统，通过 I/O 接口与仪表板显示器相连，分时循环显示或同时在不同区域显示各种测量参数。

1) 电子式车速表

如图 6-25 所示为电子式车速表工作原理图，光电式速度传感器将车速信号转换成脉冲信号输入电脑，电脑根据输入的脉冲信号来计算车速，并控制真空荧光显示器显示电脑输出的车速。

速度传感器与电脑之间有 3 根连接线：计算机通过 C_1 端子给速度传感器提供一个 5 V

电源电压，速度传感器通过 C_3 端子经过计算机 A_9 端子搭铁，计算机通过 C_2 端子接收速度传感器信号；(英里/公里)开关与电脑之间有 2 根连接线：电脑通过 D_4 接收开关输入信号，D_3 为搭铁端子。电脑根据速度传感器、(英里/公里)开关输送的信号控制真空荧光显示器显示车速。当速度超过设定的最高限值时，通过 A_{11} 端子给速度警报器供电，警报器会鸣响。

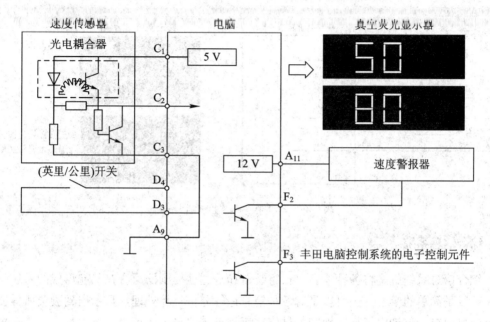

图 6-25　电子式车速表工作原理

2) 电子式转速表

如图 6-26 所示为电子式发动机转速表的工作原理图。转速表传感器信号是发动机点火线圈输出的脉冲信号。电脑接收转速表传感器输出的脉冲信号后，计算出发动机转速，然后控制荧光真空显示器发光，将发动机的转速用图形显示出来。

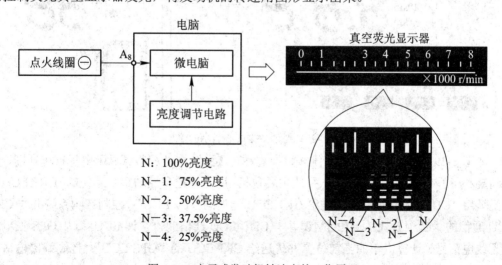

图 6-26　电子式发动机转速表的工作原理

3) 电子式水温表

如图 6-27 所示为电子式水温表的工作原理图。计算机内 5 V 电源通过 A6 端子向水温传感器供电，水温传感器通过 A9 搭铁。水温表传感器电阻随发动机水温变化而变化，使得输出电压信号也发生变化，电脑检测到电压变化后，便将其与参考电压进行比较，然后控制真空荧光显示器将水温显示出来。

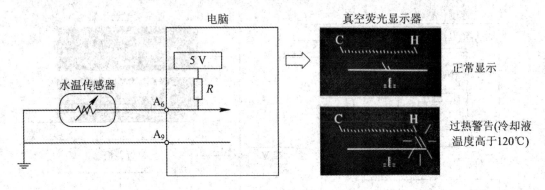

图 6-27   电子式水温表的工作原理

四、综合信息系统

综合信息系统就是将各种仪表、报警装置和舒适性控制器组合在一起形成的系统。该系统可以是简单的组合，也可以是对各种信息进行分析计算处理，显示出驾驶员所需要的各种信息内容，包括电子行车地图、维修、后视镜等信息，还可以显示电视、广播、电话等信息。如图 6-28 所示为燃油数据中心显示的信息。

图 6-28   燃油数据中心显示的信息

如图 6-29 所示为综合信息系统配置原理图。该系统的显示器可显示电子行车地图、燃料消耗和行程信息等综合信息。该系统主要包括：用于管理和控制整个系统的"CRT ECU"；用于调用"CD ROM"数据并传送给 CRT ECU 通信的"TV ECU"；控制音响系统并与 CRT ECU 通信的"音频 ECU"；控制空调并与 CRT ECU 通信的"空调 ECU"；从 GPS 卫星接收无线电信号、计算汽车的当前位置并传送给 CRT ECU 的"GPS ECU"；控制蜂窝电话并与 CRT ECU 通信的"电话 ECU"。

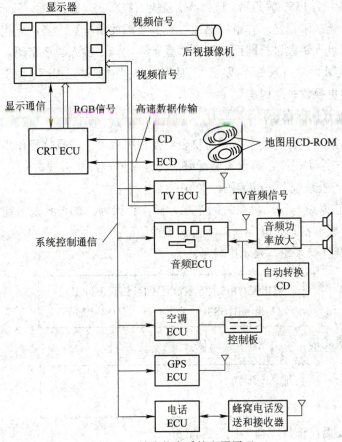

图 6-29　综合信息系统配置原理

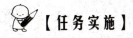 【任务实施】

数字仪表的故障诊断

下面以帕萨特 B5 1.8L 轿车的数字仪表为例，说明数字仪表的故障诊断方法。

对数字仪表进行检测时，可采用诊断仪或按仪表板上的选择杆。每当点火开关位于 Acc 挡或 ON 挡时，仪表板便进行一次自检。在自检时，通常是整个仪表板发亮；同时，各显示器的每段字段均发亮。在自检过程中，仪表功能标准符号闪烁；检验完成时，所有仪表都显示出当时的读数。若发现故障，便显示故障代码，提醒驾驶员，并可根据故障代码快速地查找出故障部位，进行检修。

1. 故障现象与分析

一辆 2003 款帕萨特 B5 1.8L 型乘用车停放一段时间后，无法起动。起动发动机只维持 2～3 s 便熄火。

根据故障现象，很明显可以看出车辆是进入了防盗状态，但电子防盗装置指示灯却没有闪亮。该车型的防盗控制单元与组合仪表合为一体，检测防盗系统时必须进入"仪表板系统"。

使用金奔腾中文 1552 解码器，选择"仪表板系统"，读取故障码，显示为"系统正常"，即防盗控制单元无故障记忆。在解码器没有查到故障的情况下，考虑到钥匙可能被外界磁场消磁，重新对点火钥匙进行匹配：选择"登录"功能，输入防盗密码，显示"与汽车电脑通信错误"。连续两次登录都不成功，于是判定防盗控制单元损坏。由于组合仪表不允许解体修理，只能更换仪表总成。

2. 仪表更换及功能检查

该车型采用第三代防盗技术，因而仪表更换程序较复杂，具体操作步骤如下：

(1) 拆下蓄电池负极线，等仪表装配好后再连接蓄电池负极线。

(2) 将"仪表板系统"正确编码，如 01083。

(3) 进行防盗系统与发动机系统的匹配，操作步骤为：仪表系统→登录→新密码→自适应匹配→50→原车密码→确定。具体匹配步骤如下：

① 选择组合仪表系统，显示屏显示：

4B0920903..C5-KOMBIINSTR VDOD.. Coding01083　　　　　　　　WSC12345

② 选择登录功能，输入密码(新密码)：

输入密码 ××××

③ 登录成功后，选择"自适应"匹配 50：

输入通道号 ××

④ 输入匹配值(原车密码)，按"确定"键：

输入自适应值 ×××××

⑤ 在输入正确的密码 4 s 后，底盘号码出现在显示屏上：

通道 50 自适应 WAUZZZ4BZYN004321

⑥ 按"确认"键，显示屏显示：

通道 50 自适应 是否储存新值？

⑦ 按"确认"键，显示屏显示：

```
通道 50 自适应
新值已被储存
```

(4) 重新进行钥匙匹配，操作步骤为：仪表板系统→登录→密码→自适应匹配→21→输入钥匙数量→确定。具体步骤如下：

① 选择组合仪表系统，显示屏显示：

```
4B0920903..C5-KOMBIINSTR VDOD..
Coding01083              WSC12345
```

② 选择登录功能，输入密码(新密码)。

③ 登录成功后，选择自适应功能，显示屏显示：

```
输入通道号
××
```

④ 输入 21，按"确认"键，显示屏显示："00003"。

显示屏的左上角表示 3 把钥匙已与系统匹配。

⑤ 按"→"键，显示屏显示：

```
输入自适应值
×××××
```

输入将要匹配的钥匙数，包括插在点火锁上的钥匙，最多 8 把。在匹配的过程中，所有钥匙的匹配时间加起来不可超过 30 s(从登录起开始计算时间，到配完钥匙为止，不计钥匙拔出到插入的间隔时间)，否则故障警报灯以 2 Hz 的频率闪亮，必须重新彻底进行匹配(包括登录与匹配)。

⑥ 按"确认"键，显示屏显示"是否储存新值？"

⑦ 按"确认"键，显示屏显示"新值已被储存"。仪表盘上的警报灯熄灭，点火锁内的钥匙匹配完毕。

(5) 对新换的仪表进行功能检查，用金奔腾 1552 解码器对仪表系统作"执行元件"测试，必须符合下列要求，否则不能确定仪表是否正常工作。

① 转速表、里程表、水温表和燃油表指针先指到满刻度再回到中间；

② 水温灯、机油灯、燃油灯、充电灯、制动液面灯及其他灯全亮；

③ 蜂鸣器鸣叫，并且显示屏全屏显示。

(6) 对燃油表进行标定。将燃油箱内的燃油全部排净，再用量筒加入 10 L 燃油，观察燃油表指针的指示位置。若指示到红线，说明油表指示正确；若有偏差，则在"自适应匹配"输入通道号 30，按"↑"或"↓"键进行修正。

(7) 对里程表进行标定。假设旧仪表里程数为 56527 km，标定里程数为 05653 km，操作步骤为：选择仪表系统→选择登录功能(输入防盗密码)→自适应匹配→输入 09→输入 05653 km。

(8) 对收放机重新输入密码激活，对电动摇窗机执行一次升降程序的学习功能。

该车更换仪表总成后，故障排除。

 【检查与评估】

在完成以上的学习内容后，可以根据以下问题(见表 6-6)进行教师提问、学生自评或互评，及时评估本任务的完成情况。

表 6-6　检查评估内容

序号	评 估 内 容	自评/互评
1	能够利用各种资源查阅、学习数字仪表的各种知识	
2	能够制订合理、完整的数字仪表诊断工作计划	
3	能说出不同显示器件的各自特点；在整车上认识数字仪表及显示控制	
4	分组进行操作，能正确认识和使用数字仪表	
5	利用 VAG1552 诊断仪进行故障自诊断	
6	能如期保质完成工作任务	
7	工作过程操作符合规范，能正确使用万用表和设备	
8	工作结束后，工具摆放整齐有序，工作场地整洁	
9	小组成员工作认真，分工明确，团队协作	

任务 6.3　汽车报警装置的检修

 【导引】

一辆捷达轿车在行驶过程中，发现汽车机油压力报警灯常亮。如何排除该故障？

 【计划与决策】

现代汽车为了保证行车安全和提高车辆的可靠性，安装了许多报警装置，如机油压力过低报警装置、冷却水温度过高报警装置、燃油不足报警装置，还有制动系统气压过低、蓄电池液面过低、制动液液面不足、发电机不充电等报警装置，以及汽车电子控制系统(包括发动机控制系统、ABS 系统、安全气囊系统等)报警指示灯。汽车报警装置能够及时点亮安装在组合仪表上的相应指示灯发出报警信号，提醒驾驶员注意或停车检修。

要完成报警装置的检修，就必须要了解各种报警装置的结构和报警控制电路，完成本任务需要的相关资料、设备以及工量具如表 6-7 所示。本任务的学习目标如表 6-8 所示。

表6-7　完成本任务需要的相关资料、设备以及工量具

序号	名　称
1	轿车，维修手册，仪表和报警系统试验台，车外防护3件套和车内防护4件套若干套
2	课程教材，课程网站，课件，学生用工单
3	数字式万用表，拆装工具，试灯

表6-8　本任务的学习目标

序号	学习目标
1	熟悉汽车各种报警灯符号及报警信息
2	了解常用汽车报警装置的结构，并能够分析其工作原理
3	能够识读报警装置的电路，并进行报警装置的故障诊断
4	评估任务完成情况

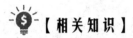【相关知识】

一、汽车报警装置的组成和工作电路

报警灯通常安装在驾驶室内仪表板上，功率为1~3 W。在灯泡前有滤光片，可使灯泡发黄或发红。滤光片上常刻有图形符号，以显示其功能，有些车还用英文字母表示。

报警装置一般都由报警开关(或称传感器)和警告指示灯组成，如图6-30所示。警告指示灯安装在组合仪表面板上，呈现红色、黄色或蓝色。报警装置不同，报警开关的结构和原理也不同。

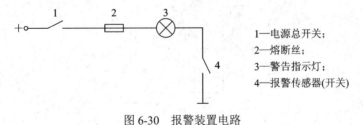

1—电源总开关；
2—熔断丝；
3—警告指示灯；
4—报警传感器(开关)

图6-30　报警装置电路

二、机油压力报警装置

常用的机油压力报警装置有膜片式和弹簧管式两种。

1. 弹簧管式机油压力报警装置

如图6-31所示为最常见的弹簧管式机油压力报警装置。它由装在发动机主油道的弹簧管式传感器和装在仪表板上的报警灯两部分组成。传感器内的管形弹簧一端与发动机主油道连接，另一端与动触点连接，动触点搭铁，静触点经导电片与接线柱连接。

一般地，发动机怠速时，机油压力表指示值不得低于100 kPa；发动机低速运转时，机油压力表指示值应不小于 150 kPa；发动机正常运转时，机油压力应在 200～400 kPa，最高压力不应超过 500 kPa。

　　当润滑系统机油压力低于允许值时，管形弹簧几乎无变形，动、静触点闭合，报警灯中有电流通过，报警灯点亮，提醒驾驶员注意，并及时检修。当润滑系统机油压力达到允许值时，管形弹簧变形程度增大，使动、静触点分开，报警灯中无电流通过，灯熄灭。

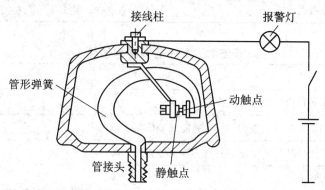

图 6-31　弹簧管式机油压力报警装置电路

2. 膜片式机油压力报警装置

　　如图 6-32 所示，膜片式机油压力报警装置由膜片式机油压力报警开关和装在仪表板上的报警灯组成。当机油压力过低时，膜片在弹簧压力作用下向下移动，推杆将上、下触点闭合(下触点是搭铁的)，报警灯点亮。

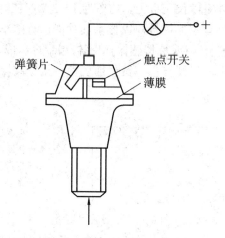

图 6-32　膜片式机油压力报警装置电路

三、冷却液温度报警装置

　　一般地，冷却液温度报警装置主要由双金属片式温度传感器、仪表板上的温度报警灯两部分组成，如图 6-33 所示。

　　当发动机冷却液的温度达到或超过极限温度(95～98℃)时，传感器内双金属片温度升高，变形程度增大，使动、静触点闭合，报警灯点亮，提醒驾驶员及时停车检查和冷却。当发动机冷却液温度正常时，传感器内双金属片温度较低，变形程度较小，动、静触点断开，报警灯中无电流通过，报警灯熄灭。

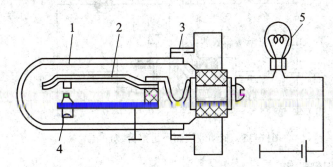

1—传感器的密封套管；2—双金属片；3—螺纹接头；4—静触点；5—报警灯

图 6-33　冷却液温度报警装置电路

四、燃油量不足报警装置

燃油量不足报警装置主要由负温度系数热敏电阻传感器、仪表板上的燃油量报警灯两部分组成，如图 6-34 所示。当燃油量较多时，热敏电阻完全浸泡在燃油中，此时热敏电阻散热快，温度低，阻值大，报警灯电路中相当于串联了一个很大的电阻，报警灯的电流很小，灯不亮。当燃油减少到热敏电阻露出油面时，散热变慢，热敏电阻的温度会升高，阻值急剧减小，流过报警灯的电流增大，报警灯点亮。

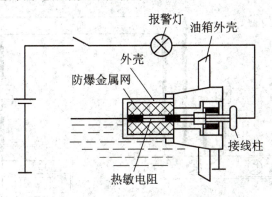

图 6-34　热敏电阻式燃油量不足报警装置电路

五、制动液液面不足报警装置

制动液液面不足报警装置的作用是当制动液液面过低时，发出报警信号，以提醒驾驶员注意，防止制动效能下降而出现行车安全事故。

制动液液面过低报警装置主要由安装在制动液储液罐内的浮子式传感器和报警灯两部分组成，如图 6-35 所示。当制动液充足时，浮子式传感器随制动液上浮，处于较高位置，其内部的永久磁铁与舌簧开关的位置较远，对舌簧开关的吸引力较弱，舌簧开关仍处于常开状态，报警灯电路无法接通，报警灯不亮。当制动液不足时，浮子式传感器随制动液液面下移，当下移到规定值以下时，永久磁铁与舌簧开关的位置较近，磁力吸动舌簧开关，使其触点闭合，报警灯电路被接通，报警灯亮。

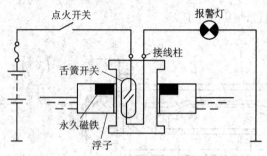

图 6-35　制动液液面不足报警装置电路

六、轮胎气压不足报警装置

如图 6-36 所示为迈腾轿车轮胎气压不足报警灯电路。轮胎气压不足报警装置的控制原理如下：当驾驶员侧车门打开或点火开关位于 ON 位置时，控制单元就会给轮胎压力监测发射器和天线各分配一个 LIN 地址，然后这些发射器发出无线电信号，各轮胎压力传感器接收此信号而被激活，被激活的轮胎压力传感器将测量到的轮胎压力数值经由天线、LIN 总线传送到控制单元。如果控制单元收到的数值低于允许值，则输出信号使警报装置报警显示。

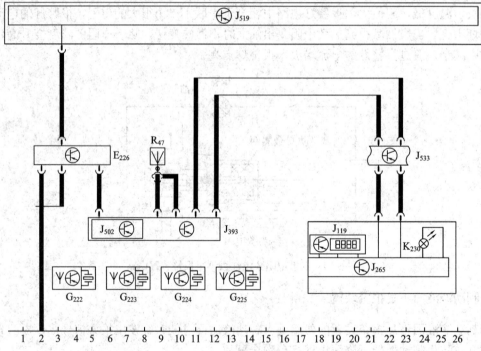

E_{226}—轮胎压力监控按钮；G_{222}—左前轮胎压力传感器；G_{223}—右前轮胎压力传感器；
G_{224}—左后轮胎压力传感器；G_{225}—右后轮胎压力传感器；J_{119}—多功能显示器；J_{265}—组合仪表中的控制单元；
J_{393}—舒适/便携功能系统中央控制单元；J_{502}—轮胎压力控制单元；J_{519}—车载电网控制单元；
J_{533}—数据总线诊断接口；R_{47}—中央门锁和防盗报警装置天线；K_{230}—轮胎压力报警灯

图 6-36　迈腾轿车轮胎气压不足报警灯电路

警报装置的显示方式：当压力低于规定压力超过 0.05 MPa 时，出现的是红色强报警显示；当压力低于规定值超过 0.03 MPa 时，出现的是黄色弱报警显示；如果与规定值的偏差不低于 0.03 MPa，但持续时间超过 17 min 时，组合仪表中控制单元 J_{265} 控制多功能显示器

J$_{119}$也会发出黄色弱报警显示。

七、制动信号灯断路报警装置

制动信号灯断线报警装置由控制器和仪表板上的报警灯两部分组成，控制器由电磁线圈与舌簧开关构成，如图6-37所示。

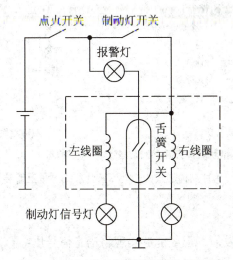

图 6-37　制动信号灯断路报警装置电路

当汽车制动时，制动灯开关闭合，电流路径：蓄电池+→点火开关→制动灯开关→路经 1：控制器的左线圈→左制动信号灯→搭铁；路经 2：控制器的右线圈→右制动信号灯→搭铁，使 2 个制动信号灯点亮。同时左右两个线圈所产生的磁场相互抵消，舌簧开关维持一个常开状态，报警灯不亮。当某一侧的制动信号灯线路出现断路故障，只有一个线圈有电流通过时，通电流的线圈产生电磁吸力使舌簧开关闭合，报警灯点亮。

八、制动摩擦片磨损过量报警装置

制动摩擦片磨损过量报警装置的作用是当制动摩擦片磨损到使用极限厚度时点亮报警灯，发出报警信号，如图6-38所示。

在图6-38(a)所示的报警装置中，将一个金属触点埋在摩擦片内部。当摩擦片磨损至使用极限厚度时，金属触点就会与制动盘(或制动鼓)接触而使警告灯与搭铁接通，仪表板上的警告灯便会亮起，以示警告。

在图6-38(b)所示的报警装置中，将一段导线埋设在摩擦片内部，该导线一端搭铁，另一端与电子控制装置相连。当接通点火开关后，电子控制装置便向摩擦片内埋设的导线通电数秒钟进行检查，如果摩擦片没有到使用极限，电子控制装置中晶体管的基极电位为低电位(基极搭铁)，晶体管截止，警告灯不亮。当摩擦片磨损到使用极限厚度时，摩擦片内埋设的导线会被磨断，电子控制装置中晶体管的基极电位为高电位，晶体管导通，使警告灯亮起，表示制动摩擦片需要更换。

一般情况下，制动摩擦片磨损过限报警装置与制动液液面不足报警装置共用一个报警灯。

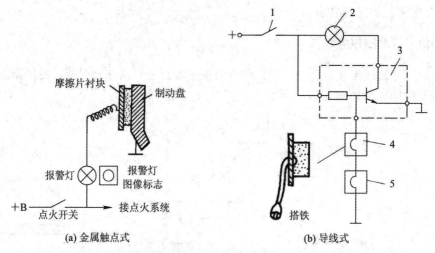

(a) 金属触点式   (b) 导线式

1—点火开关；2—制动摩擦片磨损过量报警灯；3—电子控制器；4、5—前制动器摩擦片

图 6-38　两种结构形式的制动摩擦片磨损过量报警装置电路

九、声音报警系统

随着集成电路技术的发展，已经能够实现将语音信号压缩存储于集成电路，并用于安全报警。

1. 座椅安全带报警系统

当驾驶员接通点火开关，而没有扣紧座椅安全带时，座椅安全带报警装置蜂鸣器会发出报警声响，并点亮报警灯约 8 s。座椅安全带扣环开关是一个一端搭铁的常闭式开关，如图 6-39 所示。当座椅安全带被扣紧时，座椅安全带扣环开关张开。当点火钥匙置于点火位置时，蓄电池电压加至定时器上，如果此时安全带未扣好，电路便通过座椅安全带扣环常闭开关搭铁，接通蜂鸣器及报警灯电路。如果在安全带扣好的状态下，接通点火开关，来自蓄电池的电流便通过加热器加热双金属带，双金属片发热，达到一定程度后，触点张开，切断报警灯和蜂鸣器的电路。

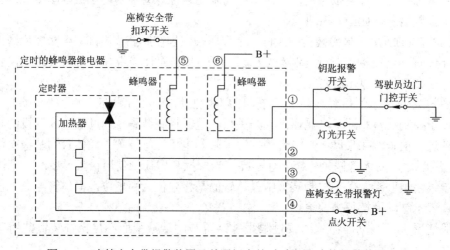

图 6-39　座椅安全带报警装置及前照灯未关/点火钥匙未拔报警装置电路

2. 前照灯未关/点火钥匙未拔报警装置

当驾驶员打开车门离开车辆时，如果没有关闭灯光开关，蜂鸣器或发音器便发出鸣叫提示。

如图 6-39 所示，前照灯未关/点火钥匙未拔报警装置的工作电路为：B+(蓄电池电压)→蜂鸣器→灯光开关\钥匙报警开关→驾驶员边门门控开关→搭铁。其中，驾驶员侧门控开关为常闭式。当车门关闭时，该开关断开，当车门打开时，该开关关闭。

在下列情况下，驾驶员打开车门时蜂鸣器报警：

① 当前照灯未关使灯光开关处于闭合状态时；

② 当点火开关钥匙未拔使钥匙报警开关处于闭合状态时；

③ 上述两种情况同时出现时。

此时关闭前照灯，拔下钥匙，或关闭驾驶侧车门，才能使蜂鸣器停止报警。

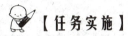 【任务实施】

机油压力报警装置常见的故障诊断

机油压力报警灯常亮的故障原因有：低压开关有故障；低压开关线路短路；高压开关故障；高压开关线路断路；润滑油路压力达不到规定要求。

当机油压力过低或过高时，机油压力报警灯会点亮；当机油压力报警开关异常时，机油压力报警灯也会点亮。所以在检查时，首先要区分是润滑系统故障还是报警系统自身故障。通常采用测量油压的方法进行诊断。

(1) 用二极管测试灯连接到蓄电池正极及低压开关之间时，二极管测试灯应当点亮。起动发动机，慢慢提高转速，当压力达到 15～45 kPa 时，二极管测试灯应熄灭。如果压力低于 15 kPa，说明润滑系统故障。

(2) 将二极管测试灯连接到高压开关上，慢慢提高发动机转速，当机油压力达到 160～200 kPa 时，二极管测试灯应当亮起。如果不亮，说明高压开关有故障。进一步提高发动机转速，转速达到 2000 r/min 时，油压至少应达到 200 kPa。如果达不到，说明润滑系统有故障。

通过以上的检查，如果润滑系统和机油压力都正常，但机油压力报警灯还常亮，则应检查报警灯电路有无搭铁现象。

高压报警开关线路在发动机转速超过 2000 r/min 时报警灯会亮，如果不亮，应重点检查有无断路现象。

 【检查与评估】

在完成以上的学习内容后，可以根据以下问题(见表 6-9)进行教师提问、学生自评或互评，及时评估本任务的完成情况。

表 6-9　检查评估内容

序号	评 估 内 容	自评/互评
1	能够利用各种资源查阅、学习汽车仪表报警系统的各种知识	
2	能够制订合理、完整的报警电路故障诊断工作计划	
3	就车认识各种不同报警灯的图形符号和作用	
4	掌握各种报警装置的结构和原理	
5	掌握各种报警装置的电路及故障诊断	
6	能够如期保质完成工作任务	
7	能够按操作规范正确使用万用表和设备	
8	工具摆放整齐有序，工作场地整洁	
9	小组成员工作认真，分工明确，团结协作	

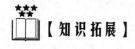

【知识拓展】

汽车仪表的发展方向

汽车仪表是整车的信息中心，是整车电子系统集成能力的一个展示窗口。从行业发展趋势看，高清、集成、智能是汽车仪表的 3 大发展方向。

高清主要体现为显示效果。未来两到三年内，(1920×720)px 的显示器会上市并逐步普及；将来则有望看到 1080 px 的高清显示器在汽车上得到应用。现在逐步推出的 24 位色 TFT 显示器，驾驶者可以看到几乎和照片一样真实感的图片，同时视频效果也会臻于完美。而对比度会进一步提升到 1000∶1，即使在强光下也无碍观看。随着 TFT 屏尺寸的不断增大，可配置内容的空间越来越大，除了传统的车速、转速、油位、温度、挡位、故障等信息外，整车的运行状态信息、娱乐信息、甚至部分原来属于中控的导航信息都可以集成到仪表盘，为厂商提供更大的设计余地。

智能主要体现在互联汽车上。随着汽车互联技术的发展，一系列主动安全技术会在未来汽车上得到广泛应用，如车道保持、盲区监控等辅助驾驶信息将在仪表盘中显示。

基于供应商的集成能力和未来科技的发展，仪表盘将能够显示更多的安全和娱乐信息，比如基于摄像头采集的前方图像和后方图像、娱乐系统提供的部分导航娱乐信息、电子控制单元提供的能量表、电池表、混动及自动启停功能等。这些信息都可以根据整车制造商的需求进行定制和共同开发，为消费者提供更高的产品附加值。

小　　结

汽车仪表系统的作用是让驾驶员了解汽车主要部件的工作情况。常用的有机油压力表、车速里程表、冷却液温度表、燃油量表、发动机转速表等。传统仪表的主要类型有：电热式、电磁式、动磁式。

　　机油压力表、冷却液温度表、燃油表都由传感器和指示表表头两部分组成。为了提高仪表的显示精度，电热式水温表、燃油表与可变电阻式传感器配合使用时，应在电路中串入仪表稳压器。

　　汽车仪表的主要故障有仪表无指示、仪表指示不准确等。检修时，可对仪表与传感器分段检测。

　　为了保证行车安全和提高车辆的工作可靠性，汽车上安装了许多报警装置，常用的报警装置有：机油压力报警装置、冷却液温度报警装置、燃油不足报警装置、制动低气压报警装置、制动液液面不足报警装置、制动摩擦片磨损过量报警装置等。这些报警装置的电路都是由报警开关、报警灯(蜂鸣器)等组成。

　　数字式仪表主要由传感器、控制单元、显示装置构成。传感器的作用是检测信号；控制单元的作用是采集传感器的信号，将模拟量转换为数字量，经分析处理后控制显示装置；显示装置的作用是接受控制单元的命令，显示各种信息。

　　显示器件分主动显示型和被动显示型两类。显示器主要有：发光二极管、液晶显示器、真空荧光管、阴极射线管等。显示方法主要有字符段显示法、点阵显示法、特殊符号显示法、图形显示法等。

练　习　题

一、判断题

　　1. 真空荧光管实际上是一种真空低压管，它由玻璃、金属等材料构成，是一种被动显示器件。　　　　　　　　　　　　　　　　　　　　　　　　　　　　　　　（　　）

　　2. 动磁式燃油表不必配电源稳压器。　　　　　　　　　　　　　　　　　（　　）

　　3. 数字式仪表具有故障自诊断功能。　　　　　　　　　　　　　　　　　（　　）

　　4. 必须用 8 个发光二极管才可以组成"8"字形数字显示器。　　　　　　　（　　）

　　5. 大多数传统冷却液温度报警灯电路使用的报警开关是常开式报警开关。　（　　）

　　6. 数字式仪表主要由传感器、控制单元、显示装置构成。　　　　　　　　（　　）

　　7. 汽车电子显示器件大致分为两大类：主动显示型和被动显示型。　　　　（　　）

　　8. 车速里程表的数值不受车轮半径的影响，不同车轮半径的车速里程表是能相互换用的。　　　　　　　　　　　　　　　　　　　　　　　　　　　　　　　　（　　）

　　9. 采用热敏电阻式燃油量报警装置时，使用的是正温度系数的热敏电阻。　（　　）

　　10. 燃油表与燃油压力传感器应该采取并联连接。　　　　　　　　　　　　（　　）

　　11. 各种报警开关(传感器)和报警灯都是采用串联形式连接。　　　　　　　（　　）

二、单项选择题

　　1. 常用的机油压力报警装置有(　　　　)两种。

　　A. 膜片式和弹簧管式　　　　　　　　B. 电磁式和电热式

　　C. 电磁式和膜片式　　　　　　　　　D. 电热式和弹簧管式

2. (　　　)不是液晶显示屏的特点。

A. 低功耗

B. 发光型显示器

C. 因极片易变形和破碎，只可用微湿的软布清洁

D. 低温时数字或字母反应变慢

3. 水温表的作用是指示发动机冷却水的温度，在正常情况下水温表指示值应为(　　　)℃。

A. 80～90　　　　B. 90～95　　　　C. 65～75　　　　D. 85～105

4. 一般地，汽油发动机电子式转速表的转速信号取自点火系统的(　　　)。

A. 点火线圈的初级电路　　　　　　B. 分电器

C. 点火开关　　　　　　　　　　　D. 点火提前调节机构

5. 车速越快，车速表指针偏转的角度越(　　　)，指示的车速值也就越(　　　)。

A. 小，低　　　　　B. 大，低

C. 小，高　　　　　D. 大，高

6. 发光二极管、液晶显示器和真空荧光显示器等可以采用(　　　)显示。

A. 字符段显示法和点阵显示法　　　B. 特殊符号显示法

C. 图形显示法　　　　　　　　　　D. 以上 4 种方法均可

7. 采用 7 个共阳极的发光二极管组成七段数码显示管，通过仪表板电脑控制(　　　)，以便显示需要的数字或字母。

A. 发光二极管的阳极　　　　　　　B. 发光二极管的阴极

C. 固定的发光二极管　　　　　　　D. 以上均不对

8. 以下各项中，不是电子车速里程表的组成部分的是(　　　)。

A. 温度传感器　　　B. 电子电路　　　C. 车速表　　　D. 里程表

三、简答题

1. 简述电磁式冷却液温度表的工作原理。

2. 简述动磁式燃油表的工作原理。

3. 汽车报警装置的作用是什么？

4. 叙述制动液液面不足报警装置的作用和工作原理。

项目七　辅助电气设备的检修

　　汽车辅助电气设备通常指在特定的时间、场合下使用的电气设备。早期的辅助电气设备主要包括刮水器、电动汽油泵、电磁制动装置、进气预热、起动预热等。随着电子技术的发展，人们对乘车安全的重视程度和对舒适方便的要求逐渐提高，汽车电子装置也越来越多，增加了安全气囊、电动车窗、电动后视镜、电动座椅、中控锁、电动天窗、自动天线、倒车雷达、自动泊车等辅助电气设备。辅助电气设备不是可有可无的装备，电动车窗、电动后视镜、电动座椅等已成为大部分汽车的基本装备。

　　本项目以常见的车型为例介绍现代汽车典型辅助电气设备的检修。

任务 7.1　风窗清洁装置的检修

【导引】

　　一辆本田轿车的电动刮水器用刮水器开关无法进行调速控制，如何排除此故障？

【计划与决策】

　　汽车风窗清洁装置的作用是清洁风窗，改善驾驶员在雨天、雪天、雾天或扬尘、扬沙等恶劣天气行车时的视线情况。

　　风窗清洁装置一般由风窗玻璃刮水器、风窗玻璃洗涤器与除霜装置 3 部分组成。若要正确进行风窗清洁装置的检修，首先要了解其组成和控制电路。

　　完成本任务需要的相关资料、设备以及工量具如表 7-1 所示。本任务的学习目标如表7-2 所示。

表 7-1　完成本任务需要的相关资料、设备以及工量具

序号	名　称
1	轿车，维修手册，车外防护 3 件套和车内防护 4 件套若干套
2	课程教材，课程网站，课件，学生用工单
3	电动刮水器试验台，数字式万用表，诊断仪

表 7-2　本任务的学习目标

序号	任 务 目 标
1	了解风窗清洁装置的组成
2	理解电动刮水器的变速原理，学会识读电动刮水器的控制电路
3	认识风窗洗涤器组成及控制电路
4	能够进行电动刮水器系统的故障诊断和检测
5	了解后窗除霜的电路原理

【相关知识】

一、普通电动刮水器及控制电路

通常，车辆在前风窗上装有电动刮水器，部分汽车前后风窗都装有电动刮水器。

1. 电动刮水器的结构

电动刮水器由直流电动机和一套传动机构组成。直流电动机按其磁场结构不同分为绕线式和永磁式两种。永磁式直流电动机具有体积小、质量轻、噪声小、结构简单等优点，在汽车上广泛使用。永磁式电动机的结构如图 7-1 所示。

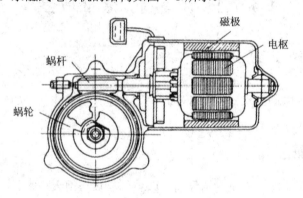

图 7-1　永磁式电动机的结构

如图 7-2 所示为永磁式电动刮水器结构示意图。刮水器的永磁电动机 11 旋转时，经蜗杆 10、蜗轮 9 减速后，带动拉杆 3、7、8 和摆杆 2、4、6 运动，使左、右两个刮片架 1、5 作往复摆动，安装在刮片架上的橡皮刷就能刮去风窗玻璃上的雨水、雪、灰尘等杂物。

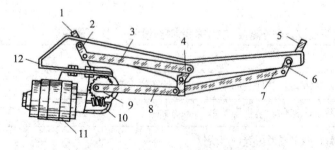

1、5—刮片架；

2、4、6—摆杆；

3、7、8—拉杆；

9—蜗轮；

10—蜗杆；

11—永磁电动机；

12—支架

图 7-2　永磁式电动刮水器结构

2. 电动刮水器的变速原理

刮水器是利用直流电动机变速原理来实现变速的。由直流电动机电压平衡方程式可得转速公式为

$$n = \frac{U - IR}{kZ\Phi}$$

式中：

U——电动机端电压；

I——通过电枢绕组的电流；

R——电枢绕组的电阻；

k——电机常数；

Z——正、负电刷间串联的绕组(导体)数；

Φ——磁极磁通。

在电压 U 一定和直流电动机定型的前提下，I、R、k 均为常数。当磁极磁通 Φ 增大时，转速 n 下降；反之则转速上升。当两电刷之间的电枢绕组(导体)数 Z 增多时，转速 n 也下降；反之则上升。

由上面的公式可知，改变电动机的转速有两种方式：改变电动机磁极磁通的强弱；改变两电刷之间的导体(绕组)数。目前，绕线式直流电动机通过改变电动机磁极磁通的强弱来实现变速，而永磁式直流电动机通过改变两个电刷之间的导体(绕组)数来实现变速。

如图 7-3 所示为永磁式电动刮水器的电动机变速原理图。永磁式电动机通过 3 个电刷来改变正、负电刷之间串联线圈的个数来实现变速。B_1 为公共电刷，B_2 为高速运转电刷，B_3 为低速运转电刷。B_3、B_2 安装位置相差 $60°$。

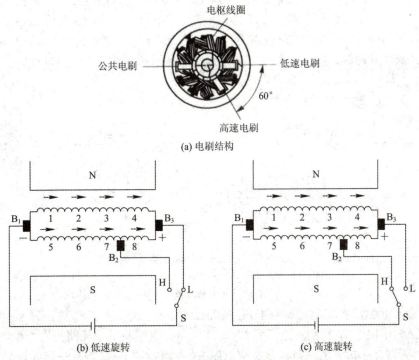

图 7-3　永磁式电动刮水器的电动机变速原理图

当电动机工作时，在电枢内同时产生反电动势，其方向与电枢电流的方向相反(见图7-3(b)、(c)中箭头方向)。如要使电枢旋转，外加电压 U 必须克服反电动势的作用；当电枢的转速上升时，反电动势也相应上升；只有当外加电压 U 几乎等于反电动势时，电枢的转速才趋于稳定。

如图7-3(b)所示，当开关拨向 L 时，电源电压 U 加在 B_1 和 B_3 之间，在电刷 B_1 和 B_3 之间有上、下两条支路并联，上边支路上有1、2、3、4线圈串联，下边支路上有5、6、7、8线圈(每个线圈的材料和匝数是相同的)串联。支路中串联的线圈(导体)均为有效线圈，串联线圈(导体)数相对较多(每条支路串联4个线圈)。电动机运转时，每个小线圈又都产生一个感生电动势 E_f，感生电动势的方向见图中箭头方向(与外加电压的方向相反，也称反电动势)。每条支路产生的感生电动势总值为 $4E_f$。外加电压需要平衡4个线圈串联的反电动势 $4E_f$，故电动机以较低转速运转。

当开关拨向 H 时(见图7-3(c))，电源电压 U 加在 B_2 和 B_1 之间，两个电刷之间仍有两条支路：一条支路是电枢绕组1、2、3、4、8这5个线圈串联，另一条支路是5、6、7这3个线圈串联。在电动机运转时，每个线圈仍然要产生感生电动势 E_f，但线圈8与线圈1、2、3、4 的反电动势方向相反，互相抵消。故上下两条并联支路中实际有效的线圈只有3个，产生的总感生电动势只有 $3E_f$。因而外加电压只需要平衡3个线圈串联的反电动势 $3E_f$，在同样的电流作用下，驱动转矩增大，故电动机以较高转速运转。

3. 电动刮水器的自动复位装置和控制电路

在电动刮水器工作时，不论刮水片处于何位置，只要切断电动刮水器电源，刮水片都应能自动停在驾驶员视野以外的指定位置，完成此功能的装置称为自动复位装置。

永磁式电动刮水器自动复位装置的结构如图7-4所示。减速蜗轮8用塑料或尼龙等绝缘材料制成，其上嵌有铜环7和9，其中较大的一片铜环9与电动机外壳相连接而搭铁；触点臂3和5用弹性材料制成，其一端分别铆有触点4和6，由于触点臂具有一定的弹性，因此在减速蜗轮旋转时，触点4和6与减速蜗轮的端面和铜环7与9保持接触。

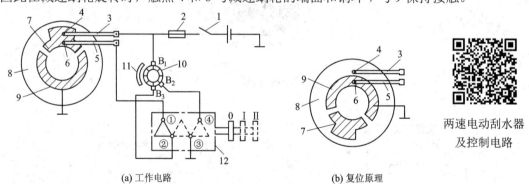

(a) 工作电路　　　　　　　(b) 复位原理

两速电动刮水器
及控制电路

1—电源开关；2—熔断丝；3、5—触点臂；4、6—触点；7、9—铜环；8—减速蜗轮；
10—电枢；11—永久磁铁；12—刮水器开关

图7-4　永磁式电动刮水器的自动复位装置结构

永磁式电动刮水器的工作及自动复位电路控制原理如下：

当电源开关1接通，把刮水器开关12拉到 I 挡(低速挡)时，电流路径为"蓄电池正极→开关1→熔断器2→电刷 B_1→电枢绕组→电刷 B_3→接线柱②→接触片→接线柱③→搭铁→

蓄电池负极"，电动机以低速运转。

当把刮水器开关拉到Ⅱ挡(高速挡)时，电流路径为"蓄电池正极→开关1→熔断器2→电刷 B_1→电枢绕组→电刷 B_2→接线柱④→接触片→接线柱③→搭铁→蓄电池负极"，电动机以高速运转。

当把刮水器开关推到0挡时，如果刮水片没有停在规定的位置，由于触点6与铜环9接触，则电流继续流入电枢，如图7-4(b)所示，电流路径为"蓄电池正极→开关1→熔断器2→电刷 B_1→电枢绕组→电刷 B_3→接线柱②→接触片→接线柱①→触点臂5→触点6→铜环9→搭铁→蓄电池负极"，电动机以低速运转，直至减速蜗轮8转到图7-4(a)所示的位置时，触点6通过铜环7与触点4连通(见图7-4(a))，将电动机电枢绕组短路。由于电枢的惯性，电动机不能立即停止转动，电动机以发电机方式运行，此时电枢绕组通过触点臂3、5，与铜环7接通而短路，电枢绕组产生很大的反电动势，产生制动力矩，电动机迅速停止转动，使刮片架复位到风窗玻璃的下部。

二、电动刮水器的间歇控制

在雨量较小或利用前风窗洗涤装置清洗前风窗时，电动刮水器的间歇工作更有利于改善驾驶员的视线和提高清洗效果，所以，电动刮水器一般都设有间歇控制功能。电动刮水器的间歇控制功能一般是利用自动复位装置和电子振荡电路或集成电路实现的。

电动刮水器的间歇控制可以分为可调节的(自动)间歇控制和不可调节的间歇控制两种控制方式。

1. 刮水器的不可调节间歇控制电路

如图7-5所示为同步间歇振荡式电动刮水器的间歇功能控制电路。电路中电阻 R、电容 C、二极管 VD 组成间歇时间控制电路，调整其参数可改变间歇时间的长短。

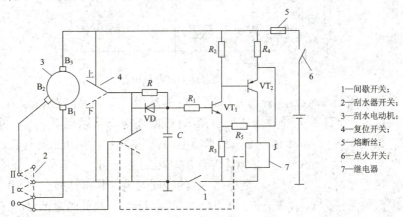

图7-5　同步间歇振荡式电动刮水器的间歇功能控制电路

1—间歇开关；2—刮水器开关；3—刮水电动机；4—复位开关；5—熔断丝；6—点火开关；7—继电器

实现间歇工作功能的控制过程如下：

当将刮水器开关2置于间歇挡工作位置时，刮水器开关2处于0挡，且间歇开关1闭合。此时，电流路径为"蓄电池正极→点火开关6→熔断丝5→复位开关4'上'触点(常闭)→电阻 R→电容 C→搭铁→蓄电池负极"，形成充电回路，使电容 C 两端电压上升，达到一定值时，VT_1 导通，VT_2 随之导通。此时继电器 J 中有电流通过，回路为"蓄电池正极→点火开关 6→熔断器 5→R_4→VT_2→继电器 J→间歇开关 1→搭铁→蓄电池负极",继电器磁化线圈通电,使其常闭触点断开(实线位置),常开触点闭合(虚线位置),刮水电动机电路被接通,回路为"蓄电池正极→点火开关 6→熔断丝 5→公共电刷 B_3→电枢→低速电刷 B_1→刮水器开关 2 的 0 挡→继电器的常开触点→搭铁→蓄电池负极",形成供电回路,使刮水电动机低速工作。

当复位开关常闭触点(即上触点)被复位装置顶开至常开"下"触点时,电流路径为"电容 C→VD→复位开关 4'下'触点→搭铁",电容 C 快速放电,一段时间后,VT_1 截止,VT_2 截止,继电器 J 断电,其触点复位。但此时电动机仍运转,回路为"蓄电池正极→点火开关 6→熔断丝 5→公共电刷 B_3→电枢→低速电刷 B_1→刮水器开关 2 的 0 挡→继电器的常闭触点→复位开关 4'下'触点→搭铁→蓄电池负极",只有当复位开关常开触点被复位装置顶回至常闭"上"触点时,电动机才停止运转。

当复位开关常开触点被复位装置顶回至常闭"上"触点后,电容 C 再次充电,重复上述过程。

2. 刮水器的自动控制间歇电路

自动控制间歇刮水装置能根据风窗的情况,自动开/闭刮水控制装置,并能根据雨水大小自动调节刮水片的工作频率。

如图 7-6 所示,S_1、S_2、S_3 是安装在风窗玻璃上的流量式雨滴传感器的 3 个流量监测电极,S_1、S_3 之间距离是 2.5 cm,S_1、S_2 之间距离为 3 cm。两个监测电极之间电阻值的大小因雨水的水流大小而变化,水流越大,阻值越小。P 为继电器 K_1 的常开触点,A 是继电器 K_2 的常开触点,B 是继电器 K_2 的常闭触点。

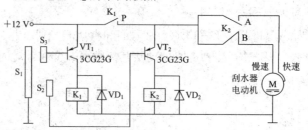

图 7-6 刮水器自动控制间歇电路

S_1、S_3 之间距离是 2.5 cm,S_3 与晶体管 VT_1 的基极连在一起,当雨比较小时,S_3 给 VT_1 基极触发信号,VT_1 首先导通,使继电器 K_1 线圈通电,其触点 P 闭合,电流路径为"+12 V→P→继电器 K_2 的常闭触点 B→刮水器电动机→搭铁",电机低速运转。

S_1、S_2 之间距离为 3 cm,S_2 与晶体管 VT_2 的基极连在一起,当雨量增大,S_1、S_2 之间电阻值小到一定程度时,VT_2 导通,继电器 K_2 的线圈通电,其常开触点 A 闭合,常闭触点 B 断开,电流的路径为"+12 V→P→继电器 K_2 的常开触点 A(此时是闭合的)→刮水器电动机→搭铁",电机高速运转。

当雨停止时,S_1、S_2 之间和 S_1、S_3 之间电阻值均增大,从而导致 VT_1 和 VT_2 都截止,继电器 K_1 和 K_2 复位,刮水电动机停止工作。

三、雨量传感器

雨量感知型刮水器能够根据雨量的大小自动调节刮水器的刮水频率,在中、高级轿车上的应用越来越广泛。这种刮水器中必须安装雨量传感器。常见的雨量传感器主要有流量式雨量传感器、静电式雨量传感器、压电式雨量传感器、光电式雨量传感器。

1. 压电式雨量传感器

如图 7-7 所示，压电式雨量传感器主要由压电元件 2、振动片 3、集成电路 5、电容器 6 和电路基板 10 等组成。振动片为不锈钢元件，根据雨量的大小产生不同的振动量，并将振动弧度传递给压电元件，压电元件根据振动片传递的振动强度产生强弱不同的电信号，集成电路对压电元件送入的信号进行分析、计算、比较等信号处理后，输出执行信号。

刮水器工作时，由于雨滴下落撞击到传感器的振动片 3 上，振动片 3 将振动能量传给压电元件 2。压电元件受压而产生电压信号，该电压值与撞击振动片上的雨滴的撞击能量成正比。

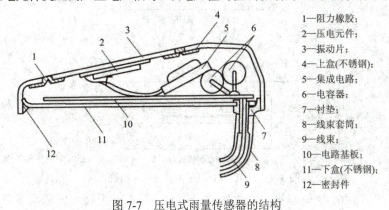

1—阻力橡胶；
2—压电元件；
3—振动片；
4—上盒(不锈钢)；
5—集成电路；
6—电容器；
7—衬垫；
8—线束套筒；
9—线束；
10—电路基板；
11—下盒(不锈钢)；
12—密封件

图 7-7　压电式雨量传感器的结构

2. 光电式雨量传感器

光电式雨量传感器是由雨量感知传感器和光强度传感器组合成一体，通常安装在车内后视镜的安装底座内。

光电式雨量传感器主要将发光二极管、光电二极管、电控单元 ECU(图 7-8 中未显示)等组成，如图 7-8 所示。

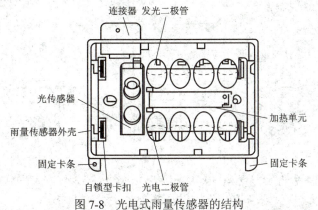

图 7-8　光电式雨量传感器的结构

我们知道，当光照射到光密和光疏两种介质的界面时，只产生反射而不产生折射的现象称为全反射。如图 7-9(a)所示，在传感器中，发光二极管和光电二极管的位置一个在左，一个在右。当风窗玻璃是干的(未下雨)，让发光二极管发出的光线按大于 42°、小于 63° 的入射角射入挡风玻璃，形成红外光线全反射，反射线由光电二极管全部接收。

如果风窗玻璃潮湿(下雨)，发光二极管发出的光线就会朝不同的方向反射，致使光电二极管所获得的反射光线减少；玻璃越潮湿，反射回来的光线越少，如图 7-9(b)所示。

传感器中的电子控制单元会根据红外光线的反射率计算出降雨量，并将此转换成电信号。当反射到传感器中光电二极管的光线总量小于预先设定值时，传感器的信号通过 K 总线传递到电子控制单元，控制单元通过计算得出刮水片正确的工作频率，然后控制刮水电机的工作。

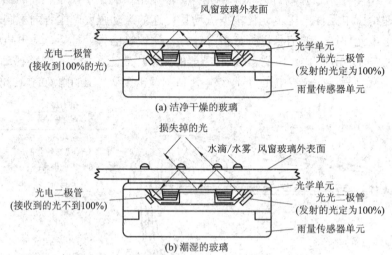

图 7-9　光电式雨量传感器的工作原理图

这种传感器因为雨量引起光强变化的效果明显，光电转换技术成熟，不容易受电磁干扰；又安装在车内，也不受工作环境影响，因此被广泛应用在自动刮水器系统上。

四、压电式雨量感知型刮水器

1. 压电式雨量感知型刮水器的组成

压电式雨量感知型刮水器主要由雨滴传感器、间歇刮水放大器和刮水电动机组成，如图 7-10 所示。

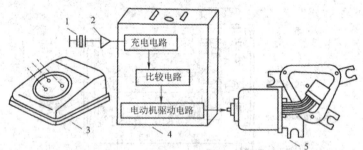

1—压电元件；2—放大电路；3—雨滴传感器；4—间歇刮水放大器；5—刮水电动机

图 7-10　压电式雨量感知型刮水器的组成

2. 压电式雨量感知型刮水器的工作过程

如图 7-11 所示，雨量感知传感器压电元件产生的电压信号经过放大后送入间歇刮水控制电路，对其充电电路(电容)进行 20 s 的定时充电，电容电压上升。该电压输入比较电路，比较电路将其与基准电压 U_0 比较。当电容电压达到 U_0 时，比较电路向刮水器电动机发出信号，使其工作一次。当雨量大时，压电元件产生的电信号强，充电电路电压达到基准电压值 U_0 所需时间就短，刮水器的工作间歇时间就短；反之，雨量小时压电元件产生的电压小，充电电路电压达到基准电压 U_0 所需时间就长，刮水器的工作间歇时间就长。当雨量很小，雨滴传感器没有电压信号输出时，只有定电流电路对充电电路进行充电，20 s 后充电电路的输出电压达到基准电压 U_0，刮水器动作一次。这样，雨量感知型刮水器就把刮水器的间歇时间控制在 0～20 s 范围内，以适应不同雨量的需要。

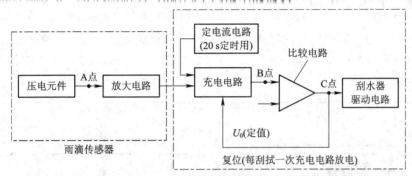

图 7-11 压电式雨量感知型刮水器控制电路原理图

五、风窗玻璃洗涤器及控制电路

汽车在风沙或尘土较多的环境中行驶时，落在风窗玻璃上的尘土会影响驾驶员视线，因此增设风窗玻璃洗涤器。风窗玻璃洗涤器与刮水器配合工作，清洗风窗玻璃上的尘土，保证驾驶员有良好的视野。

1. 风窗玻璃洗涤器的组成

如图 7-12 所示，风窗玻璃洗涤器由洗涤液罐、洗涤泵、软管、三通接头、喷嘴及清洗开关等组成。洗涤液罐一般由塑料制成，内盛洗涤液，有些洗涤液罐上还装有液面位置传感器，用以感知洗涤液罐中洗涤液的多少；洗涤泵由一只微型永磁直流电动机和离心式叶片泵组成，喷射压力约为 70～88 kPa；喷嘴一般安装在发动机盖上，其喷嘴方向可以调整，使洗涤液喷射在风窗玻璃的合适位置；清洗开关用以控制风窗玻璃洗涤器的工作，并且清洗开关一般都与刮水器开关连动，即清洗开关接通时，电动刮水器处于工作位置。

洗涤泵连续工作的时间一般不超过 1 min。使用时接通清洗开关，洗涤泵开始工作，在洗涤液喷出一定的时间后，刮水器开关接通，电动刮水器连续工作(刮动)2～5 次。

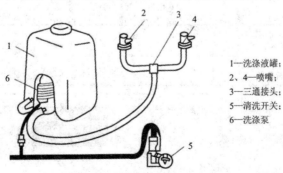

1—洗涤液罐；
2、4—喷嘴；
3—三通接头；
5—清洗开关；
6—洗涤泵

图 7-12 风窗玻璃洗涤器的组成

2. 风窗玻璃洗涤器的控制电路

如图 7-13 所示为别克凯越轿车前风窗玻璃清洗装置电路。当刮水器开关在洗涤挡位置时，通过刮水器开关的 A4 端子给洗涤泵电动机端子 2 供电，洗涤泵电动机工作，向风窗玻璃喷洒洗涤液，同时洗涤信号(洗涤开关闭合)通过 6 号脚(雨滴传感器)传到雨量传感器，雨量传感器 1 号脚(蓝色线)输出 12 V 电压信号，通过间歇控制电路板的 6 号脚输送到间歇控制电路板，使刮水电动机里的间歇继电器持续动作，接通刮水电动机的电路，电流方向如图 7-13 中箭头所示，路径为"IG1→F9 25A→车内熔丝盒棕色→间歇控制电路板 8 号脚→间歇继电器→间歇控制电路板 2 号脚→刮水器开关 A6→A5→间歇控制电路板 1 号脚→间歇控制电路板 3 号脚→搭铁"。直到关闭洗涤开关后，刮水电动机带动摆动机构继续摆 2～3 次后停止。

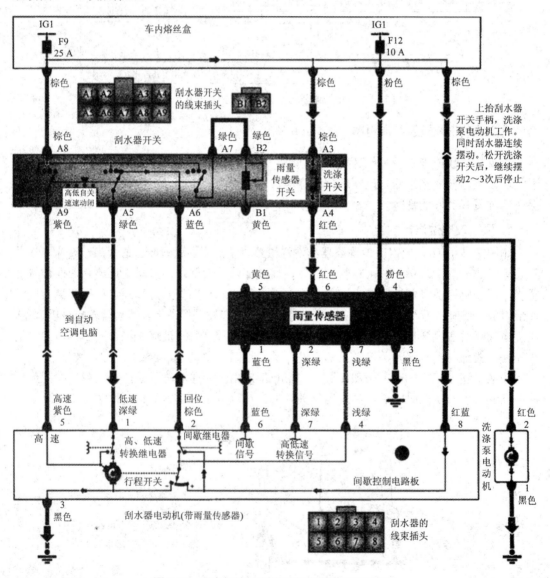

图 7-13　别克凯越轿车前风窗玻璃清洗装置电路

3. 风窗玻璃洗涤器的检修

下面以图 7-13 所示别克凯越轿车前风窗玻璃清洗装置为例，说明风窗玻璃洗涤器的检修。

在刮水器的高速、低速、间歇、复位功能都正常的前提下，若没有洗涤刮水功能，应根据图 7-13，按照箭头所指的电流走向，参考下面的几个步骤对洗涤电路进行检修。

(1) 刮水器开关的 A3 端子和 F9 25A 相连接，是洗涤开关的火线。测量刮水器开关的 A3 端子、F9 与搭铁之间的电压，应该相等；否则，说明两点之间的线路已断开。

(2) 当洗涤开关闭合时，刮水器开关 A4 端子输出电压应与电源电压相等(12 V)；否则，应更换刮水器开关。洗涤泵电动机端子 2 与刮水器开关 A4 端子应有相同的测量结果；否则，说明洗涤泵电动机端子 2 与刮水器开关 A4 端子之间断路。

(3) 测量洗涤泵电动机端子 1 与搭铁之间关系，应导通；否则，洗涤泵电动机端子 1 搭铁断路。

(4) 如果洗涤泵电动机端子 2 有 12 V 输出，其端子 1 搭铁良好，则说明洗涤泵电动机损坏，应更换。

(5) 测量雨量传感器 6 号端子与刮水器开关 A4 端子的电压，其电压测量结果应相同；若不同，说明这两端子间导线断路。

(6) 如果雨量传感器 6 号端子与刮水器开关 A4 连接正常，雨量传感器 1 号端子应输出 12 V 电压，使刮水电动机工作；否则，应更换雨量传感器。

六、奥迪 A6L(c6)智能风窗清洁系统介绍

随着汽车技术的发展，现代汽车电气设备控制系统大多采用了总线控制。下面以奥迪 A6L(c6)轿车为例，介绍总线控制智能风窗清洁系统。智能风窗清洁系统能够根据雨量的大小自动调整刮水器的刮水频率，使驾驶员始终保持良好的视线。

智能风窗清洁系统一般由主控电子控制单元 J519、雨量感知传感器 G397、刮水器电动机及电机控制单元 J400、雨刮继电器、刮水器组合开关、洗涤泵电动机、洗涤液罐、诊断接口等组成。

1. 刮水器组合开关

如图 7-14 所示是奥迪 A6L 轿车刮水器组合开关。该开关只能在点火开关闭合时才能实现其控制功能。

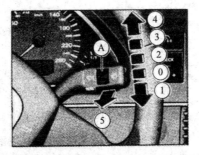

图 7-14　奥迪 A6L 轿车刮水器组合开关

向下移动操纵杆到位置①，实现点动刮水。

　　向上移动操纵杆到槽口②，实现间歇刮水(激活雨量感知传感器)。将开关Ⓐ向上或向下移动，可以调节雨量传感器的灵敏度。

　　向上移动操纵杆到槽口③，实现慢速刮水。

　　向上移动操纵杆到槽口④，实现快速刮水。

　　拉动操纵杆到位置⑤，不松手就可实现自动刮水/清洗功能。重新松开操纵杆，清洗装置停止工作，此时，刮水电动机还会工作约 4 s。

　　移动操纵杆到基本位置⓪，可以关闭刮水和洗涤系统。

2. 雨量感知传感器

　　如图 7-15(a)所示，雨量感知传感器 G397 实际上集成了雨滴传感器和光强度识别传感器，它安装在前风窗玻璃上内后视镜的安装底座内，其作用是根据前风窗玻璃雨量大小控制刮水器 7 个速度挡的自动接通和关闭。

　　雨量感知传感器 G397 是供电控制单元 J519 的一个从控制单元，可以通过 J519 进行诊断，如图 7-15(b)所示。J519 作为 G397 的主控单元，可以根据光强度识别传感器的信号，自动接通及关闭行车灯，激活回家/离家功能，实现白天/夜晚识别。在黎明、黄昏、黑暗中或隧道、树林中行驶时，光强度识别传感器会发送信息到 J519 上，自动接通行车灯。

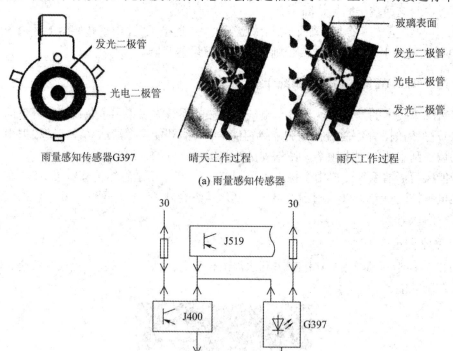

(a) 雨量感知传感器

(b) 刮水控制单元与雨量感知传感器之间通信

G397—雨量感知传感器；J519—供电控制单元；J400—刮水电动机控制单元

图 7-15　奥迪 A6L 轿车智能风窗清洁系统

　　注意：只有把刮水器组合开关置于"Interval"(间歇)时，雨量感知传感器才会被激活而起作用。驾驶员可以通过刮水器间歇工作调节器设定 4 个工作灵敏度。出于行车安全考虑，只有车速超过 16 km/h 或通过刮水器间歇工作调节器来改变其工作灵敏度时，雨量感知传感器才会被激活。

3. 刮水电动机控制单元 J400

刮水电动机控制单元 J400 是将电动机和控制单元集成在同一个壳体内，如图 7-16 所示。J400 和 G397 都通过 LIN 总线与主控单元 J519 连接在一起(见图 7-15(b))。J400 可根据雨量感知传感器 G397 监测到的雨量信号控制刮水装置自动工作，在完成清洗玻璃刮水行程 5 s 后，再刮水一次(仅在车速大于 5 km/h 时工作)，以防止玻璃上产生水滴。同时 J400 还控制前风窗玻璃清洗泵的工作。

当刮水电动机控制单元 J400 出现故障时，仪表板上会有黄灯显示，提醒驾驶员及时检修。

图 7-16　刮水电动机控制单元 J400

4. 供电控制单元 J519

供电控制单元 J519 的作用是接收开关信号并向外输出能量，控制 J400 的功率输出，并通过 LIN 总线接收雨量感知传感器 G397 的信号。

如果在刮水电动机工作时打开了发动机机舱盖，那么发动机机舱盖打开信号输送给 J519，J519 会控制刮水电动机立即停止工作。如果在风窗洗涤泵 V5 工作时打开了发动机机舱盖，那么发动机机舱盖打开信号输送给 J519，J519 会控制风窗洗涤泵 V5 立即停止工作。

如图 7-17 所示，J519 通过 LIN 总线给 J400 提供所需要的信息，以便执行刮水器的各种功能。用于启动 V5 的信息是由转向柱电气控制单元 J527 通过舒适系统 CAN 总线输送到 J519 的，J519 在接收到启动 V5 的信息后，又通过 LIN 总线将信息继续输送到 J400，J400 启动 V5；与此同时，J519 通过 LIN 总线将包含相应刮水功能的信息输送到 J400，J400 控制刮水电动机工作。

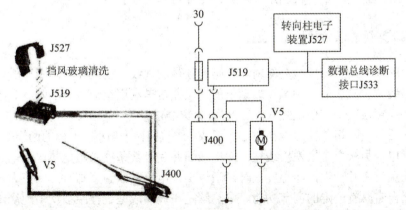

J527—转向柱电子装置；J400—刮水电动机控制单元；J519—供电控制单元；V5—风窗洗涤泵

图 7-17　奥迪 A6L 轿车刮水系统清洗泵控制电路

如果舒适系统中央控制单元 J393 失效，则 J519 就会代替它来实现主功能。J519 会将转向信息发送到 CAN 总线上。J519 的软件可以实现应急功能，如果识别出旋转式灯开关有故障或该开关的导线断路，J519 会自动接通行车灯，大灯自动点亮。

J519 装在仪表板左侧的后部，取下脚坑盖板就可以看到。J519 还可以实现转向柱调节、脚坑照明、变速杆位置照明、前面和侧面转向信号控制、喇叭控制、洗涤泵控制、转向柱记忆等功能。

5. 智能刮水器的控制功能

奥迪 A6L 轿车刮水系统具有间歇、慢速、快速、点动刮水 4 挡。当车速为 0 时，会自动降速一挡，起步后恢复设定的刮水速度。

如果在间歇挡，间隔时间与车速成反比。刮水杆向下拨一下，可短促刮水一次，如果保持在该位置 2 s 以上，刮水器开始加快刮水速度。

智能刮水器能根据雨量感知传感器监测到的雨量信号实现刮水器自动工作的功能。

6. 智能刮水器的其他功能

① 停车并关闭点火开关后 10 s 内，启动刮水间歇挡，刮水器可停在风挡玻璃最上端，此时将刮水臂扳起，可以进行维修，还可避免冬季下雪天气发生刮水器冻结。

② 刮水器在摆动过程中，如遇到障碍物或冻结在风挡上，尝试推动 5 次。如果失败，则刮水器停止在此位置不动，可避免传统刮水器耗尽电能的弊端。

③ 随着车速、雨量的变化自动调整刮水速度。

④ 刮水器不工作时，刮水片停在发动机舱盖内，不干扰视野，还无法被扳起盗走，兼具防盗功能。

⑤ 挂倒挡时，后风窗玻璃刮水器刮水一次。如刮水器操纵杆处于慢速或快速刮水位置并挂倒挡，则后风窗刮水器动作。

⑥ 软停止功能减小了刮水片的磨损。为了防止刮水片的变形损坏，刮水器在每次开关关闭时，刮臂都会轻柔地回到风挡玻璃下沿。每次的停止位置不同，每隔一次在停止位置稍许退回，将刮水片翻过来，就可以延缓橡胶刮水片的老化；每次起动发动机时，两只刮水臂都会轻轻地跳动一下，将刮水片翻转，这样可延缓橡胶刮水片老化。

七、后风窗玻璃除霜装置及控制电路

在较冷的季节，风窗玻璃会结霜而影响驾驶员的视线，因此在汽车上一般都设置有风窗玻璃除霜装置。汽车前、侧风窗玻璃上的霜层通常是利用空调系统的暖气和除湿功能进行清除，后风窗玻璃多使用电热式除霜装置(除霜器)。

电热式后风窗除霜装置由除霜电热丝组成，通常被称为电栅。电栅的两端是两个电极，一个用以供电，另一个是搭铁接线柱。两电极间并联有数条镍铬丝电热丝，电热丝的电阻一般具有正温度系数特性，即温度低时，阻值小，电流大；温度高时，阻值大，电流小，因此除霜器自身具有一定的调节功能。电热丝是在玻璃成型过程中被均匀地烧结在玻璃内部的。

如图 7-18 所示为一种手动控制的后风窗除霜装置组成示意图。当除霜器开关接通时，电热丝对玻璃进行加热，其功率一般为 50～100 W。

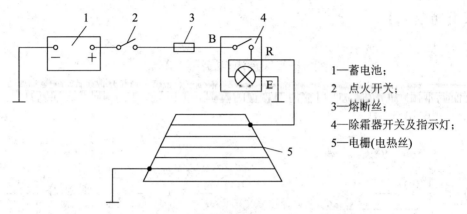

1—蓄电池；
2　点火开关；
3—熔断丝；
4—除霜器开关及指示灯；
5—电栅(电热丝)

图 7-18　手动控制的后风窗除霜装置组成示意图

　　如图 7-19 所示为一种含手动控制和自动控制的后风窗除霜装置组成示意图，从图中可以看出，除霜继电器和控制电路制作成一体，统一称作自动除霜控制器。

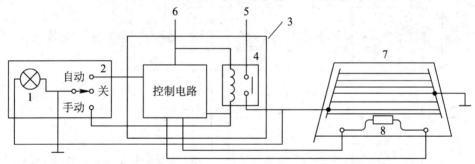

1—指示灯；2—后除霜器开关；3—自动后除霜器控制器；4—除霜继电器；
5—接点火开关IG接线柱；6—接点火开关Acc挡位；7—(后风窗玻璃)电栅；8—传感器

图 7-19　含手动控制和自动控制的后风窗除霜装置组成示意图

除霜工作过程如下：

(1) 当除霜开关位于"关"位置时，除霜装置不工作。

(2) 当将除霜开关拨至"手动"位置时，继电器的电磁线圈经除霜器开关的"手动"挡位搭铁，触点闭合，使电栅电路接通而工作，同时除霜指示灯点亮，指示除霜工作状态。

(3) 当将除霜开关拨在"自动"位置时，设在后窗玻璃下缘的传感器检测到冰霜积累到一定程度时，传感器电阻值急剧减小到某一设定值，控制器便控制继电器的电磁线圈电路通过除霜器开关的"自动"挡位搭铁而使电路接通，除霜继电器触点闭合，点火开关 IG 接线柱向电栅供电，同时仪表板上的指示灯点亮，指示除霜装置正在工作；随着玻璃上冰霜减少到某一程度，传感器电阻值增大，控制器便将继电器电磁线圈电路切断，触点断开，电栅电路被切断，指示灯熄灭。

　　需要提醒的是：只有除霜器开关处于"自动"位置时，自动除霜功能才能实现。

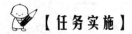【任务实施】

刮水器及风窗清洁装置的检测

下面以本田轿车为例说明风窗清洁装置的检测。本田轿车刮水器与清洗装置工作电路如图 7-20 和图 7-21 所示。

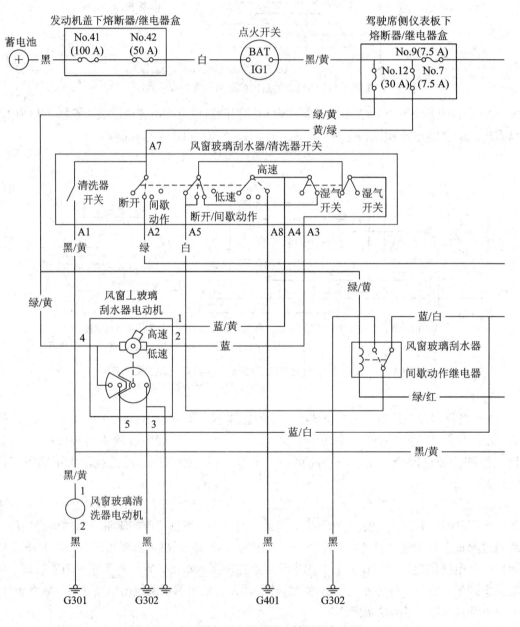

图 7-20　本田轿车刮水器与清洗装置的电路图(一)

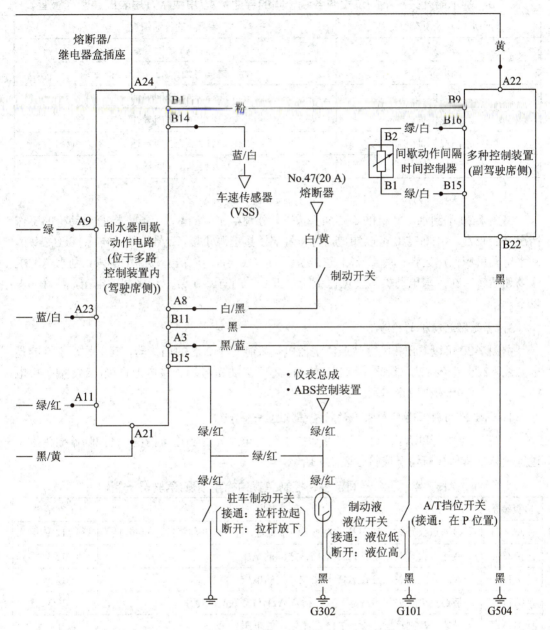

图 7-21 本田轿车刮水器与清洗装置的电路图(二)

1. 本田轿车电动刮水器系统的检测

首先仔细阅读图 7-20 和图 7-21，分析刮水系统的工作过程、洗涤电机的工作过程，然后进行以下的检测。

1) 刮水器开关的检测

由图 7-20 可以看出刮水器开关各端子间的导通情况(见表 7-3)。转动间歇动作间隔时间控制器中的可变电阻，测量 B1 与 B2 之间的电阻值(见图 7-21)，应在 0～30 kΩ 之间。

表 7-3　刮水器开关在不同位置时各端子间的导通情况(用数字万用表的通断挡检查)

刮水器开关所在位置	端子间的导通情况
常态下	A3、A5 之间导通
间歇位置	A2、A7 之间导通，A3、A5 之间导通
低速位置	A3、A8 之间导通
高速位置	A4、A8 之间导通
清洗位置	A1、A7 之间导通
湿气位置	A4、A8 之间导通

2) 刮水电动机的检测

将图 7-20 中刮水电动机的 5 芯插头拔下，分别给相应的端子通电，检查电动机的工作情况是否正常。由图 7-20 可以知道，将 4 号端子接电源正极，2 号端子接电源负极(搭铁)，刮水电动机应低速运转；将 4 号端子接电源正极，1 号端子接电源负极(搭铁)，刮水电动机应高速运转。在刮水电动机运转过程中，检查 3 号端子、5 号端子之间的电压，应在 4 V以下。

3) 清洗器电动机的检查

由图 7-20 可以看出，风窗玻璃清洗器电动机有一个 2 芯的插接器，其 1 号端子接的是电源线，2 号端子搭铁。因此，将 2 芯的插头拔下，将 1 号端子接电池正极，2 号端子接电池负极，洗涤电动机应正常运转。

4) 刮水器间歇多路控制装置的检查(驾驶员一侧)

从图 7-21 中可以看出刮水器间歇动作电路与电路元件的连接情况。将控制器插头拔下进行检查，具体检查情况应符合表 7-4 所示。

表 7-4　刮水器间歇多路控制装置的检查情况(驾驶员一侧)

检查端子	检 查 条 件	正常结果
A9	接通点火开关，刮水器开关处于间歇位置，检查 A9 与搭铁之间的电压	12 V
A23	接通点火开关，检查 A23 与搭铁之间的电压	12 V
A11	接通点火开关，检查 A11 与搭铁之间的电压	12 V
A21	接通点火开关和清洗器开关，检查 A21 与搭铁间的电压	12 V
B15	拉紧驻车制动器，检查 B15 与搭铁间的电压	低于 1 V
A3	A/T 置于 P 挡位，检查 A3 与搭铁间的电压	低于 1 V
B11	检查 B11 与搭铁间的通断情况	导通
A8	踩下制动，检查 A8 与搭铁间的电压	12 V
B14	转动车轮，检查 B14 与搭铁间的电压(插上控制器的插头)	0～5 V 间摆动
A24	接通点火开关，检查 A24 与搭铁间的电压	12 V

5) 刮水器间歇多路控制装置的检查(副驾驶一侧)

刮水器间歇多路控制装置(副驾驶一侧)的检查情况如表 7-5 所示。

表 7-5　刮水器间歇多路控制装置(副驾驶一侧)的检查情况

检查端子	检 查 条 件	正常结果
A22	接通点火开关，检查 A22 与搭铁之间的电压	12 V
B22	检查 B22 与搭铁间的通断情况	导通
B16	转动间歇时间控制开关，检查 B16 与 B15 之间的电阻	0～30 kΩ
B15		

2. 本田轿车后窗除霜装置的检测

如图 7-22 所示为本田轿车后窗除霜装置的工作电路。

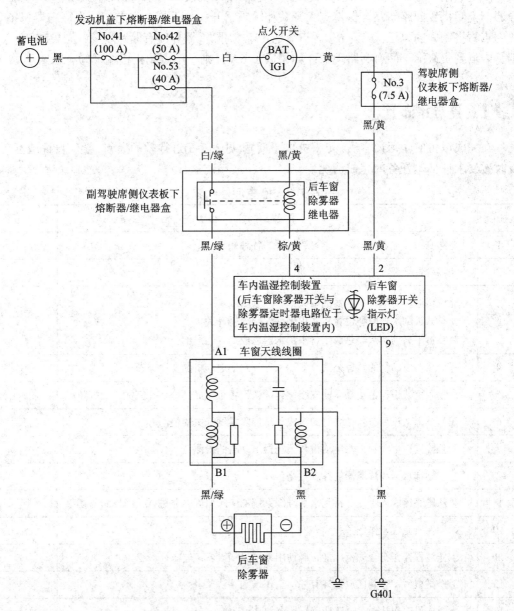

图 7-22　本田轿车后窗除霜装置工作电路

首先查看图 7-22 后窗除霜装置的工作电路。当除霜器不工作时，可以根据下面的步骤进行检查。

(1) 打开点火开关和除霜器开关，用万用表检查除霜器正极端子与搭铁间的电压，应为蓄电池电压 12 V。若检查无电压，则按照从终端逐段检查的方法，逐段检查车窗天线线圈 A1 处的电压、除霜继电器触点前后的电压、电路中各熔断器前后的电压，直到检查到有电压。

(2) 若继电器触点前端(白/绿线)有电压而后端(黑/绿线)无电压，则应检查继电器线圈前后(黑/黄线、棕/黄线)有无电压，同时还要检查除霜器开关的好坏。

(3) 关闭点火开关和除霜器开关，检查除霜器"负极"端子与搭铁间导通情况。若不导通，说明搭铁回路断路。保持点火开关和除霜器开关处于打开状态，检查除霜器每条导线中点与搭铁间的电压，应为 6 V。若不是 6 V，则除霜器导线有断路现象；如果高于 6 V，则是中点到负极端子间有断路现象；如果低于 6 V，则是中点到正极端子间有断路现象。

【检查与评估】

在完成以上的学习内容后，可根据以下问题(见表 7-6)进行教师提问、学生自评或互评，及时按要求评估本任务的完成情况。

表 7-6　检查评估内容

序号	评 估 内 容	自评/互评
1	能够利用各种资源查阅、学习该任务的各种知识	
2	能够制订合理、完整的学习计划	
3	能说出汽车上电动刮水器的组成； 就车认识刮水器安装位置，能正确操作刮水器开关 对照拆下来的刮水器总成，认识刮水器总成的各组成部分	
4	写出直流电动机的转速公式，叙述永磁刮水器电动机的变速原理	
5	在整车上认识风窗洗涤器的安装位置，认识各个组成部分，并完成正确拆装	
6	在整车上认识后窗除霜装置的组成，掌握除霜器开关的使用方法	
7	能独立进行电动刮水器电动机和清洗器电动机的检测	
8	能识读刮水器和洗涤器的控制电路	
9	会从电路组成入手，分析刮水和洗涤系统的故障原因，并进行故障诊断与排除	
10	如期保质完成工作任务	
11	工作过程操作符合规范，能正确使用万用表和设备	
12	工作结束后，工具摆放整齐有序，工作场地整洁	
13	小组成员工作认真，分工明确，团队协作	

任务7.2　电动座椅的检修

【导引】

一辆本田雅阁轿车的驾驶员电动座椅不能调节靠背倾斜度，如何对其进行检修？

【计划与决策】

电动座椅是以电动机为动力，通过传动装置和执行机构来调节座椅各种位置的一种控制调节装置，可以提高操纵性和驾驶员或乘客的乘坐舒适性。要想对本田轿车的电动座椅进行故障诊断，需要了解电动座椅的组成和工作原理。

完成本任务需要的相关资料、设备以及工量具如表 7-7 所示。本任务的学习目标如表 7-8 所示。

表 7-7　完成本任务需要的相关资料、设备以及工量具

序号	名　　称
1	本田雅阁轿车，维修手册，车外防护 3 件套和车内防护 4 件套若干套
2	课程教材，课程网站，课件，学生用工单
3	电动座椅实验台，数字式万用表，拆装工具

表 7-8　本任务的学习目标

序号	学 习 目 标
1	认识电动座椅的组成
2	学会分析普通电动座椅的控制电路，学会从电路入手进行故障诊断
3	会用数字式万用表检查电动座椅的电路及控制开关
4	根据检测结果，确定故障具体部位并排除故障
5	检查评估任务完成情况

【相关知识】

电动座椅按可移动的方向数目分为二方向、四方向和六方向式电动座椅等。随着汽车技术的发展，电动座椅的调节正在向多功能化的组合式方向发展，如具有多种调节和记忆功能的电动座椅，其调节方向有座椅的前后调节、上下调节、座位前部的上下调节、靠背

的倾斜度调节、侧背支撑调节、腰椎支撑调节以及靠枕上下、前后调节等。电动座椅电脑的记忆功能能把乘员调好的座椅位置储存下来，并作为以后调节的基准。当驾驶员需要调节时，只要按下存储按钮，即可自动恢复到原来设定的调节位置。

电动座椅前后方向的调节量一般为100～160 mm，座位前部与后部的上下方向调节量为30～50 mm。全程移动所需时间为8～10 s。

一、电动座椅的组成

电动座椅可以按照有无存储记忆功能分为不带存储记忆功能的普通电动座椅、带存储记忆功能的电动座椅。

普通电动座椅一般由双向直流电动机、传动机构等组成。

带存储记忆功能的电动座椅的组成除了普通电动座椅的组成部件之外，还有电动座椅ECU、位置传感器，如图7-23所示。

普通电动座椅的
电路原理

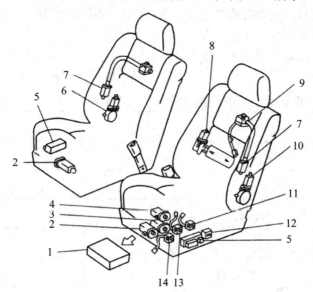

1—电动座椅ECU；
2—滑动电动机；
3—前垂直电动机；
4—后垂直电动机；
5—电动座椅开关；
6—倾斜电动机和位置传感器；
7—头枕电动机；
8—腰垫电动机；
9—位置传感器(头枕)；
10—倾斜电动机和位置传感器；
11—位置传感器(后垂直)；
12—腰垫开关；
13—位置传感器(前垂直)；
14—位置传感器(滑动)

图7-23　带存储记忆功能的电动座椅的组成

1. 永磁直流电动机

电动座椅一般都使用永磁式双向直流电动机，通过开关控制可使电动机按照不同方向旋转；设置的电机数量取决于电动座椅可调节的方向数。直流电机内装有双金属片断路器，防止因过载烧坏电动机。

2. 传动机构

通过传动机构可将电动机的旋转运动改变为前后、上下等方向的运动，从而可改变座椅的空间位置。蜗轮蜗杆机构因具有较大的传动比和良好的自锁性而被用作电动座椅的传动机构。

1) 上下调整机构

上下调整机构由蜗杆轴、蜗轮、心轴等组成，如图7-24所示。工作时，电动机通过挠性驱动轴驱动蜗杆旋转，从而带动蜗轮转动，蜗轮转动带动心轴旋转，实现座椅的上下移动。止推垫片限制了座椅的上调极限，当调整行程达到上调、下调极限位置时，挠性驱动轴停止转动，此时若电动机仍在旋转，其动力被挠性驱动轴吸收，防止电动机过载。

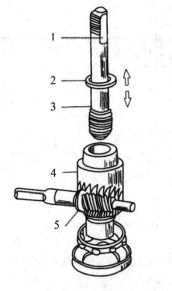

1—铣平面；
2—止推垫片；
3—心轴；
4—蜗轮；
5—(挠性驱动轴驱动的)蜗杆

图 7-24　上下调整机构

2) 前后调整机构

前后调整机构由蜗杆、蜗轮、齿条、导轨等组成，如图 7-25 所示。齿条装在导轨上。工作时，电动机转矩经蜗杆传至两侧的蜗轮上，经导轨上的齿条，带动座椅前后移动。

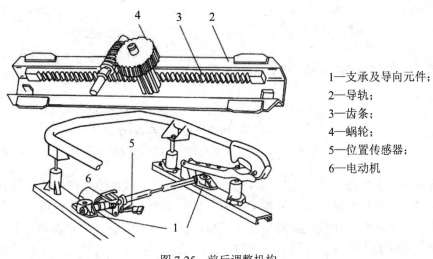

1—支承及导向元件；
2—导轨；
3—齿条；
4—蜗轮；
5—位置传感器；
6—电动机

图 7-25　前后调整机构

二、带存储记忆功能的电动座椅电路

带存储记忆功能的电动座椅采用微机控制，且能将选定的座椅调节位置进行存储，使用时只要按下指定的按键开关，座椅就会自动地调整到预先选定的座椅位置上。

如图 7-26 所示为一种带存储记忆功能的电动座椅的系统控制电路图。

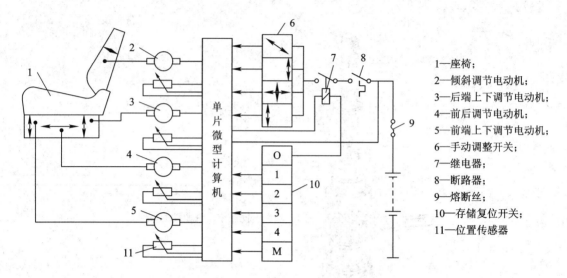

1—座椅；
2—倾斜调节电动机；
3—后端上下调节电动机；
4—前后调节电动机；
5—前端上下调节电动机；
6—手动调整开关；
7—继电器；
8—断路器；
9—熔断丝；
10—存储复位开关；
11—位置传感器

图 7-26　带存储记忆功能的电动座椅系统控制电路

从图 7-26 中可以看出，带存储记忆功能的电动座椅的组成如下：

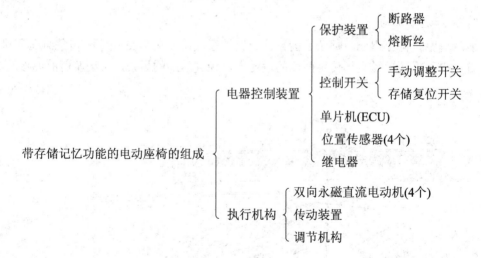

位置传感器主要由壳体、螺杆、滑块、电阻等组成，其作用是将座椅的位置信息转变为电阻变化，再转变成电压信号输送给单片机存储起来。在座椅位置调定并按下存储器的按钮后，单片微型计算机就将位置传感器的位置信号存储在存储器内，作为以后调整座椅位置的依据。再次使用时，只要按下相应的存储按钮，就能按照存储时的状态来调整座椅位置。

执行机构由直流电动机、传动装置和调节机构组成。传动装置的作用是将电动机的动力传给调整机构，以使座椅实现调节；调节机构的作用是调节座椅的前后、上下、倾斜等位置，使乘员乘坐舒适。

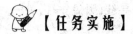【任务实施】

电动座椅的诊断与检测

　　如图7-27所示为广州本田雅阁轿车驾驶席电动座椅的控制电路。座椅装有4个电动机，具有8种方向可调节功能：座位前端上、下调节；座位后端上、下调节；座椅前、后调节；座椅靠背向前、向后倾斜度调节。

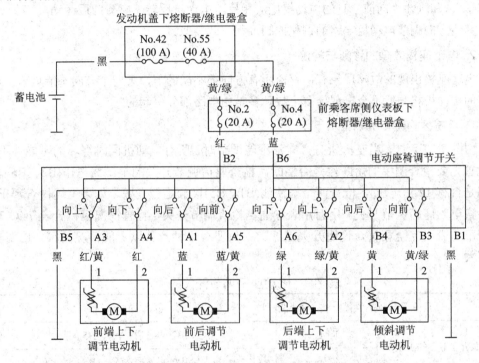

图 7-27　广州本田雅阁轿车驾驶席电动座椅的控制电路

1. 电动座椅控制电路的分析

　　电路中的调节开关为双投掷式开关，图7-27中实线为座椅调节开关的原始位置。通过控制电动座椅调节开关即可完成不同方向的调整功能。下面以座椅的前后调整为例说明其控制和工作过程。

　　当电路中的双投掷式开关处于原始位置时，永磁式双向直流电动机的电路未接通，电动机不工作。

　　(1) "向前"调整。将电动座椅前后调节电动机的"向前"调整开关置于"向前"位置时(图中的虚线位置)，电动座椅前后调节电动机的控制电路接通，其电流路径为"蓄电池正极→导线(黑色)→(发动机盖下熔断器/继电器盒)No.42(100A)、No.55(40A)熔断器→导线(黄/绿色)→(前乘客席侧仪表板下熔断器/继电器盒)No.2(20A)熔断丝→导线(红色)→电动座椅调节开关的端子 B2→前后调节电动机的调整开关'向前'(图中虚线位置接通)→电动座椅调节开关的端子 A5→导线(蓝/黄色)→前后调节电动机的端子 2→前后调节电动机→前后调节电动机的端子 1→导线(蓝色)→电动座椅调节开关的 A1→'向后'调整开关(图中实线位置接通)→电动座椅调节开关的端子 B5→导线(黑色)→搭铁→蓄电池负极"。

上述电路导通，前后调节电动机工作，通过传动机构实现座椅的向前移动。调整完毕，双投掷式开关恢复到原始位置(图中"向前"实线位置)。

(2) "向后"调整。将调节开关置于"向后"位置(图 7-27 中"向后"虚线位置)，B2 和 A1 接通，A5 和 B5 接通，流过前后调节电动机的电流是从电动机的"1 号端子"到"2 号端子"，和刚才"向前"时的电动机电流相反，电动机反转，座椅向后运动。

其他方向调节电动机电路的调整控制过程与此类似。

2. 电动座椅故障的诊断与检测

电动座椅出现的故障现象有：座椅所有方向都不能调节，某一个方向不能调节。电动座椅的传动机构一般不会出现问题，故障多是由电路部分引起的。

1) 所有方向都不能调节

由图 7-27 可知，当座椅所有方向都不能调节时，所有电动机同时烧坏的可能性不大，因此首先要检查图中的熔断丝是否烧断，检查座椅调节开关的电源线电压(B2、B6 与搭铁间是否有 12 V 电压)，检查两个搭铁线(B1、B5)接触是否良好。如果上述检查都正常，则检查电动座椅调节开关。用万用表导通挡检查调节开关，检查情况应符合表 7-9。若检查情况与表中完全相符，说明开关是好的；只要有一种及其以上的情况不符，应更换调节开关。

表 7-9　电动座椅调节开关的检查

座椅调节开关位置		正常导通情况
前端上下调节开关	向上	A3、B2 间导通；A4、B5 间导通
	向下	A4、B2 间导通；A3、B5 间导通
前后调节开关	向前	A5、B2 间导通；A1、B5 间导通
	向后	A1、B2 间导通；A5、B5 间导通
后端上下调节开关	向上	A2、B6 间导通；A6、B1 间导通
	向下	A6、B6 间导通；A2、B1 间导通
倾斜度调节开关	向前	B3、B6 间导通；B4、B1 间导通
	向后	B4、B6 间导通；B3、B1 间导通

2) 座椅某个方向上不能调节

当某个方向上不能调节时，可能是控制这个方向的电动机损坏，也可能是连接电动机的线路断路。这时可检查直流电动机，若电动机都是好的，则说明该电动机的电路断路。

每个电动机上有一个 2 芯插头，用于和调节开关连接。检查电动机时，可拔下座椅调节开关上与每个电动机连接的插头，直接给电动机通电进行检查。检查情况应符合表 7-10；否则，说明该电动机损坏。

表 7-10　直流电动机的检查

检查项目	正常结果
前端上下调节电动机	将 A3 接电源正极，A4 接电源负极，前部向上移动；反接，前部向下移动
前后调节电动机	将 A1 接电源正极，A5 接电源负极，座椅向后移动；反接，座椅向前移动
后端上下调节电动机	将 A6 接电源正极，A2 接电源负极，后部向下移动；反接，后部向上移动
倾斜调节电动机	将 B4 接电源正极，B3 接电源负极，座椅向后倾斜；反接，座椅向前倾斜

 【检查与评估】

在完成以上的学习内容后，可以根据以下问题(见表 7-11)进行教师提问、学生自评或互评，及时评估本任务的完成情况。

表 7-11　检查评估内容

序号	评估内容	自评/互评
1	能够利用各种资源查阅、学习与该任务相关的各种知识	
2	能够制订合理、完整的工作计划	
3	能够说出电动座椅的组成 在整车上认识电动座椅各部分的安装位置，并掌握座椅上下调整传动机构和前后调整传动机构的调节方法	
4	分组进行操作，检查能否正确使用电动座椅控制开关	
5	利用万用表进行座椅控制开关的检测	
6	分组完成电动座椅的拆装工作	
7	通过电动座椅实验台设置 2～4 个故障，针对电动座椅的控制电路让学生进行故障诊断与检测	
8	能独立识读电动座椅的控制电路	
9	能如期保质完成工作任务	
10	工作过程操作符合规范，能正确使用万用表和设备	
11	工作结束后，工具摆放整齐有序，工作场地整洁	
12	小组成员工作认真，分工明确，团队协作	

任务 7.3　电动车窗的检修

 【导引】

一辆迈腾 B8 轿车，在行驶了 1 万多公里后出现如下故障现象：左后玻璃升降器无法工作，但右侧可单独升降；使用遥控器无法对左前和左后车门解锁/上锁；另外，还连带发生了其他一些故障现象。

 【计划与决策】

电动车窗(也称电动门窗)是指以电动机为动力使车窗玻璃自动升降的门窗。要想对迈腾 B8 轿车电动车窗进行故障诊断，需要掌握电动车窗的组成和控制原理。

完成本任务需要的相关资料、设备以及工量具如表 7-12 所示。本任务的学习目标如表7-13 所示。

表 7-12　完成本任务需要的相关资料、设备以及工量具

序号	名　　称
1	迈腾 B8 轿车，车外防护 3 件套和车内防护 4 件套若干套，维修手册
2	课程教材，课程网站，课件，学生用工单
3	车身电器实验台或全车电器实验台，数字式万用表，拆装工具

表 7-13　本任务的学习目标

序号	学 习 目 标
1	掌握电动车窗的组成及作用
2	能够正确分析电动车窗的控制电路，从电动车窗控制电路入手进行故障诊断
3	能够正确检查电动车窗的电路以及控制主开关、分开关，检查车窗电动机
4	根据检测结果，确定故障具体部位并排除故障
5	正确评估任务完成情况

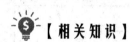 **【相关知识】**

现代轿车上普遍安装了 4 门电动车窗，使车窗操作更简便，行车更安全。许多轿车的电动车窗还具备防夹功能。

一、电动车窗的组成

电动车窗系统一般由双向直流电动机、车窗玻璃升降器、车窗控制开关等组成。

1. 双向直流电动机

常见的双向直流电动机有永磁型和双绕组串励型两种。绝大多数车上使用的是永磁型双向直流电动机。每个车窗都装有一个电动机，通过开关控制电动机的电流方向或磁场方向(励磁式采用这种控制方式)，从而控制电动机的旋转方向，通过车窗玻璃升降器使车窗

玻璃上升或下降。

2. 车窗玻璃升降器

车窗玻璃升降器常见的有钢丝滚筒式、齿扇式和齿条式等多种。

1) 钢丝滚筒式车窗玻璃升降器

如图 7-28 所示为钢丝滚筒式车窗玻璃升降器结构。双向直流电动机前端安装有蜗轮蜗杆减速机构，其上安装有一个绕有钢丝的滚筒，玻璃卡座用以安装玻璃并与钢丝拉索连接，在钢丝拉索的拉动下，玻璃卡座可在滑动支架上移动。

工作时，电动机通过蜗轮蜗杆减速机构带动绕有钢丝的滚筒旋转，钢丝拉索拉动玻璃卡座在滑动支架上移动，实现车窗玻璃的上升或下降。

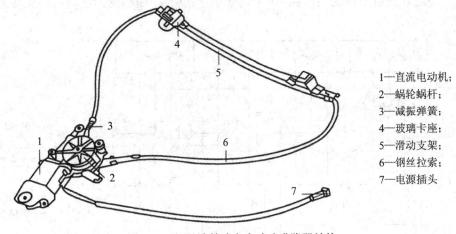

1—直流电动机；
2—蜗轮蜗杆；
3—减振弹簧；
4—玻璃卡座；
5—滑动支架；
6—钢丝拉索；
7—电源插头

图 7-28　钢丝滚筒式车窗玻璃升降器结构

2) 齿扇式车窗玻璃升降器

如图 7-29 所示为齿扇式车窗玻璃升降器结构。调整杆为交叉臂式结构，可在支架和导轨上移动，调整杆上固定着车窗玻璃；推力杆的一端固定在齿扇上，另一端与调整杆连接，可驱动调整杆运动。

工作时，双向直流电动机通过蜗轮蜗杆减速机构驱动齿扇连同推力杆转动，推力杆的旋转带动调整杆在支架和导轨上移动，实现车窗玻璃上升或下降。

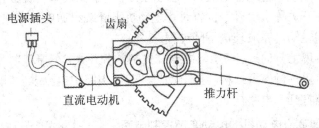

图 7-29　齿扇式车窗玻璃升降器结构

3. 车窗控制开关

车窗控制开关分为主开关和分开关。主开关一般安装在驾驶员内侧的车门扶手上，它集成有 4 个门的独立操作开关，由驾驶员控制车上所有车窗玻璃的升降。其他 3 个车门上分别安装有一个分开关，装在每一个乘客门的扶手上，由乘客操纵。一般主开关上还装有一个窗锁开关，如果关闭窗锁开关，则其他门上的分开关就会失去控制功能。

二、普通电动车窗的典型控制电路

车型不同，电动车窗的电动机和控制电路也不相同。在普通电动车窗上，有的采用了双绕组串励型双向直流电动机，有的采用了永磁型双向直流电动机。

1. 使用双绕组串励型双向直流电动机的电动车窗控制电路

如图 7-30 所示为典型的使用双绕组串励型双向直流电动机的电动车窗控制电路，使用的双绕组串励型直流电动机具有两个绕向相反的磁场绕组，一个为"升"绕组，一个为"降"绕组。在给不同的绕组通电时，会产生相反方向的磁场，电动机的旋转方向也就不同。

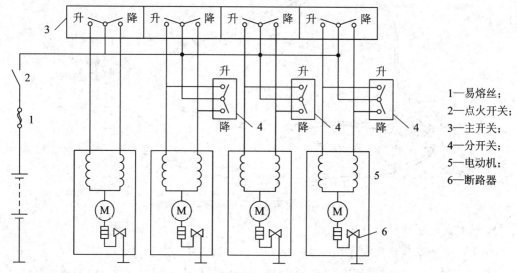

1—易熔丝；
2—点火开关；
3—主开关；
4—分开关；
5—电动机；
6—断路器

图 7-30　双绕组串励型双向直流电动机电动车窗控制电路

当驾驶员将主开关置于"升"位置时，其控制电路的回路为"蓄电池正极→易熔丝→点火开关→主开关上的分开关（'升'位置导通）→电动机的左侧磁场绕组上升绕组→电动机电枢→断路器→搭铁→蓄电池负极"。电动机工作，车窗玻璃实现上升过程。

当驾驶员将主开关置于"降"位置时，电动机下降绕组通电，产生相反的磁场方向，电动机向相反方向转动，完成玻璃下降过程。

在车窗玻璃实现上升的过程中，只要松开控制的分开关，车窗玻璃可在任何位置停住。

断路器是双金属片触点臂结构，当电动机超载、电路中电流过大时，双金属片因温度上升而变形，触点打开，电路被切断。

2. 使用永磁型直流电动机的电动车窗控制电路

如图 7-31 所示为丰田凌志 LS400 轿车电动车窗控制电路，使用永磁型直流电动机，通过控制电动机电枢电流的方向即可改变电动机的旋转方向。

车窗玻璃升降控制开关分为主开关和分开关。窗锁开关控制除驾驶员侧车窗玻璃外的其他车窗玻璃的升降。

电动门窗控制电路

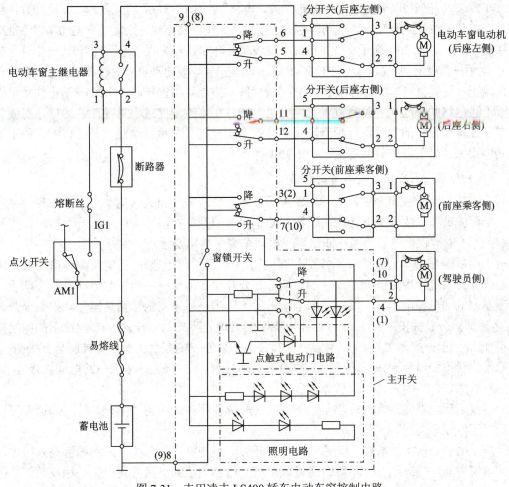

图 7-31 丰田凌志 LS400 轿车电动车窗控制电路

1) 电源电路

当点火开关旋转到点火挡时，电动车窗主继电器的电磁线圈电路导通，其回路为"蓄电池正极→易熔线→点火开关(IG1)→熔断丝→电动车窗主继电器电磁线圈→搭铁→蓄电池负极"。此电路的导通使电动车窗主继电器触点闭合，蓄电池向电动车窗的主开关和分开关提供电源。

2) 窗锁开关控制电路

窗锁开关由驾驶员控制，串接在后座左、右侧分开关、前座乘客侧分开关和相应的车窗电动机的搭铁电路上，因此，当窗锁开关断开时，只有驾驶员侧车窗具备工作条件，其他车窗玻璃驱动电动机的搭铁电路均被切断；只有在窗锁开关处于接通状态时，分开关(包括主开关上的分开关)才可以控制相应的车窗电动机的工作，实现车窗玻璃的升降。所以，窗锁开关又被称为车窗总开关。

3) 驾驶员侧车窗玻璃升降控制开关的控制电路

当驾驶员侧的车窗玻璃需要升降时，驾驶员通过控制主开关上的相应的驾驶员侧车窗玻璃升降控制开关就可实现。下面以"升"为例说明其控制电路。

车窗玻璃升降控制开关为双投掷式开关，电路图(见图 7-31)上的位置为其原始位置，当"升"挡开关按下闭合时，其控制电路为"蓄电池正极→易熔线→断路器→电动车窗主继电器触点→主开关的'9'端子→驾驶员侧车窗玻璃升降控制开关的'升'挡(导通)→主开关的'4'端子→驾驶员侧车窗电动机的'2'端子→驾驶员侧车窗电动机→驾驶员侧车窗电动机的'1'端子→驾驶员侧车窗玻璃升降控制开关的'降'挡(原始位置导通)→搭铁→蓄电池负极"。

上述电路的导通使驾驶员侧车窗电动机运转，车窗玻璃完成上升动作。另外，驾驶员侧车窗玻璃在上升的同时也可受点触式电路的点动控制，车窗玻璃在上升过程中，如果要使其停止在某一位置，只要再点触一下开关即可。

4) 主开关控制后座左侧车窗的电路

只有在窗锁开关闭合后，才可以使用后座左侧分开关对相关的电动机进行控制。

当驾驶员按下主开关上相应的后座左侧车窗玻璃升降控制开关的"上升"挡时，电流回路为"蓄电池正极→易熔线→断路器→电动车窗主继电器触点→主开关的'9'端子→主开关上的后座左侧车窗玻璃升降控制分开关(下按，升位置导通)→后座左侧车窗玻璃升降控制分开关(乘客控制的分开关)的'4'端子→分开关 2 端子→后座左侧电动机的 2 端子→后座左侧电动车窗电动机→后座左侧电动机的 1 端子→后座左侧车窗玻璃升降控制分开关(乘客控制的分开关)的'3'端子→后座左侧车窗玻璃升降控制分开关 1 端子(图示的原始位置不变而导通)→主开关的'6'端子→主开关上的后座左侧车窗玻璃升降控制分开关(图示的原始位置不变而导通)→窗锁开关(导通)→主开关的'8'端子→搭铁→蓄电池负极"。闭合回路构成，使后座左侧车窗玻璃上升。

当按下后座左侧乘客的后座左侧车窗玻璃升降控制分开关的"上升"挡时，读者可以分析一下电流方向。

从上面的分析可以看出，无论是操作主开关，还是操作分开关，控制的都是永磁电动机的电流方向，玻璃上升和下降时通过该车门上门窗电机的电流方向一定是相反的。

三、带有车门控制单元的车窗控制电路

当前许多轿车上(如奥迪 A6L、全新迈腾、新君越等车辆)装有车门电子控制单元(或称车身控制模块)来集中控制车窗、中央门锁、后视镜调节和后视镜折叠、加热、后视镜自动防眩目等。下面以迈腾 B8 轿车为例，说明带有车门控制单元电动车窗系统的组成和工作原理。

1. 迈腾 B8 电动车窗系统的组成

如图 7-32 所示为迈腾 B8 电动车窗系统的电路组成，该系统的主要组成有：

(1) 4 个车门电子控制单元，分别是左前门电子控制单元 J386、右前门电子控制单元 J387、左后门电子控制单元 J388、右后门电子控制单元 J389。

(2) 4 个升降器开关，分别是左前门车窗升降器开关 E512、左后门车窗升降器开关 E52、右前门车窗升降器开关 E107、右后门车窗升降器开关 E54。

(3) 4 个门窗升降电动机，分别是左前门升降器电机 V14、左后门升降器电机 V26、右前门升降器电机 V15、右后门升降器电机 V27。

左前门和左后门之间通过 LIN 线进行信息的传递，由左前门控制左后门。右前门和右后门之间通过一根 LIN 线进行信息的传递。

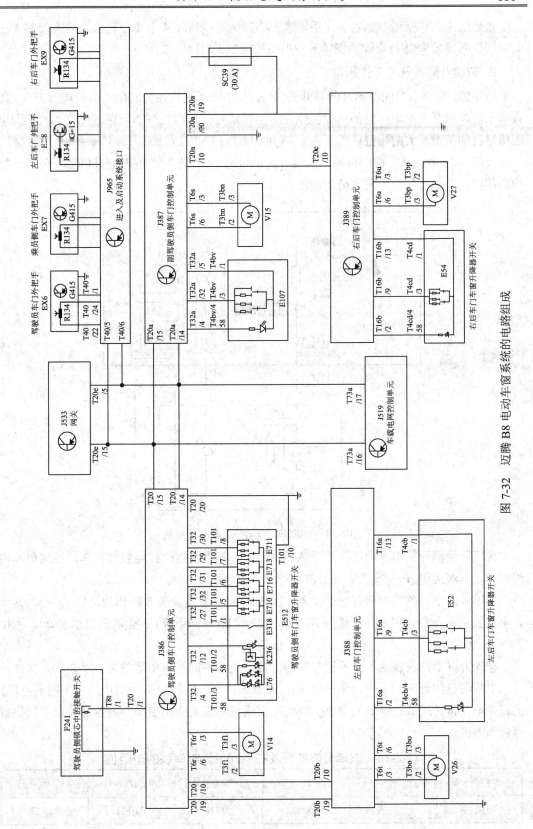

图 7-32 迈腾 B8 电动车窗系统的电路组成

该系统中还包括遥控钥匙、无钥匙进入/起动系统 J965、4 个车门把手、网关 J533、车载电网控制单元 J519、驾驶员侧锁芯中的接触开关 F241。

2. 玻璃升降器开关工作原理

迈腾 B8 车窗系统的玻璃升降器开关(车窗开关)并不是直接控制电动机的电流方向。在该车上，车窗开关给车门控制单元传输开关位置信号，车门控制单元通过接收到的不同电压信号得知车窗开关的位置。

如图 7-33 所示是左前门玻璃升降器开关的电路。4 个车门上的玻璃升降器开关内部结构均相同，内部有几个不同阻值的电阻。

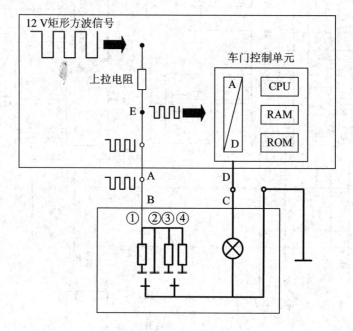

图 7-33　左前车门玻璃升降器开关电路

玻璃升降器开关与车门控制单元 A 点相连，从 A 点经过上拉电阻接到车门控制单元内部电源，电源提供有一个 12 V 的方波信号。

玻璃升降器开关的内部有 5 个位置：图 7-33 中位置是开关未操作的位置(空位)，其余 4 个位置从左向右分别为①位置(手动下降)、②位置(自动下降)、③位置(自动上升)、④位置(手动上升)。

玻璃升降器开关在这 5 个不同位置时，接入电路中的开关电阻数值会不同，不同挡位时的电阻数值如表 7-14 所示。根据串联电路分压特点，此时在 E 点对应产生不同的电位，把这个电位再传送给控制单元 J386。我们可以通过示波器测出玻璃升降器开关在不同位置时输入的波形，波形如图 7-34 所示。

表 7-14　玻璃升降器开关在不同位置时串联的电阻值

位置	空位	①手动下降	②自动下降	③自动上升	④手动上升
电阻值	无穷大	100 Ω	0 Ω	270 Ω	820 Ω

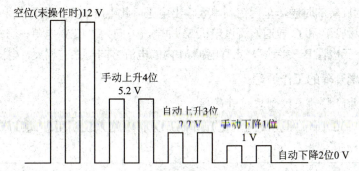

图 7-34　左前车窗玻璃升降器开关输送给 J386 的信号电压波形

为什么车门控制单元能收到以上的电压波形呢？原因如下：

(1) 在空位时，因为开关内部断路，A 点和 E 点电位相同，与 J386 内部电源电压相同，所以 E 点传给 J386 的信号电压为 12 V。

(2) 开关在最左边手动下降位置时，左边电阻(100 Ω)接入串联电路和上拉电阻串联，E 点传给 J386 的信号电压有所下降。

(3) 开关在自动下降位置时没有电阻串入，直接搭铁，E 点传给 J386 的信号电压为 0 V。

(4) 开关在自动上升位置时，接入阻值 270 Ω 的电阻和上拉电阻串联；开关在手动上升位置时，接入 820 Ω 电阻和上拉电阻串联。E 点在自动上升位置、手动上升位置时输送给 J386 的信号电压波形也不同。

通过以上分析可知，操作车窗开关在不同位置时，相应地串联接入不同电阻，J386 就会根据 E 点接收到的电压波形脉幅大小，获知车窗开关具体在哪个位置。

3. 玻璃升降器电机正反转工作原理

我们知道，车窗电机是根据流过电机的电流的不同方向来实现正转和反转，即实现玻璃的上升与下降的。下面通过图 7-35 来说明玻璃升降器电机的工作原理。

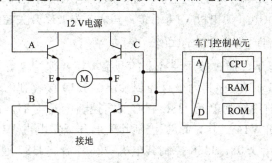

图 7-35　玻璃升降器电机电路

在车门控制单元内部接有 A、B、C、D 4 个功率开关三极管，A、C 三极管有共用的 12 V 电源正极，B、D 有共用的接地(搭铁)，晶体管 A 的基极和晶体管 D 的基极相接，晶体管 B 的基极和晶体管 C 的基极相接，基极都由车门控制单元触发。玻璃升降器电机 M 接在 E 和 F 之间。

当电机正向旋转的时候，车门控制单元输出触发信号，此电压加在三极管 A 和三极管 D 的基极(高电压)，三极管 A 和 D 导通，流过电机 M 的电流方向为"12 V 电源→三极管 A→点 E→电机 M→点 F→三极管 D→接地"，此时电机正向旋转。

当电机反向旋转的时候，车门控制单元输出电压，此电压加在三极管 B 和三极管 C 的基极(高电压)，三极管 B 和 C 导通，流过电机 M 的电流方向为"12 V 电源→三极管 C→点 F→电机 M→点 E→三极管 B→接地"，此时电机 M 内的电流方向与之前相反，电机 M 反向旋转。

4. 车窗玻璃升降的工作原理

1) 用玻璃升降器开关控制玻璃升降器

下面以图 7-36 所示驾驶员侧车窗升降器开关和电路来说明用玻璃升降器开关控制玻璃升降器的工作过程。

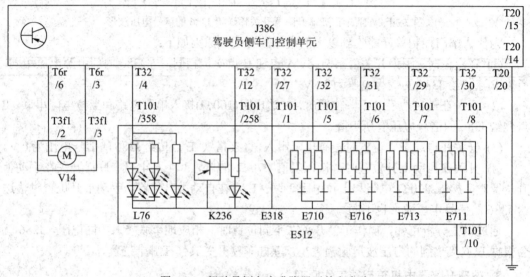

图 7-36　驾驶员侧车窗升降器开关和电路

车窗主开关上 T101/5 端子和 J386 的 T32/32 相接。当驾驶员操作左前车门玻璃自动下降开关时，J386 的 T32/32 端子会接到左前车窗开关的电压信号，J386 就控制 T6r/6 和 T6r/3 给左前车窗电机 V14 供电，使电机 V14 工作。其余车窗玻璃开关控制过程与此相同。

2) 用遥控钥匙控制玻璃升降器的工作

在车辆闭锁的状态下，通过按压遥控器的开锁按钮并保持 2 s，遥控钥匙将信号传递给车载电网控制单元 J519(或称其为车身控制模块)；J519 接收到信号之后，通过 CAN 总线，将信号传递给左前门控制单元 J386 和右前门控制单元 J387。如图 7-32 所示，J386 控制其玻璃升降器电机 V14 工作，J387 控制其玻璃升降器电机 V15 工作，同时 J386 通过 LIN 线将信号传递给 J388，J388 控制其电机 V26 工作。J387 通过 LIN 线将信号传递给 J389，J389 控制其电机 V27 工作。

同样，在驾驶员下车后，需要关闭车窗玻璃时，通过按压遥控器的闭锁按钮并保持 2 s，车窗也会关闭，其工作过程与开锁情况下的信号控制相同；所不同的是，各车门控制单元会控制相应车门的电机反转。

3) 用车门把手控制玻璃上升

通过 4 个车门把手(见图 7-32 中 EX6、EX7、EX8、EX9)也可以控制车窗玻璃的升降。按压车门把手上的锁车按钮至少 2 s，所有车门玻璃均可以自动升到顶。这种方法只能关闭所有车窗玻璃，不能利用车门把手使车窗玻璃下降。

4) 用机械钥匙控制玻璃升降器

将机械钥匙插入左前门锁芯中，逆时针旋转，可开启车窗玻璃。此时 F241 接触开关将信号传递给 J386，J386 传递给 J387 和 J388，J387 再将信号传递给 J389(见图 7-32)。顺时针旋转则关闭车窗玻璃。

四、电动车窗故障现象

电动车窗常见的故障有：所有车窗均不能升降；某个车窗不能升降或只能朝一个方向运动；两个后车窗的分开关不起作用。

导致电动车窗故障的原因很多，不同的车型有不同的车窗控制电路，即便同一种故障现象，在不同的车型上也会有不同的故障原因。

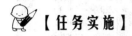 【任务实施】

迈腾 B8 轿车车窗玻璃不能正常升降的故障诊断

故障现象： 迈腾 B8 轿车出现了以下故障现象：

(1) 左前和左后遥控无法解锁/上锁车门。

(2) 左前门和左后门打开时，仪表内无车门打开指示。

(3) 同时左后玻璃升降器也无法工作，但右侧可单独升降。

(4) 左侧后视镜转向灯不亮、E512 背景灯不亮、门灯不亮。

(5) E233、EX11、E318 功能失效，背景灯不亮。

(6) J533 内报"驾驶员侧车门控制器无通信"故障码。

(7) 读取数据流，查看总线状态，驾驶员侧车门不可用。

(8) J386 无法诊断进入。

数据流读取：

数据流读取显示如图 7-37 所示。

0019-数据总线诊断接口(UDS/ISOTP/3QD907530A/5286)		
故障代码	SAE代码	故障文本
2024A	U019900	驾驶员侧车门控制单元　无通信
[131658]		

类型/名称	值
UB	
故障代码	00401[1025]
优先权	2
故障频率计数器	1
计数器未学习	0
行驶里程	782 km
日期	00：00：00-25.03.2013
MW	
[MAS00043]_供电电压　端	12.4 V
[MAS01468]_端子15	断开

故障码

测量值-显示测量值	
0019-数据总线诊断接口(UDS/ISOTP/3Q0907530)	
名称	值
[L0]_Gateway_Component_List_Pres	不可用
[L0]_Gateway_Component_List_Pres	不可用
驾驶员侧车门电子设备	不可用
前排乘客侧车门电子设备	可用
驾驶员侧座椅调整装置	不可用
前乘客侧座椅调整装置	不可用

数据流

图 7-37　故障数据流显示

故障分析:

按照从简单到复杂的原则分析故障原因。从图 7-38 可以看出,在驾驶员侧和左后车门升降器开关电路中,左前和左后车门控制单元都是由保险丝 SC25 供电的,而右前和右后车门控制单元不是由这个保险丝供电的。当此保险丝断路时,必然会出现左前和左后遥控无法解锁/上锁车门,J386 因为无电,无法诊断进入。因此怀疑是保险丝 SC25 损坏。检查该保险丝,发现已断,更换保险丝 SC25,故障排除。

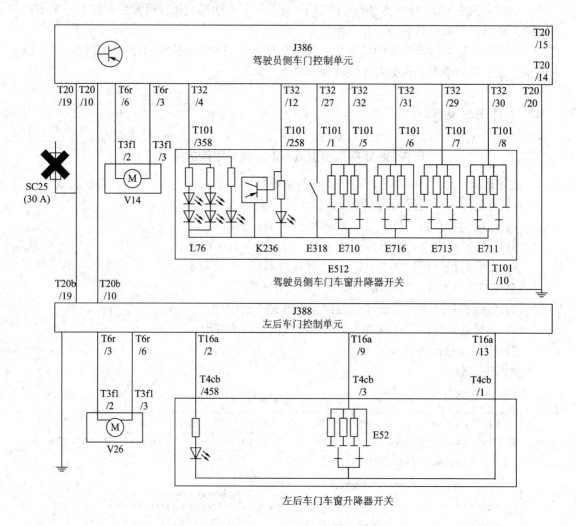

图 7-38　驾驶员侧和左后车门升降器开关电路

🔍【检查与评估】

在完成以上的学习内容后,可以根据以下问题(见表 7-15)进行教师提问、学生自评或互评,及时评估本任务的完成情况。

表 7-15 检查评估内容

序号	评 估 内 容	自评/互评
1	能够利用各种资源查阅、学习与该任务有关的各种资料	
2	能够制订合理、完整的工作计划	
3	认识电动车窗的各个组成部分及安装位置	
4	分组进行电动车窗的操作，检查学生能否正确操纵电动车窗控制开关	
5	会利用万用表进行电动车窗控制开关的检测	
6	分组完成电动车窗的机械部件拆装，要求能正确选择和使用拆装工具	
7	在电动车窗实验台架或全车电器实验台设置 2～3 个故障，让学生根据电动车窗的控制电路进行检测与故障诊断	
8	能独立识读电动车窗控制电路	
9	如期保质完成工作任务	
10	工作过程操作符合规范，能正确使用万用表和设备	
11	工作结束后，工具摆放整齐有序，工作场地整洁	
12	小组成员工作认真，分工明确，团队协作	

任务 7.4 电动后视镜的检修

【导引】

一辆迈腾 B8 轿车的电动后视镜不能正常调整，如何排除故障？

【计划与决策】

电动后视镜的常见故障有：两个后视镜都不能进行各个方向调整；后视镜部分功能不正常。

要想对出现故障的轿车电动后视镜进行故障诊断，需要掌握电动后视镜的组成及控制电路。

完成本任务需要的相关资料、设备以及工量具如表 7-16 所示。本任务的学习目标如表 7-17 所示。

表 7-16　完成本任务需要的相关资料、设备以及工量具

序号	名　称
1	迈腾轿车，车身电器实训台架或后视镜实训台架，车外防护 3 件套和车内防护 4 件套若干套
2	维修手册，课程教材，课程网站，课件，学生用工单
3	数字式万用表，试灯，拆装工具

表 7-17　本任务的学习目标

序号	学 习 目 标
1	清楚电动后视镜的组成
2	学会分析电动后视镜的控制电路，从电动后视镜控制电路入手进行故障诊断
3	能检查电动车窗的电路以及调整开关，能检查后视镜电动机
4	能够根据检测结果，确定故障具体部位并排除故障
5	评估任务完成情况

【相关知识】

　　汽车上的后视镜按安装位置分为车内后视镜和车外后视镜。本任务研究车外后视镜。驾驶员通过车外后视镜可以观察到车后的情况，直接关系到行车安全。目前轿车普遍采用了电动后视镜，可以通过控制开关进行调节。

一、电动后视镜的组成

　　电动后视镜主要由控制开关、微型直流电动机和传动机构等组成。微型直流电动机一般采用永磁式双向直流电动机，其双向旋转可控制后视镜两个方向的调整，所以，每个后视镜内一般安装两个电动机，实现 4 个方向的调整，即上下、左右方向的调整。有的后视镜还具有折叠(伸缩)功能，还需要一个折叠电机实现此功能。

　　后视镜控制开关一般会集成 3 个开关：后视镜选择开关、后视镜上下调整开关、后视镜左右调整开关。选择开关用于选择是对左侧后视镜，还是对右侧后视镜的调整；调整开关用于控制电动机的旋转方向。如图 7-39 所示是迈腾 B8 的后视镜控制开关。

图 7-39　迈腾 B8 的后视镜控制开关

传动机构将电动机的旋转动力传递给后视镜片,控制后视镜片的转动。

电动后视镜除了能进行上下、水平两个方向的调整以外,有的电动后视镜还具有伸缩功能,由伸缩开关控制伸缩电机工作,使整个后视镜回转伸出或缩回。

目前还有一部分车上装配的电动后视镜有以下功能:记忆存储功能,加热除霜功能,自动调节功能,自动防眩目功能,测距和测速功能,部分后视镜还有刮水器。近两年许多车辆上还安装了流媒体后视镜,使后方视野更宽广和清晰。

二、后视镜开关直接控制的电动后视镜

1. 桑塔纳 2000 型轿车电动后视镜控制电路

如图 7-40 所示为桑塔纳 2000 型轿车电动后视镜控制电路图。在图 7-40 中 4 个电动机分别调整左侧后视镜、右侧后视镜的左右转动和上下转动;电动机由组合开关控制,组合开关包括左右调整选择开关 M11、左右调整开关 M21 和上下调整开关 M22。

电动后视镜

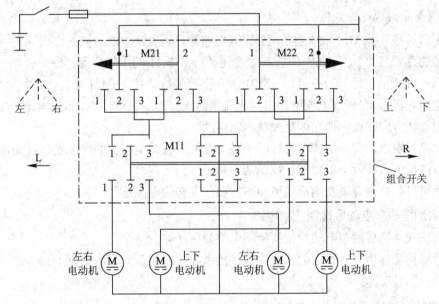

图 7-40　桑塔纳 2000 型轿车电动后视镜控制电路

M11 为左右后视镜选择开关,有 3 个挡位,图 7-40 中所示的是其原始挡位(停止挡),此时 M11 上的接线柱"2←→2"是导通的,其他接线柱都不导通。"2"位置接线柱不与电路中的任何部分相接。当把选择开关 M11 置于"L"方向时,M11 上的接线柱"1←→1"是导通的,其他接线柱都不导通;当把选择开关 M11 置于"R"方向时,M11 上的接线柱"3←→3"是导通的,其他接线柱都不导通。

M21 为后视镜左右调整开关,其"1　2"接线柱的"1"为搭铁端,"2"为电源端。当按图 7-40 所示的箭头方向将左右调整开关 M21 拨至"左"方向调整时,上方接线柱"1"与左下方"1"接线柱接通,上方接线柱"2"与右下方"1"接线柱接通。将左右调整开关 M21 拨至"右"方向调整时,上方接线柱"1"与左下方"3"接线柱接通,上方接线柱"2"

与右下方"3"接线柱接通。

M22 为后视镜上下调整开关,其"1 2"接线柱的"1"接线柱为电源端,"2"为搭铁端。当按图示的箭头方向将上下调整开关 M22 拨至"下"方向调整时,上方接线柱"1"接线柱与左下方"3"接线柱接通,上方接线柱"2"接线柱与右下方"3"接线柱接通。将上下调整开关 M22 拨至"上"方向调整时,上方接线柱"1"接线柱与左下方"1"接线柱接通,上方接线柱"2"接线柱与右下方"1"接线柱接通。

下面以左侧电动后视镜的调整为例说明后视镜的控制过程。

将左右调整选择开关 M11 拨至"L"方向。

1) 调整左侧后视镜左转

将左右调整开关 M21 向"左"调整,其电流路径为"蓄电池正极→点火开关→熔断丝→M21 上方接线柱'2'→M21 的右下接线柱'1'→M11 的左边'1←→1'→左侧左右电动机→M11 的中间位置'1←→1'→M21 的左下接线柱'1'→M21 上方接线柱'1'→搭铁→蓄电池负极"。形成的电流回路使左侧后视镜向左转动。

2) 调整左侧后视镜右转

将左右调整开关 M21 向"右"调整,其电路路径为"蓄电池正极→点火开关→熔断丝→M21 上方接线柱'2'→M21 的右下接线柱'3'→M11 的中间位置'1←→1'→左侧左右电动机→M11 的左边'1←→1'→M21 的左下接线柱'3'→M21 上方接线柱'1'→搭铁→蓄电池负极"。在形成电流回路中,电流虽然流经同一只电动机,但因电流方向相反,电动机的旋转方向相反,使左侧后视镜向右转动。

由此可以看出,向左转和向右转时,通过左侧后视镜电动机的电流是相反的,通过控制电动机的电流方向就可以实现后视镜两个相反方向的调整。

读者可自行分析调整左侧后视镜向下转和向上转的电流路径。

2. 索纳塔轿车电动后视镜控制电路

北京现代索纳塔轿车电动后视镜控制电路如图 7-41 所示。

每个后视镜都用一个独立的开关控制。操纵开关能使每一个电动机单独工作,也可使两个电动机同时工作。

1) 调整左侧后视镜向上旋转("升")

"升/降"开关中的箭头开关均和"升"接通,此时电流的方向为"电源→熔丝 30(15A)→电动后视镜开关端子 3→'升右'端子→选择开关中的'左'→端子 7→左电动后视镜的端子 8→左后视镜升降电动机(即上下电动机)→端子 6→电动后视镜开关端子 5→升 1→电动后视镜开关端子 6→G03 搭铁",形成的回路使左后视镜向上旋转。

2) 调整左侧后视镜向下旋转("降")

"升/降"开关中的箭头开关均和"降"接通,此时电流的方向为"电源→熔丝 30(15A)→电动后视镜开关端子 3→降 1→电动后视开关端子 5→左后视镜升降电动机端子 6→升降电动机→左电动后视镜端子 8→电动后视镜开关端子 7→选择开关中的'左'→降左端子→电动后视镜开关端子 6→G03 搭铁",形成的回路使左后视镜向下旋转。

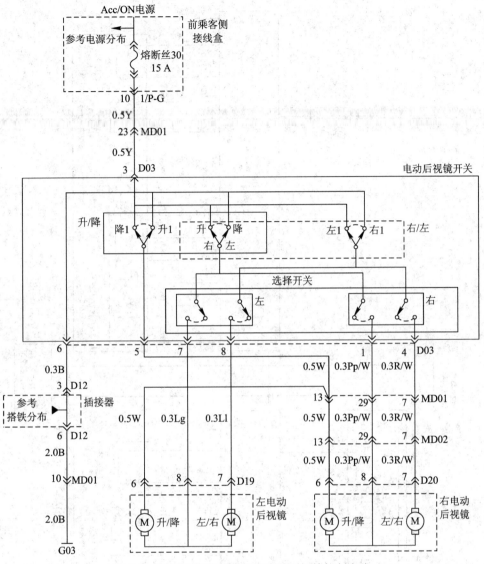

图 7-41 北京现代索纳塔轿车电动后视镜控制电路

三、带有车身控制单元的电动后视镜

上汽通用君越汽车和雪佛兰、福特锐界、奥迪、迈腾、速腾等车辆上均装有车身控制模块(单元),通过车身控制模块来集中控制车窗、门锁、后视镜等。此时,后视镜控制开关并不直接控制电动机的电流方向来实现电动机的反转,而是给车身控制单元传输开关位置信号,车身控制单元通过接收到的不同电压信号得知控制开关的位置,由车身控制单元再去控制后视镜电动机的电流方向。

下面以迈腾 B8 轿车的电动后视镜为例,说明其组成和工作原理。

1. 迈腾 B8 轿车的电动后视镜系统的组成

图 7-42 所示为迈腾 B8 轿车的电动后视镜系统。

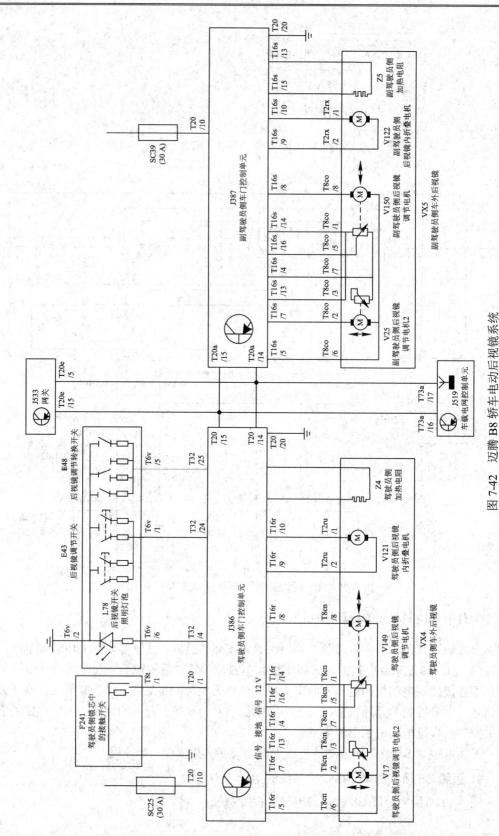

图 7-42 迈腾 B8 轿车电动后视镜系统

迈腾 B8 轿车的电动后视镜系统主要组成包括:

(1) 后视镜调节开关 E43、后视镜调节转换(选择)开关 E48。

(2) 后视镜调节开关照明灯泡 L78。

(3) 驾驶员侧车门控制单元 J386、副驾驶员侧车门控制单元 J387。

(4) 驾驶员一侧的后视镜调节电机 2 V17(上下调整电机)、驾驶员一侧的后视镜调节电机 V149(左右调节电机)、驾驶员一侧的后视镜内折叠电机 V121、副驾驶员侧后视镜调节电机 2 V25(上下调整电机)、副驾驶员侧后视镜调节电机 V150(左右调节电机)、副驾驶员侧后视镜内折叠电机 V122。

V17 转动带动一个上下位置传感器电位器旋转,位置传感器阻值会改变。V149 内部有一个左右位置传感器(电位器)。同样副驾驶侧两个调节电机也有两个位置传感器。位置传感器是用来记忆调节后视镜调节位置的。

(5) 驾驶员一侧和副驾驶员侧的后视镜加热电阻 Z4 和 Z5。

另外,还包括遥控钥匙、网关 J533、车载电网控制单元 J519(车身控制模块 BCM)、驾驶员侧锁芯中的接触开关等。

2. 后视镜控制开关

如图 7-43 所示,后视镜控制开关有 5 个挡位,分别是 L 位、R 位、0 位、折叠位、加热位。

后视镜控制开关的控制电路与前述车窗玻璃升降器控制开关的控制电路类似,后视镜控制开关的工作原理也与前述车窗玻璃升降器控制开关的工作原理相同。

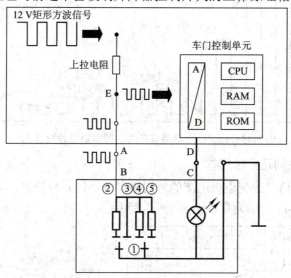

图 7-43　后视镜控制开关与车门控制单元工作电路

后视镜控制开关输送给车门控制单元 J386 的信号是一系列的方波信号,如图 7-44 所示。只不过在不同的挡位,输送的方波信号电压大小不同。

如图 7-44 所示为 E48 开关在 5 个位置时对应的电阻值和信号电压波形及大小(用示波器测量端子 T6v/5 波形),因此图 7-42 中 T6v/5 端子与 J386 的 T32/25 的连接线是一条"选挡信号线"。

挡位	①空挡	②L挡	③R挡	④加热挡	⑤折叠挡
电阻值(常温)	无穷大	100 Ω	270 Ω	820 Ω	0 Ω
波形峰值	12 V	1 V	2.2 V	5.2 V	0 V

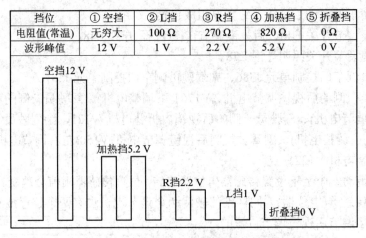

图 7-44　E48 开关在 5 个位置对应的电阻值和信号电压波形大小

如图 7-45 所示为 E43 后视镜调节开关内部电阻及输出波形(用示波器测量端子 T6v/1 波形)。因此图 7-42 中 T6v/1 端子与 J386 的 T32/24 连接线是一条"调节信号线"。

挡位	①空挡	②左翻挡	③右翻挡	④上翻挡	⑤下翻挡
电阻值(常温)	无穷大	270 Ω	820 Ω	100 Ω	0 Ω
波形峰值	12 V	2.2 V	5.2 V	1 V	0 V

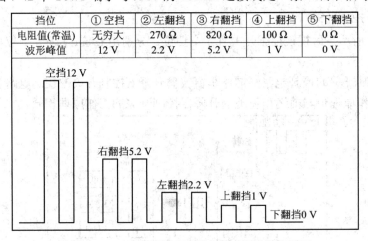

图 7-45　E43 后视镜调节开关内部电阻及输出波形

3. 后视镜电动机的正反转控制

后视镜电动机是通过改变电机电流的方向来实现正转和反转的，即实现后视镜的上下和左右调整。如图 7-46 所示为后视镜电动机电路图。

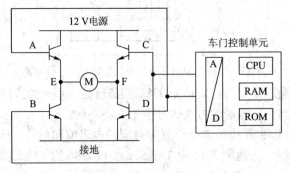

图 7-46　后视镜电动机电路

后视镜电机正反转的控制电路与前述玻璃升降器电机正反转的控制电路相同，工作原理也相同。

4. 后视镜工作过程

如图 7-42 所示，当选择调节左侧后视镜向上调节时，E48 开关和 E43 后视镜调节开关输出信号给 J386，J386 的 T32/25 和 T32/24 端子接受到此信号后，J386 通过 T16r/5 和 T16r/7 控制驾驶员侧后视镜调节电机 2 V17 通电工作，从而调整左侧后视镜向上转动，同时控制后视镜开关照明灯泡点亮。

当选择调节右侧后视镜向下调节时，J386 的 T32/25 和 T32/24 端子接受到 E48 开关和 E43 后视镜调节开关信号后，通过 J386 与 J387 单元间的 CAN 总线传输信息，再由 J387 通过 T16s/5 和 T16s/7 控制副驾驶员侧后视镜调节电机 2 V25 通电工作，从而调整右侧后视镜向上调节，同时控制后视镜开关照明灯泡点亮。

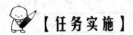 【任务实施】

电动后视镜的故障诊断

故障现象： 迈腾 B8 轿车，操作后视镜调节开关，两侧车外后视镜均无法调节。

基本检查： 电动后视镜的选挡功能正常。J386 无故障码。

故障诊断：

1) 读取数据流

用诊断仪读取数据流，数据流显示如图 7-47 示。显示选挡开关数据流正常。开关数据流一直显示"位置中央"。

测量值名称	ID	
后视镜调节开关	IDE04215	
开关位置	MAS02428	
后视镜调整(X/Y方向)	IDE04540	
--无显示--	MAS00194　　不变	位置中央

数据流

图 7-47　数据流显示

2) 分析原因

从故障现象看，两侧后视镜均无法调节，说明调节功能失效。但是数据流显示选挡功能正常，J386 无故障码。

研究后视镜开关与 J386 的连接电路(见图 7-48)可以看出，E43 调节开关通过 T6v/1 和 386 的 T32/24 相接，T6v/1 是 E43 调节开关的调节信号线。根据开关的工作原理知，当 T6v/1 调节信号断路时，J386 收到的调节信号和 E43 在空位(中央)不调节时收到的信号是一样的，因此 J386 不显示故障码，而显示"位置中央"。所以，判断该故障是由于"调节开关信号线 T6v/1 断路"造成的。

故障排除： 将 E43 调节开关的调节信号线 T6v/1 与 J386 的连接恢复，故障排除。

故障启示：对电动后视镜进行故障诊断时，一定要看懂电动后视镜的控制电路，弄清楚后视镜控制逻辑，参考诊断数据流，从电路入手去完成其故障诊断。

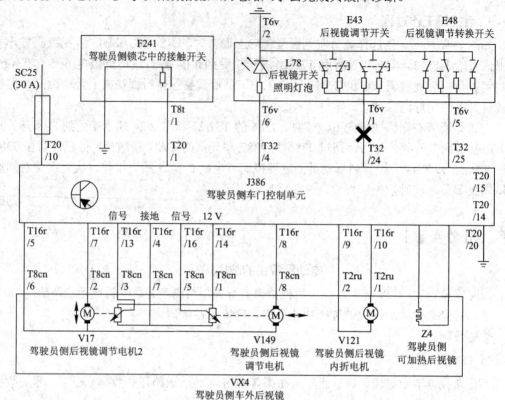

图 7-48 后视镜开关与 J386 的连接电路

🔍【检查与评估】

在完成以上的学习内容后，可以根据以下问题(见表 7-18)进行教师提问、学生自评或互评，及时评估本任务的完成情况。

表 7-18 检查评估内容

序号	评 估 内 容	自评/互评
1	能够利用各种资源查阅、学习该任务的各种资料	
2	能够制订合理、完整的工作计划	
3	认识电动后视镜的安装位置、组成	
4	分组进行操作，能够正确调节电动后视镜	
5	能够正确检测电动后视镜的控制开关	
6	分组进行电动后视镜的拆装，进行后视镜机械部分的检查和维护。要求能正确选择和使用拆装工具	
7	在电动后视镜实验台设置两个故障，能够根据电动后视镜的控制电路进行检测与故障诊断	

续表

序号	评 估 内 容	自评/互评
8	能够独立分析左侧后视镜向下转、向上转的电流路径；分析右侧后视镜向上转、向下转、向左、向右时的电流路径	
9	如期保质完成工作任务	
10	工作过程操作符合规范，能正确使用万用表和设备	
11	工作结束后，工具摆放整齐有序，工作场地整洁	
12	小组成员工作认真，分工明确，团队协作	

任务7.5　中央集控门锁的检修

【导引】

　　一辆别克轿车一个或全部车门的门锁出现了不能通过遥控器和开关进行控制的故障，这说明中央集控门锁(简称中控门锁)出现了故障，需要对其进行检修。

【计划与决策】

　　中控锁的常见故障有：一个或全部车门的门锁不能通过遥控器和开关进行控制。

　　要想对出现故障的别克轿车中控门锁进行故障诊断，需要掌握中央集控门锁的组成和控制电路。

　　完成本任务需要的相关资料、设备以及工量具如表7-19所示。本任务的学习目标如表7-20所示。

表7-19　完成本任务需要的相关资料、设备以及工量具

序号	名　　称
1	轿车，维修手册，中控门锁实验台，车外防护3件套和车内防护4件套若干套
2	课程教材，课程网站，课件，学生用工单
3	蓄电池，数字式万用表，拆装工具

表7-20　本任务的学习目标

序号	学 习 目 标
1	认识中央集控门锁的组成
2	学会分析中央集控门锁的控制电路，从中央集控门锁控制电路组成入手进行故障诊断
3	能够检查中央集控门锁的电路，检查门锁电动机
4	能够根据检测结果，确定故障具体部位并排除故障
5	评估任务完成情况

💡 【相关知识】

现代轿车多数都安装了中央集控门锁系统。当用钥匙锁定驾驶员侧车门时，其他车门及行李舱门也同时被锁住；当用钥匙打开驾驶员一侧车门时，既可以单独打开驾驶员一侧车门，也可以同时打开其他车门。

一、中央集控门锁的组成

中央集控门锁按结构形式不同，分为双向空气压力泵式和微型直流电动机式；按控制方式不同，分为带遥控系统的中控门锁和不带遥控系统的中控门锁。

微型直流电动机式中央集控门锁是应用广泛的一种集控门锁，主要由门锁总成、门锁开关和控制电路等组成。

如图 7-49 所示为微型直流电动机式中央集控门锁的门锁总成，它主要由门锁、双向直流电动机和传动机构等组成。

当门锁电动机 9 运转时，通过门锁连杆 8 操纵门锁动作。电动机的旋转方向由经过电机电枢的电流方向决定。电动机正转或反转，就可完成车门的闭锁和开锁动作。

当用钥匙通过锁芯开门时，旋转动作通过锁芯至门锁连杆 2 完成开锁操作；同时，锁心门锁传动机构解除通过外门锁把手 4 开门的锁定。

当外门锁把手 4 开门的锁定被解除后，拉动外门锁把手 4 开门的动作，通过外门锁手至门锁连杆传至门锁，完成开门的操作。

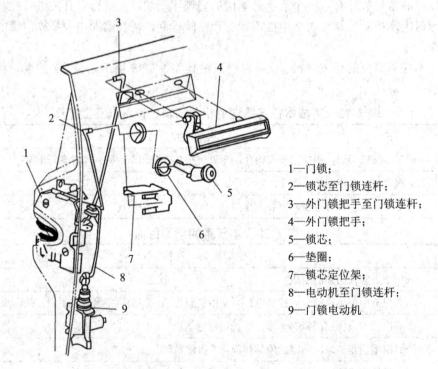

1—门锁；
2—锁芯至门锁连杆；
3—外门锁把手至门锁连杆；
4—外门锁把手；
5—锁芯；
6—垫圈；
7—锁芯定位架；
8—电动机至门锁连杆；
9—门锁电动机

图 7-49　微型直流电动机式中央集控门锁的门锁总成

二、中央集控门锁的控制电路

1. 不带遥控功能的中控门锁控制电路

如图 7-50 所示为一种最基本的不带遥控功能的中控门锁控制电路,主要由两个门锁开关 S1、S2,门锁继电器 K 和 5 个双向直流电动机(4 个车门和 1 个行李舱门)等组成。

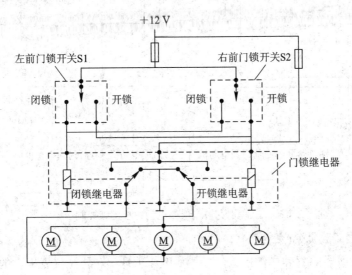

图 7-50　电动中控门锁控制电路

(1) 通过钥匙将左前门锁开关 S1 旋至"开锁"位置时,其电流路径为"电源(+12 V)→熔断器→左前门锁开关 S1'开锁'(导通)→门锁继电器的'开锁继电器'线圈→搭铁"。

上述电路导通使门锁继电器的开锁继电器动作,使其触点由图示的原始位置转至右边,从而使下述电路导通,电流路径为"电源(+12 V)→熔断器→门锁继电器的开锁继电器触点(右边位置导通)→5 个电动机→门锁继电器的闭锁继电器的原始位置(导通)→搭铁"。此电路导通,电动机的工作电路回路接通,电动机动作完成"开锁"操作。

(2) 通过钥匙将左前门锁开关 S1 旋至"闭锁"位置时,其电流路径为"电源(+12 V)→熔断器→左前门锁开关 S1'闭锁'(导通)→门锁继电器的闭锁继电器的线圈→搭铁"。

上述电路导通使门锁继电器的闭锁继电器动作,使其触点由图示的原始位置转至左边,从而使下述电路导通,电流路径为"电源(+12 V)→熔断器→门锁继电器的闭锁继电器的左边位置(导通)→电动机→门锁继电器的开锁继电器的原始位置(导通)→搭铁"。此电路导通,电动机的工作电路回路接通,通过电动机的电流方向与"开锁"时相反,电动机动作完成"闭锁"操作。

通过钥匙对右前门锁开关 S2 进行操作时的工作原理与上述类似。

2. 带遥控功能的中控门锁控制电路

如图 7-51 所示为上海别克轿车遥控电动中控门锁控制电路图,主要由车身控制模块(BCM)、驾驶员侧(左前门)开锁继电器、门锁电动机和遥控装置等组成。遥控装置包括遥控发射器和接收器。从图 7-51 可以看出,BCM 还集成了一个右前车门开锁继电器,一个所有车门的闭锁继电器。

中央门锁的
控制电路

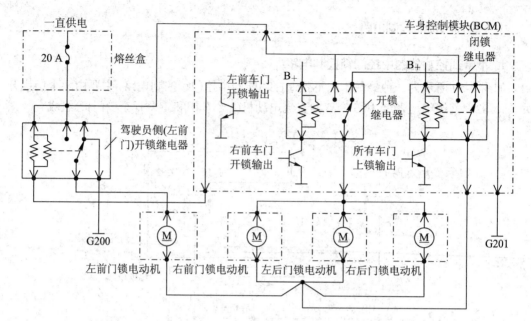

图 7-51　上海别克轿车遥控电动中控门锁控制电路

1) 遥控开启驾驶员侧(左前门)门锁

按下遥控发射器的驾驶员侧(左前门)门锁开启开关，安装在仪表板上的遥控信号接收器接收信号并对信号进行分析判断，判断无误后将输出信号给 BCM，BCM 发出指令给左前车门开锁输出三极管，三极管导通使驾驶员侧(左前门)开锁继电器的线圈电路导通，其电流路径为"电源→熔丝盒中的熔断丝(20A)→驾驶员侧(左前门)开锁继电器的线圈→左前车门开锁输出三极管(BCM 内)→搭铁"。

上述电路导通使驾驶员侧(左前门)开锁继电器的触点闭合(左移)，使左前门锁电动机的电路导通，其电流路径为"电源→熔丝盒中的熔断丝(20A)→驾驶员侧(左前门)开锁继电器的触点(左侧导通)→左前门锁电动机→闭锁继电器(图 7-51 中的原始位置导通)→G201(搭铁)"。此电路导通使左前门锁电动机动作，完成对左前门的门锁开启操作。

2) 遥控开启右前门门锁

按下遥控发射器的右前门的门锁开启开关，安装在仪表板上的遥控信号接收器接收信号并对信号进行分析判断，判断无误后将输出信号给 BCM，BCM 发出指令给右前车门开锁输出三极管，三极管导通使开锁继电器的线圈电路导通，其电流路径为"电源(B_+)→开锁继电器的线圈→右前车门开锁输出三极管(导通)→搭铁"。

上述电路导通使开锁继电器的触点闭合(左移)，使除左前门外的其他所有的 3 个门的门锁电动机的电路导通，其电流路径为"电源→熔丝盒中的熔断丝(20A)→开锁继电器的触点(左侧导通)→右前、左后、右后门锁电动机→闭锁继电器(图 7-51 中的原始位置导通)→G201(搭铁)"。此电路导通使除左前门外的其他 3 个门的门锁电动机动作，完成对门锁的开启操作。

3) 遥控闭锁

按下遥控发射器的闭锁开关，安装在仪表板上的遥控信号接收器接收信号并对信号进行分析判断，判断无误后将输出信号给 BCM，BCM 发出指令给所有车门上锁输出三极管，三极管导通使闭锁继电器的线圈电路导通，其电流路径为"电源(B₊)→闭锁继电器的线圈→所有车门上锁输出三极管(导通)→搭铁"。

上述电路导通使闭锁继电器的触点闭合(左移)，使所有门锁电动机的电路导通。

左前门的门锁电动机的电流路径为"电源→熔丝盒中的熔断丝(20A)→闭锁继电器的触点(导通)→左前门锁电动机→驾驶员侧(左前门)开锁继电器(图中的原始位置导通)→G200(搭铁)"。此电路导通使左前门锁电动机动作，完成对左前门门锁锁定操作。可以看出，和前面开锁时左前车门锁电动机的电流方向是相反的。

其他 3 个车门门锁电动机的电流路径为"电源→熔丝盒中的熔断丝(20A)→闭锁继电器的触点(导通)→右前门(左后门、右后门)门锁电动机→开锁继电器(图中的原始位置导通)→G201(搭铁)"。此电路导通使右前门(左后门、右后门)门锁电动机动作，完成对相应的门锁锁定操作。

从以上叙述可以看出，左前门锁电动机和其他 3 个车门电动机的搭铁点是不同的。

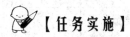

【任务实施】

别克轿车中央集控锁的检测与故障诊断

从图 7-51 可以看出，上海通用别克轿车遥控电动中控门锁控制电路由电源、车身控制模块(BCM)、1 个左前门锁开锁继电器、1 个其余车门开锁继电器、1 个关闭所有车门的闭锁继电器、各个车门上的直流电动机、熔丝、连接导线等组成。当中控锁系统出现故障时，应当从控制电路组成入手进行故障诊断。

1. 遥控器完全失效的故障

从图 7-51 的电路分析中可以看出，当出现熔丝断路、车身控制模块损坏、搭铁线断路、电源线断路等情况时，均会造成中控锁的各项功能不起作用。因此，当出现这类故障现象时，我们应检查熔丝是否断路，检查电源线、搭铁线是否接触良好。若上述检查都正常，可以判定是车身控制模块故障。

2. 遥控器只能开启和关闭左前门的故障

从图 7-51 的电路分析中可以看出，若左前门能正常开启和关闭，说明熔丝、车身控制模块、电源线、搭铁线 G200 和 G201 都正常，问题可能出在右前开锁继电器上。检查右前开锁继电器的线圈和触点是否正常，若损坏，应更换。若右前开锁继电器正常，可能是 BCM 中的"右前车门开锁输出"三极管(装在 BCM 内部)损坏，这时需更换 BCM。

3. 遥控器不能锁住所有车门的故障

如果遥控能开锁，但不能闭锁，这时有可能是闭锁继电器损坏、"所有车门上锁输出"三极管损坏。此时，可以先检查闭锁继电器，若损坏，应更换。若正常，则更换 BCM。

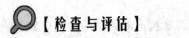

【检查与评估】

在完成以上的学习内容后，可以根据以下问题(见表 7-21)进行教师提问、学生自评或互评，及时评估本任务的完成情况。

表 7-21　检查评估内容

序号	评 估 内 容	自评/互评
1	能够利用各种资源查阅、学习该任务的各种资料	
2	能够制订合理、完整的工作计划	
3	就车认识中央集控门锁的各个组成部分及安装位置，并回答中央集控门锁的组成和作用	
4	分组进行操作，检查能否正确使用遥控器和钥匙进行中控门锁的操作	
5	能够正确检测中央集控门锁的控制电路	
6	分组进行中央集控门锁的拆装。能正确选择和使用拆装工具	
7	在中控锁实验台设置两个故障，让学生根据中控锁的控制电路进行检测与故障诊断	
8	能够独立分析通过钥匙对右前门锁开关 S2 的操作时中控锁电动机的电流路径(见图 7-50)	
9	能够独立分析图 7-51 中遥控开启左前门和开启右前门时的电流路径和遥控闭锁的电流路径	
10	如期保质完成工作任务	
11	工作过程操作符合规范，能正确使用万用表和设备	
12	工作结束后，工具摆放整齐有序，工作场地整洁	
13	小组成员工作认真，分工明确，团队协作	

任务 7.6　电动风扇的检修

【导引】

　　一辆别克凯越轿车，行驶里程约 9.5 万千米时出现如下故障现象：怠速时间较长后会出现发动机过热、冷却液温度高，同时冷却液温度报警灯点亮。如何排除该故障？

【计划与决策】

　　汽车散热器风扇常见的故障现象：风扇不转、风扇只有低速没有高速、风扇一直低速运转、风扇只有高速没有低速。

　　要想对风扇出现故障的别克轿车进行故障诊断，需要学习掌握电动风扇的控制电路。

　　完成本任务需要的相关资料、设备以及工量具如表 7-22 所示。

表 7-22　完成本任务需要的相关资料、设备以及工量具

序号	名　　称
1	轿车，维修手册，车外防护 3 件套和车内防护 4 件套若干套
2	课程教材，课程网站，课件，学生用工单
3	数字式万用表，拆装工具

对于以上故障现象，可以先进行以下常规项目的检查：检查冷却液液面高度；检查冷却液流动是否顺畅；检查风扇张紧度是否适度；检查风扇叶片有无变形；检查散热器通风是否良好；检查冷却系统管道是否因锈蚀或水垢而堵塞；检查冷却液罐的软管是否扭结等。

如果检查结果均未发现异常，接下来就要检查冷却风扇是否因故障而不能工作。检查结果发现 2 个冷却风扇电机在高速和低速模式下均不工作。

初步断定，故障原因可能是在冷却风扇及其控制电路上，所以要对冷却风扇及其控制电路进行检查。

本任务的学习目标如表 7-23 所示。

表 7-23　本任务的学习目标

序号	学 习 目 标
1	能够独立分析单风扇和双风扇电路的工作原理
2	能够分析发动机控制单元控制风扇工作原理
3	学会从电路入手，分析风扇故障原因
4	学会检查风扇继电器和风扇电动机
5	根据检测结果，能确定故障具体部位并排除故障

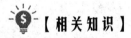
【相关知识】

目前，汽车冷却系统散热器风扇都是由直流电动机驱动，因此称为电动风扇。散热器风扇主要用来冷却发动机冷却液；对于有空调的车辆，电动风扇还可以使空调冷凝器得到冷却。

按照汽车上使用风扇的个数可将散热器风扇分为单风扇、双风扇两种。两个风扇既可以采用串联方式工作，也可以采用并联方式工作。装有空调系统的车辆常采用双风扇控制，安装在散热器前面的风扇主要冷却冷凝器，因为空调系统的冷凝器需要更高速的冷却空气，安装在散热器后面的风扇主要冷却散热器。

电动风扇的控制电路通常由蓄电池、点火开关、风扇继电器、温度控制开关和空调压力开关、风扇等组成。风扇一般采用温度控制开关和空调压力开关共同控制的方式；对于电控发动机，风扇也可采用发动机电脑进行控制，其控制原理是发动机电脑根据各传感器信号，控制电磁阀的通电和断电的时间，调节液压回路流量大小，达到自动调节风扇转速的目的。

一、单风扇控制电路及工作原理

丰田 5S-FE 发动机单风扇控制电路如图 7-52 所示。

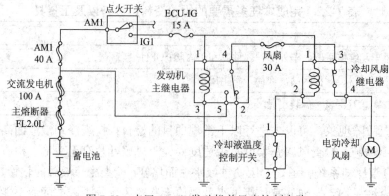

图 7-52　丰田 5S-FE 发动机单风扇控制电路

冷却风扇电动机由冷却风扇继电器的 3 号端子供给蓄电池电压。冷却风扇继电器线圈不通电时，其触点 3 和 4 之间闭合，是一个常闭的继电器；冷却液温度控制开关控制着冷却风扇继电器线圈的搭铁电路。冷却液温度控制开关是一个常闭开关，冷却液温度低时，冷却液温度控制开关的 1、2 之间是闭合的。

接通点火开关时，发动机主继电器线圈的电路接通，主继电器的常闭触点(图中 4、2 之间)断开，常开触点(5、4 之间)接通，电流路径为"蓄电池电压→主熔断器→交流发电机 100A 熔断丝→发动机主继电器 5、4→风扇 30A 熔断丝→冷却风扇继电器 3 接线柱"。这时，因为冷却液温度低，冷却液温度控制开关的触点 1、2 之间闭合，冷却风扇继电器线圈通电，使其触点 3、4 之间断开，风扇电动机不运转。

当发动机冷却液温度达到 93℃时，冷却液温度控制开关的触点 1、2 之间断开，冷却风扇继电器线圈断电，使其触点 3、4 之间恢复闭合，风扇电动机开始运转。风扇电动机的电流路径为"蓄电池正极→主熔断器→交流发电机 100A 熔断丝→发动机主继电器 5、4→风扇 30A 熔断丝→冷却风扇继电器 3 接柱→4 接线柱→电动冷却风扇→搭铁"。

二、双风扇控制电路及工作原理

丰田 1UZ-FE 发动机双风扇控制电路如图 7-53 所示。

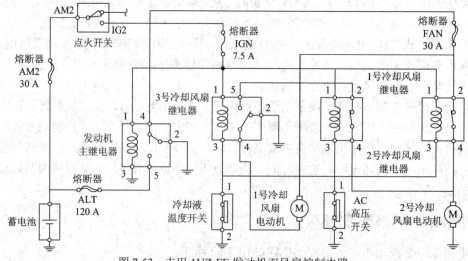

图 7-53　丰田 1UZ-FE 发动机双风扇控制电路

丰田 1UZ-FE 发动机双风扇控制过程为：

(1) 当冷却液温度和 A/C 压力都低时，1 号和 2 号风扇均不工作。

接通点火开关(IG2)，发动机主继电器线圈有电流，发动机主继电器常闭触点 4、2 断开，触点 5、4 之间接通，接通了 1 号冷却风扇电动机的电源电路。

当制冷系统压力低时，A/C 高压开关闭合，1 号冷却风扇继电器线圈的搭铁电路接通，其常闭触点 2、4 之间断开，1 号冷却风扇电动机经由 1 号冷却风扇继电器触点 2→4→2 号冷却风扇电动机→搭铁的电路也是断开的。

冷却液温度开关是一个常闭开关，冷却液温度低时，温度开关的 1、2 之间是闭合的，3 号冷却风扇继电器的线圈搭铁电路接通，其触点 4、2 之间断开，4、5 之间接通。同时，2 号冷却风扇继电器的线圈搭铁电路接通，其常闭触点 2、4 之间断开。

当冷却液温度和 A/C 压力都低时，1 号冷却风扇电动机的搭铁电路被 3 号冷却风扇继电器切断，2 号冷却风扇电动机的供电电路被 2 号冷却风扇继电器断开，同时，1 号冷却风扇电动机和 2 号冷却风扇电动机的连接电路也被 1 号冷却风扇继电器切断。此时，1 号、2 号冷却风扇电动机均不工作。

(2) 当冷却液温度低且 A/C 压力高时，两个风扇串联均低速运转。

当冷却液温度低时，温度开关的 1、2 之间是闭合的，3 号冷却风扇继电器的 4、5 接通。当 A/C 压力高时，A/C 高压开关断开，1 号风扇继电器线圈断电，其常闭触点 2、4 恢复闭合状态。这时两个风扇串联，每个风扇上的工作电压都较低，风扇低速运转。风扇工作电流路径为"蓄电池正极→熔断器 ALT 120A→发动机主继电器 5、4 端子→熔断器 FAN 30A→1 号冷却风扇电动机→3 号冷却风扇继电器的 4、5 端子→1 号冷却风扇继电器常闭触点 2、4 端子→2 号冷却风扇电动机→搭铁→蓄电池负极"。

(3) 当冷却液温度高且 A/C 压力低时，两个风扇均高速运转。

当冷却液温度高时，温度开关的 1、2 之间是断开的，3 号冷却风扇继电器线圈断电，其常闭触点 4、2 接通。1 号冷却风扇电动机高速运转，其电流路径为"蓄电池正极→熔断器 ALT 120A→发动机主继电器 5、4 端子→熔断器 FAN 30A→1 号冷却风扇电动机→1 号冷却风扇继电器的 4、2 端子→搭铁→蓄电池负极"。

因为冷却液温度开关断开，使得 2 号冷却风扇继电器的线圈电路也断开，其常闭触点 2、4 接通，这时 2 号冷却风扇电动机也高速运转，其电流路径为"蓄电池正极→熔断器 ALT 120A→发动机主继电器 5、4 端子→熔断器 FAN 30A→2 号冷却风扇继电器的 2、4 端子→2 号冷却风扇电动机→搭铁→蓄电池负极"。

(4) 当冷却液温度高且 A/C 压力高时，两个风扇均高速运转。

当冷却液温度高并且 A/C 压力高时，冷却液温度开关和压力开关都断开，1、2 号风扇电动机都高速运转，此时两个风扇的电流与上述(3)的电流路径相同。

三、发动机电脑控制的冷却风扇电路

别克凯越轿车冷却风扇受发动机电脑控制，主要由一个主电动风扇、一个辅电动风扇、3 个风扇继电器组成，其控制电路如图 7-54 所示。风扇安装在发动机室内散热器后部。电动风扇受发动机电脑控制，电脑根据温度信号、空调信号控制风扇。

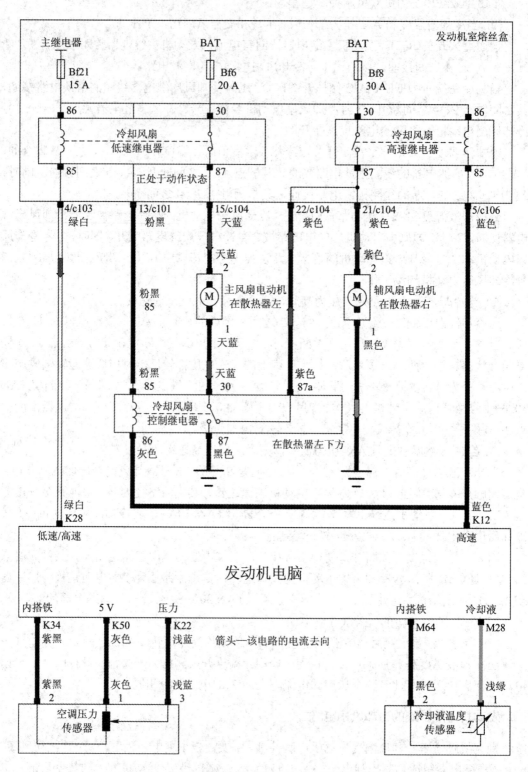

图 7-54　别克凯越轿车冷却风扇控制电路图(低速)

1) 空调关闭状态下冷却风扇的控制方式

当冷却液的温度上升到96℃时，风扇低速运转；当下降到93℃时，风扇停止运转；当冷却液的温度继续上升到100℃时，风扇高速运转。当下降到97℃时，风扇由高速转变为低速运转。

2) 在空调开启状态下冷却风扇的控制方式

当冷却液的温度继续升到89℃时，风扇开始低速运转；当冷却液的温度降到84℃时，风扇停止低速运转。

当冷却液的温度上升到95℃时，风扇高速运转；当冷却液的温度下降到90℃时，风扇由高速转变为低速运转。

当空调制冷剂压力达到1880 kPa时，风扇高速运转；当压力降到1450 kPa时，风扇由高速转变为低速运转。

当冷却液温度传感器发生故障时，风扇会高速运转。

3) 冷却风扇低速工作时

从图7-54可以看出，发动机电脑要想控制风扇低速运转，就要控制其K28端子搭铁，接通冷却风扇低速继电器线圈的电路，使得风扇低速继电器的触点30与87接通，此时两个风扇电机串联接在电源上，每台风扇电机的工作电压都降低了，风扇低速运转。

此时风扇电机的电流路径为"风扇 EF6 熔丝(20A)→风扇低速继电器的 30→87→15/C104→主风扇电动机→风扇控制继电器的30→87a→22/C104→21/C104→辅风扇电动机→搭铁"。

风扇低速运转时的工作电路包括冷却风扇低速继电器线圈的工作电路和风扇电动机的工作电路。如果风扇低速转动功能失效，可以沿着以上两条工作电路的电流方向逐步检查，因为这两条线路有一条断路，风扇都不会低速运转。

4) 冷却风扇高速工作时

如图7-55所示为别克凯越轿车冷却风扇高速运转时的控制电路图。从图7-55可以看出，发动机电脑要想控制风扇高速运转，就要控制其K28端子和K12端子搭铁，使3个风扇继电器都动作。两个风扇的搭铁回路是并联的。

冷却风扇高速工作时的系统中共有以下5个电流路径：

(1) 风扇低速继电器线圈电路的电流路径为"EF21(15A)→低速继电器线圈86→低速继电器线圈85→4/C103→K28→搭铁"，使其触点30和87闭合。

(2) 风扇高速继电器线圈电路的电流路径为"EF8(30A)→高速继电器线圈86→高速继电器线圈85→5/C106→K12→搭铁"，使其触点30和87闭合。

(3) 风扇控制继电器线圈电路的电流路径为"EF21(15A)→13/C101→风扇控制继电器线圈85→风扇控制继电器线圈86→K12→搭铁"，使其触点30和87闭合，原来的87a断开。

(4) 左侧发动机主风扇电动机的电流路径为"风扇EF6熔丝(20A)→风扇低速继电器的30→87→15/C104→主风扇电动机→风扇控制继电器30→87→搭铁"。

(5) 右侧发动机辅风扇电动机的电流路径为"EF8(30A)→高速继电器线圈30→87→21/C104→辅风扇电动机→搭铁"。

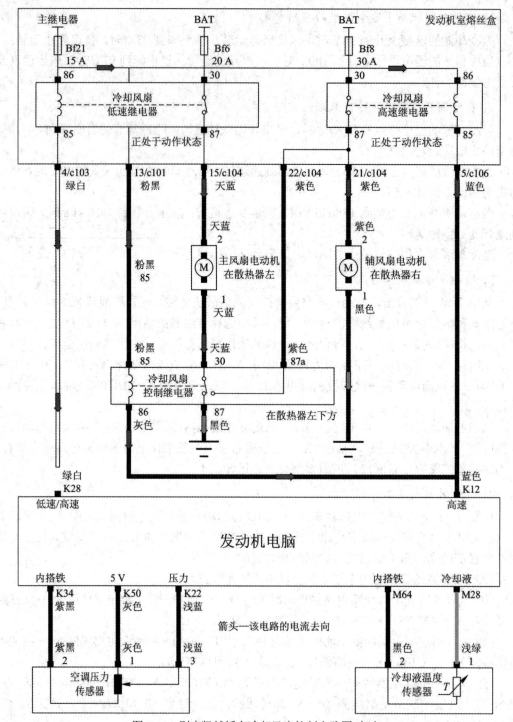

图 7-55　别克凯越轿车冷却风扇控制电路图(高速)

从以上分析可以看出，此时两个风扇电动机是并联的，电压都是 12 V 的电源电压，所以两风扇都是高速运转的。

如果风扇高速运转功能失效，可以沿着以上 5 条线路的电流方向逐步检查，因为这 5 条线路有一条断路的话，风扇都不会正常高速运转。

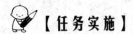**【任务实施】**

冷却风扇的故障诊断

故障诊断：

(1) 检查风扇系统中的 EF21、EF6、EF8 3 个保险丝是否正常，检查 3 个风扇继电器是否正常。

(2) 闭合点火开关，把低速继电器的 85 端子直接搭铁时，冷却风扇电机应能低速运转；同时再把高速继电器的 85 端子搭铁时，风扇应变为高速运转。若风扇运转不正常，按照风扇电路进行检查。

若能人为控制风扇工作，但不能自动工作，应连接诊断仪进行发动机系统的自诊断。读取数据流，根据故障码对相关元件以及线路进行检修。

读取的发动机冷却液温度数据应与实际温度相符；否则，应检查冷却液温度传感器线路或更换冷却液温度传感器。

对风扇进行自诊断动作测试。进行低速动作测试时，风扇应能低速旋转；进行高速动作测试时，风扇应能高速旋转；否则，按下面步骤检查风扇系统。

(3) 检查风扇电动机。拔下风扇电机的插接器，可以直接给电动机通电，电动机应能高速旋转；否则，应更换风扇电动机。

(4) 根据电路图 7-55，检查风扇高速运转时的 5 条电流线路是否有断路、接触不良等。

经过上述检查表明，引起该车故障的原因是辅风扇电动机的接地电路断路，导致低速时电路断路，高速时只有一个主风扇电动机工作，使冷却液温度过高，故障报警灯亮。

故障排除： 拆下辅风扇电动机的搭铁端子，发现已严重锈蚀，造成搭铁不良，对其进行处理后装复，两个冷却风扇均运转正常，故障排除。

【检查与评估】

在完成以上的学习内容后，可以根据以下问题(见表 7-24)进行教师提问、学生自评或互评，及时评估本任务的完成情况。

表 7-24　检查评估内容

序号	评 估 内 容	自评/互评
1	能够利用各种资源查阅、学习本任务的各种资料	
2	能够制订合理、完整的工作计划	
3	认识冷却风扇及安装位置，并回答冷却风扇的组成和作用	
4	掌握风扇电动机低速和高速运转的工作原理	
5	能够正确识读不同类型的冷却风扇控制电路	
6	能够分析风扇低速、高速时的风扇电动机工作电路	
7	如期保质完成工作任务	
8	工作过程操作符合规范，能正确使用万用表和设备	
9	工作结束后，工具摆放整齐有序，工作场地整洁	
10	小组成员工作认真，分工明确，团队协作	

小　　结

　　汽车风窗清洁装置一般由风窗玻璃刮水器、风窗玻璃洗涤器与除霜装置 3 部分组成，其功用是改善在恶劣气候条件时驾驶员的视线。

　　电动座椅是以电动机为动力，通过传动装置和执行机构来调节座椅位置的一种控制调节装置，旨在提高操纵性和驾驶员或乘客的乘坐舒适性。电动座椅按可移动的方向数目可分为二方向、四方向和六方向式电动座椅和带记忆功能的电动座椅等。

　　电动车窗系统一般由双向直流电动机、车窗玻璃升降器、控制开关和继电器等组成，可方便地控制车窗玻璃的位置。

　　电动后视镜主要由控制开关、微型直流电动机和传动机构等组成。

　　微型直流电动机式中央集控门锁是应用广泛的一种集控门锁，主要由门锁总成、门锁开关和控制电路等组成。

　　电动风扇的控制电路通常由电源、点火开关、风扇继电器、温度控制开关和空调压力开关、风扇电动机等组成。风扇控制电路有 3 种形式：单风扇控制电路、双风扇控制电路、发动机电脑控制的双风扇电路。

练 习 题

一、判断题

1. 目前国内外汽车上广泛采用的是永磁式电机带动的电动刮水器。　　　　　（　　）

2. 永磁式电动机利用 3 个电刷来改变正、负电刷之间串联线圈的个数来实现变速。

　　　　　　　　　　　　　　　　　　　　　　　　　　　　　　　　　　　（　　）

3. 永磁式电动机利用 3 个电刷来调速，其中偏置的电刷一定为高速电刷。　（　　）

4. 汽车刮水器的自动复位机构可保证刮水器工作结束时将雨刮停在合适位置。（　　）

5. 汽车后风窗玻璃除霜电热丝(线)一般是采用来自蓄电池正极的火线供电的，不受点火开关控制。　　　　　　　　　　　　　　　　　　　　　　　　　　　　　（　　）

6. 汽车后风窗玻璃的多条除霜电热丝均为并联，电热丝的电阻一般具有正温度系数特性。　　　　　　　　　　　　　　　　　　　　　　　　　　　　　　　　　　（　　）

7. 汽车电动座椅装置中目前广泛使用了永磁式双向直流电动机。　　　　　（　　）

二、单项选择题

1. 在每个电动后视镜的背后均装有两套永磁式电动机的驱动系统，后视镜水平方向左右调整、垂直方向的上下调整都是通过改变（　　）方向转换其运动方向的。

A. 电机的匝数　　B. 电机的电阻　　　　C. 电机的电流　　D. 电源电压的大小

2. 可以通过（　　）来改变永磁式电动刮水器电机的转速。

A. 改变电动机的端电压　　　　　　　　B. 改变正、负电刷间串联的有效线圈数目

C. 改变通过电枢绕组的电流　　　　　　D. 改变电枢绕组的电阻

3. 甲同学说，电动升降车窗的主控开关可对车窗系统实行集中控制；而乙同学说，流过电动车窗电动机的电流方向决定了电动机的旋转方向。你认为(　　)。

A. 甲对　　　　　　B. 乙对　　　　　　C. 甲乙都对　　　　　　D. 甲乙都不对

4. 对于电动门窗玻璃升降电路来说，下列说法错误的是(　　)。

A. 在电路中必须设有断电器，当玻璃到达上下极限位置时，自动切断电路

B. 每个车门必须设有一个分控制开关，但是驾驶员侧的主控开关不用设

C. 玻璃升降电机是可逆的，改变通电电流方向，就可以改变其转动方向

D. 多数车型的玻璃升降电路由点火开关来控制

5. 甲同学和乙同学正在讨论"迈腾电动座椅所有方向上均不可调整"的故障原因。甲说，应该先检查电动座椅控制单元的电源线和搭铁线有无断路。而乙说，电机可能损坏，也可能是控制单元问题。说法正确的是(　　)。

A. 乙对　　　　　　B. 甲对　　　　　　C. 甲乙都对　　　　　　D. 甲乙都不对

6. 两速挡的风窗玻璃刮水器只在高速挡时才工作。甲说，低速电刷可能磨损到极限了。乙说，电动机的搭铁连接处有故障。说法正确的是(　　)。

A. 甲对　　　　　　B. 乙对　　　　　　C. 甲乙都对　　　　　　D. 甲乙都不对

7. 每个电动后视镜应在其背后装(　　)个双向永磁式直流电动机。

A. 1　　　　　　B. 2　　　　　　C. 3　　　　　　D. 4

8. 每个电动车窗应装(　　)个双向永磁式直流电动机。

A. 1　　　　　　B. 2　　　　　　C. 3　　　　　　D. 4

9. 直流电动机式中央集控门锁都是通过改变(　　)，控制直流电动机的正反转，从而实现门锁的开、关动作的。

A. 电动机的电流方向　　　　　　B. 电动机的电压高低

C. 电动机的电阻大小　　　　　　D. 电源的电动势

三、简答题

1. 试分析图7-4中电动刮水器的变速原理和自动复位功能。

2. 试分析图7-19中后窗自动除霜的工作原理。

3. 如何用万用表检测电动刮水器控制开关？

4. 试分析图7-27中座椅靠背"向前倾斜"调整和"向后倾斜"调整时的电流路径；分析图中座椅前端"向上"调整和"向下"调整时的电流路径；分析图中座椅后端"向上"调整和"向下"调整时的电流路径。

5. 如何用万用表检查电动座椅调节开关？

6. 在图7-30中，试以左侧第2个车窗玻璃升降电动机电路为例，说明主控开关和分开关分别控制时的电流路径。

7. 试分析图7-40中向左和向右调整右侧后视镜时的电流路径。

8. 试分析图7-50中通过钥匙对右前门锁开关S2的开锁和闭锁操作时的电流路径。

附录　部分练习题答案

项目一　汽车电气设备基础知识

一、判断题

1. √　2. ×　3. √　4. √ 5. ×

二、单项选择题

1. B　2. B　3. A　4. A　5. C　6. D　7. C　8. C　9. A

项目二　电源系统的检修

一、判断题

1. ×　2. ×　3. ×　4. ×　5. √ 6. √　7. √　8. ×　9. ×　10. ×　11. ×

12. ×

二、单项选择题

1. A　2. B　3. C　4. D　5. A　6. A　7. A　8. B　9. D　10. B　11. C　12. A　13. A

14. C　15. B　16. C　17. A

项目三　起动系统的检修

一、判断题

1. ×　2. ×　3. √　4. ×　5. √ 6. √　7. √

二、单项选择题

1. B　2. A　3. B　4. A　5. B　6. D　7. B　8. A　9. B　10. B　11. C　12. B　13. C

14. A　15. B　16. A　17. C　18. A

项目四　点火系统的检修

一、判断题

1. √　2. √　3. ×　4. √　5. √ 6. ×　7. √　8. √　9. √

二、单项选择题

1. B　2. A　3. C　4. D　5. A　6. A　7. C　8. B　9. A　10. D

项目五　照明和信号系统的检修

一、判断题

1. ×　2. ×　3. √　4. √　5. √ 6. ×　7. ×　8. ×　9. √　10. ×

二、单项选择题

1. B　2. A　3. A　4. C　5. A　6. B　7. B　8. B　9. C　10. A　11. D　12. D

项目六　仪表和报警系统的检修

一、判断题

1. ×　2. ×　3. √　4. ×　5. √ 6. √ 7. √　8. ×　9. ×　10. ×　11. √

二、单项选择题

1. A　2. B　3. C　4. A　5. D　6. D　7. B　8. A

项目七　辅助电气设备的检修

一、判断题

1. √　2. √　3. √　4. √　5. ×　6. √　7. √

二、单项选择题

1. C　2. B　3. C　4. B　5. B　6. A　7. B　8. A　9. A

参 考 文 献

[1]　陈昌建，王忠良. 汽车电气设备[M]. 北京：高等教育出版社，2019.

[2]　陈昌建，王忠良. 汽车电路分析[M]. 西安：西安电子科技大学出版社，2015.

[3]　王忠良，王子晨. 汽车发动机电控技术[M]. 4 版. 大连：大连理工大学出版社，2018.

[4]　王忠良，陈昌建. 汽车微电脑控制系统与故障检测[M]. 北京：人民邮电出版社，2004.

[5]　王忠良，陈昌建. 汽车电器维修技术[M]. 石家庄：河北科学技术出版社，1998.

[6]　王忠良，王子晨. 汽车检测与诊断[M]. 北京：高等教育出版社，2020.

[7]　金洪卫，陈昌建. 汽车电气设备与维修 [M]. 大连：大连理工大学出版社，2014.

[8]　马明金，张凌雪. 汽车电气设备构造与维修[M]. 西安：西安交通大学出版社，2016.

[9]　车德宝，车兴辰. 别克凯越全车电路分析[M]. 北京：机械工业出版社，2012.

[10]　陈伟儒. 汽车电气系统检修[M]. 长沙：中南大学出版社，2016.

[11]　董震，席金波. 奥迪 A6 轿车维修手册[M]. 北京：机械工业出版社，2006.

[12]　谭本忠. 轻松学会大众车系电气系统维修[M]. 北京：机械工业出版社，2014.

[13]　上汽通用汽车有限公司. 汽车电子与电气系统及检修[M]. 北京：高等教育出版社，2016.

[14]　杨洪庆，陈晓. 汽车电器设备原理与检修一体化教程[M]. 北京：机械工业出版社，2013.

[15]　张军. 汽车舒适安全与信息系统检修[M]. 北京：北京理工大学出版社，2015.

[16]　魏帮顶，穆乾坤. 汽车电气维修一体化教程[M]. 北京：机械工业出版社，2015.

[17]　杨志红，廖兵. 汽车电器[M]. 北京：机械工业出版社，2014.

[18]　于万海. 汽车电气设备原理与检修[M]. 2 版. 北京：电子工业出版社，2008.

[19]　王小龙. 不可不知的高级轿车电气系统知识[M]. 北京：机械工业出版社，2013.

[20]　黄海波，尹万建. 汽车电气设备原理与检修[M]. 北京：高等教育出版社，2018.

[21]　李春明. 汽车电气设备与维修[M]. 2 版. 北京：高等教育出版社，2014.

[22]　孙仁云，付百学. 汽车电器与电子技术[M]. 2 版. 北京：机械工业出版社，2011.

[23]　潘庆普. 潘工讲汽车电器系统故障诊断及维修[M]. 北京：中国水利水电出版社，2017.